微服务之道

[爱] 理查德·罗杰（Richard Rodger）著
郭志军 译

人 民 邮 电 出 版 社
北 京

图书在版编目（CIP）数据

微服务之道 / (爱) 理查德·罗杰
(Richard Rodger) 著 ; 郭志军译. -- 北京 : 人民邮电
出版社, 2023.4
ISBN 978-7-115-61127-7

Ⅰ. ①微… Ⅱ. ①理… ②郭… Ⅲ. ①互联网络—网
络服务器 Ⅳ. ①TP368.5

中国国家版本馆CIP数据核字(2023)第019769号

版权声明

◆ 著　　　[爱] 理查德·罗杰（Richard Rodger）
译　　　郭志军
责任编辑　李　瑾
责任印制　王　郁　焦志炜

◆ 人民邮电出版社出版发行　　北京市丰台区成寿寺路 11 号
邮编　100164　　电子邮件　315@ptpress.com.cn
网址　https://www.ptpress.com.cn
固安县铭成印刷有限公司印刷

◆ 开本：800×1000　1/16
印张：18　　　　2023 年 4 月第 1 版
字数：374 千字　　　　2023 年 4 月河北第 1 次印刷
著作权合同登记号　图字：01-2018-1415 号

定价：89.80 元

读者服务热线：(010)81055410　印装质量热线：(010)81055316
反盗版热线：(010)81055315
广告经营许可证：京东市监广登字 20170147 号

内容提要

本书力求揭示微服务设计背后的思想，引导读者理解和构建微服务。全书分为两部分。第一部分介绍微服务的工程原则，从具体的案例研究引入微服务的概念及优缺点，阐释了如何决定要构建哪些微服务及服务间的通信，介绍了消息优先的方法，展示了微服务如何以更恰当的方式存储和处理不同类型的数据，探讨了如何在生产环境中运行大量微服务。第二部分介绍如何利用微服务架构的工程优势来克服环境带来的挑战，以及度量微服务系统的方法，指导读者一步步地从老的单体系统过渡到能够轻松适应新功能需求的微服务系统，最后使用前面章节介绍的原则，从头开始构建了一个完整的微服务系统。

本书面向高级开发人员、软件架构师、项目经理和产品经理，也适合那些关心如何更高效、更人性化地构建软件的人阅读。

给 Lochlann、Ruadhán、Lola、Saorla 和 Orla

译者序

微服务架构是当今软件开发领域最热门的话题之一，它通过将大型应用程序分解为多个小的、独立的服务来提高效率、易维护性和可扩展性。

本书的作者通过实际案例和亲身经验，深入地阐述了微服务架构的各个方面，从基础知识，到设计和实现，再到部署和维护，并介绍了在使用微服务过程中如何更好地与他人合作、如何给组织带来变化。

首先，本书详细介绍了微服务架构的基本概念，讲解了微服务的设计原则，以及如何利用这些原则进行实施。作者还着重介绍了微服务架构中常见的技术难点和挑战，并给出了解决这些问题的建议。

其次，本书详细阐述了如何设计和构建微服务，并通过实际案例，帮助读者更好地理解微服务架构的实际应用。同时，本书还介绍了微服务的监控和维护方法，告诉读者如何提高微服务系统的稳定性和高效性。

最后，作者带领读者使用微服务架构从头到尾开发了一个新系统。通过对系统需求的详细分析，为读者提供了一个全面而系统的解决方案，让读者能够通过实际项目更好地理解微服务架构。在系统的设计和实现过程中，作者还介绍了常用的开发工具，并且对重点代码进行了细致的讲解。

总的来说，本书是一本关于微服务的非常实用和系统的图书，适合所有对微服务架构感兴趣的读者，无论是初学者还是专业人士。如果你是一名软件架构师，阅读本书可以帮助你加深对微服务架构的理解，并在实践中更好地运用；如果你是一名软件开发者，本书可以帮助你了解微服务的具体实现方法，为今后的开发工作打下良好的基础。

作为译者，我非常荣幸能够翻译这本书，向读者介绍微服务架构的知识。我希望本书能够引导读者探索微服务架构，并为他们在实际项目中应用微服务架构提供有力的帮助。

由于时间仓促，水平有限，译文中难免存在不足和错误之处。在此，我表示诚恳的歉意，如果您在阅读本书时发现任何错误，请不吝赐教。

最后，感谢大译象文化发展（天津）有限公司的大力支持和人民邮电出版社各位编辑老师的无私帮助。

郭志军

2023 年 2 月

译者简介

郭志军

教育背景：北京大学软件工程硕士

工作单位：国家开放大学

学术成就：研究方向为教育信息化。在国内外核心期刊发表中英文论文十余篇，参编学术专著 1 部，主持和参与课题研究 9 项。

前言

当游览一个城市时，如果有时间，我喜欢不看地图自由漫步、独自探索。作为一名软件开发人员，能在这样一个行业工作是我的荣幸，在这个行业中我有一种探索新领域的冲动，而且无法抗拒。

探索并不局限于物理空间，探索精神世界也是一种荣幸。我们可以定义简单的规则来创造巨大的探索空间，这难道不是很有趣吗？我们经常会陷入困境，迷失方向，但有时候，也会发现一些概念性的线索，并用它们来构建地图。这是多么有趣又开心的事啊。

当我们发现并探索有趣的东西（如微服务）时，应该绘制一张地图，这样，其他人就可以跟随其后并进一步探索。这本书是我微服务之旅的地图，里面记录了我过去 6 年来为生产环境开发微服务系统所经历的点点滴滴，有错误，有修正，有理论，也有成功经验。这不是一本按时间顺序排列的日记。相反，我整理了我的发现并将它们提炼成其他人可以使用的经验法则。绘制地图是一项艰难的工作，尽管可能还有其他更好的方法，但我真心认为本书中的概念结构对我而言行之有效，希望它也同样适用于你。

未经实践检验的概念毫无用处。如果没用新方法构建过软件，就无法理解如何用新方法构建软件。因此，这本书使用案例研究来帮助你快速获得直观的知识。有些知识你具备，但你却不“知道”。大脑的神经网络更善于通过例子而非学习获取知识；和所有技艺一样，软件开发也最好通过例子学习。虽然与你最终将掌握的技能相比，本书中分散的知识——抽象概念、分类和定义必然会黯然失色。但是正如道家哲学所说“绝知此事要躬行”。

我承认微服务有炒作的成分，但它们并非名不副实。我把它们看作是寻找好用的软件组件的自然演化进程。有充分的实证、心理和数学论据来支持这样的观点——微服务是大型团队构建大型软件系统的好方法。很多人都在探索微服务的理念，这很好。这个领域需要很多年才能被清晰描绘。我们应该满怀热情地这样做，同时记住这只是迈向设计更好的软件之路的又一小步。不应该因为存在陷阱或工具不足，或者因为基本思想过时而忽略这个主题，也不应该害怕指出旧方法的失败之处。虽然再也不会使用单体架构，但我并不会因此放弃对单体架构的批评。我也不认为微服务完美至极。它们当然有不足，并且这些不足之处会导致实际工作中的妥协和项目缺陷，必须慎重考虑。我在文中也强调了这些。

用心地读一读这本书，好好地享受构建微服务的乐趣吧。它们会让我们重新相信自己有能力完成任务，更好地平衡工作与生活。交付软件不应该是周末的壮举，交付过程应该平静而慎重，但又迅速而有效，准时地于周五下午 6 点结束。

致谢

这是我的第二本书。第一本书写完之后，我曾发誓再也不写了。写书太难了，尤其是对我周围的人来说。然而不知何故，我竟然又写了一本，这次过程变得简单了一些。我深深地感谢每位帮助过我完成这本书的人——他们的帮助我无以回报。若书中存有错误，皆仅与我个人有关。

首先，感谢 Manning 出版社的团队。我和编辑 Christina Taylor 合作得非常愉快，她对我缓慢的写作速度很有耐心。Christina，谢谢你对我保持信任！感谢 Erin Twohey、Michael Stephens、Marjan Bace、Jeff Bleiel、Rebecca Rinehart、Aleksandar Dragosavljevic、Maureen Spencer、Lynn Beighley、Ana Romac、Candace Gillhoolley、Janet Vail、Tiffany Taylor、Katie Tennant 及 Manning 出版社的其他人。很高兴能与这样一支专业的团队合作。

感谢我的审稿人：Alexander Myltsev、Anto Aravinth、Brian Cole、Bruno Figueiredo、Cindy Turpin、Doug Sparling、Humberto A. Sanchez、Jared Duncan、Joshua White、Lukasz Sowa、Manash Chakraborty、Marcin Grzejszczak、Norbert Kuchenmeister、Peter Perlepes、Quintin Smith、Scott M. Gardner、Sujith S. Pillai、Unnikrishnan Kumar、Victor Tatai。他们的反馈和评论让这本书变得更好。他们督促我努力工作，在我出现惰性时提醒我，确保我没有忘记任何重要的事情。他们的鼓励给了我完成这本书的力量。

Orla，我的好妻子、人生伴侣和最好的朋友：你让这本书的出版成为现实。你的牺牲和辛勤工作为我换取了写作的时间。作为作家同行，你能理解写作的艰辛，并让我坚持到最后。我只希望我也能帮到你。

Lochlann、Ruadhán、Lola、Saorla，你们是我最大的快乐源泉，也是我排解写作之困的最好方式。我知道在我专注于写作的时候你们很想念我。谢谢你们无条件的爱和支持。

致我的姐姐 Lauren（以及 Jack）：你总是那么看好我，即使我不自信的时候，你仍然对我充满信心——谢谢。致我的父母 Hamish 和 Noreen，以及 Orla 的父母 Noel 和 Kay：

你们为本书的出版做出了贡献，也为我们带来了很多宝贵的东西。没有你们，就没有我和 Orla。感谢我所有的家人，尤其是我的 Carol 阿姨，她教我编程；我的 Betty 阿姨，给予我无微不至的照顾；我的祖父 Lex，他用自己的作品启发了我；还有我的祖母 Rose，她有坚强的生活意志。感谢你们的善良，感谢你们多年来的支持和鼓励。

Alaister 和 Conor，你们总是那么坦诚，咱们认识这么久，我有什么说得不对的，你们也从来不放在心上。谢谢你们！

如果没有 nearForm 的优秀员工，我不可能学到那么多东西，也不会有这本书。我很高兴能够和你们同甘共苦。你们对我这个创始人所犯的错误非常包容，你们教给我的东西比你们想象的还要多。致我的联合创始人 Cian、Peter、Paul：很荣幸能和你们一起工作，我们一起创造了伟大的事业，并且 nearForm 运作很好。

致我在 voxgig 的新团队——我们成立了初创公司，并且从第一天开始就使用微服务。它一定会很棒的！感谢大家对我这个创始人的信任。

感谢 Fred 和 Godfrey，感谢他们为我提供了第一份真正的编程工作。这仍然是我做过的最好的工作。谢谢 Ralph 和 Thomas，给了一个疯狂的爱尔兰孩子机会。

感谢 BoxWorks 的 Emer 和 Flash：我之所以能完成这本书，是因为你们创造了一个美好而鼓舞人心的工作空间，让我能够平静地思考！

我的微服务之旅始于一次聚会上听到的 Fred George 的演讲。这个话题让我大吃一惊，并从此改变了我构建软件的方式。谢谢你，George，你让我大受鼓舞。希望你永远不要停止写代码！

最后，感谢社区中的每个人。感谢所有使用过 Seneca 并帮助我构建它的开发人员：我对你们的支持深感惶恐，因为我觉得自己完全配不上你们的信任。感谢微服务和 Node.js 社区：你们的友好和开放是优秀而宝贵的美德。我们才刚刚开始！

关于本书

本书教你如何构建微服务系统。如果你正在创业，那么可以将关注重点放在第一部分，其涵盖了微服务架构的工程设计。如果你就职于一家大公司（或者一旦你的初创公司发展壮大），你还需要第二部分，它涵盖了微服务项目的组织管理。

如果你对微服务的理念感到好奇，如果它们对你有意义但你却不清楚细节，那么本书非常适合你。如果你的公司正在转向应用微服务或正在认真评估是否采用微服务，希望学习他人的经验来避免错误并加快实施速度，那么本书也适合你。如果你是个怀疑论者，需要了解对方的观点以便推翻他们——好吧，本书也适合你！微服务可以帮助你更快地交付软件，但需要对它们进行权衡取舍。我希望本书能够帮助你明确这些权衡取舍，这样你就可以根据自己的情况做出最佳决策。

一旦决定使用微服务，如何设计和构建它们？如何决定哪些服务用于何处？应该有多少服务？它们之间如何通信？本书从实际企业项目经验中得出的结论是，最好从服务间的消息开始。以消息优先的视角，将消息作为设计语言，可以开发出一种结构化的方法来设计微服务系统。本书的价值就在于教你如何做到这一点。

本书介绍的技术能有什么作用？它们能够帮助你交付对业务产生真正影响的软件，能够帮助你在减小压力、减少加班、降低故障风险的情况下更快地交付软件。真的很有效果——我又创建了一家咨询公司，这远远超过了通常的新技术成熟度曲线的预期。这是我向前迈出的坚实一步，但我们仍处于起步和摸索阶段。向你的公司引入微服务吧，你可以和我们一起探索。

谁应该阅读本书

本书面向高级开发人员、软件架构师、项目经理和产品经理。如果你是一名初级开发人员，你会发现书中的许多内容在未来几年对你仍然很有帮助，但可能需要做一些背景阅读来充分理解这些内容。建议从 Frederick P. Brooks 的 *The Mythical Man-Month*

《人月神话》（Addison-Wesley，1975）开始阅读。

本书也适合那些关心如何更高效、更人性化地构建软件的人。我们这个行业惯于使用加班加点工作的方式作为解决问题的第一策略，这也迫使很多人离开。让我们试着更智慧地工作，每天都能早点下班回家。

学习路线图

本书旨在教授设计微服务系统的技术。阅读时，除了需要具备部分数学和工程知识之外，最好还要拥有一定的专业判断和经验。很多问题并没有绝对正确的答案。

各章节的内容、介绍的概念及展示想法的案例研究相互关联、循序渐进，因此推荐按顺序阅读。许多技术只有通过反复研究示例，并将一般原则提炼为特例和折中方案的实际知识，才算是真正掌握。不需要了解每个细节，只有将想法应用于现实世界的真实系统才能真正促进理解。

有些章节的部分内容是参考资料——尤其是第 5 章和第 6 章，可以按需浏览这部分内容。

本书的第一部分介绍微服务运作的工程原则。这些原则适用于任何语言平台和托管环境。这部分还介绍了一种可视化微服务架构的图表约定，该约定贯穿全书，对白板也很有用。

- 第 1 章使用类似于 Twitter 的项目案例来研究讨论微服务，并探讨是否可以通过选择正确的组件模型来避免技术债务。
- 第 2 章探讨了“面对含糊不清的业务需求，应该构建什么样的服务”的问题，并详细分析了微服务相对于单体的优势。
- 第 3 章讨论了微服务架构中最重要的元素——消息，并提倡采用消息优先的系统设计方法。
- 第 4 章展示了微服务处理持久数据的方式，并说明了为什么不将所有的数据都一视同仁，以及为什么微服务能够减少数据库模式中的技术债务。
- 第 5 章讨论了微服务的最大问题，即当生产中有众多频繁更替的部件时，如何管理和控制故障风险。

第二部分重点介绍在构建微服务时必须处理的一些无形因素。商业软件并非在真空中编写的，因此具有商业目的，还涉及协同开发的工作。有人的地方就有政治，就需要谈判、说服和引领，让事情向前推进。遗憾的是，对于将微服务推到台面的变革者而言，这个游戏不容易。本书的这部分将帮助你专业地处理微服务的这些方面。

- 第 6 章介绍了度量微服务系统的方法，尤其是如何度量消息，以便真正度量系统的运行状况。
- 第 7 章指导你一步步地从难以改变的旧的单体系统过渡到能够轻松适应新功能

需求的充满活力的微服务系统。

- 第 8 章真诚、直接地讨论可能阻碍你前进的公司政治，以及可以用于克服障碍的策略。
- 第 9 章展示了一个完整的代码系统。使用前面章节介绍的原则，从头开始构建了一个完整的微服务系统。

关于代码

本书侧重于介绍思想而非代码，但是即便如此，仍在其中的两个案例研究中提供了完整的代码。我使用的是 Node.js 平台（这也是我在商业上使用的平台）和大家都了解的 JavaScript 语言，因此即使你日常使用其他编程语言，也很容易看懂。微服务的好处是极大地减少了 Node.js 的烦恼（如回调嵌套），因为每个微服务都很小、很简单。

书中示例的源代码可以从人民邮电出版社异步社区官网获得。

为了节省篇幅，本书对正文中的代码示例进行了删减。删除了与讨论无关的注释、错误处理和功能。你可以查看完整的源代码，这些代码值得一读，它们可以帮助你了解让微服务更接近生产所需的额外工作。

其他资源

微服务社区庞大而多样，大多数语言平台都有微服务框架和实现。我写的关于微服务的文章都可以在我的博客上找到，在博客里我从一般情况和创业背景两个方面对微服务进行了讨论。我使用的是 Seneca Node.js 微服务框架（我还是该框架的维护者）。

Chris Richardson 创建的关于微服务的网站非常棒，该网站介绍了主要的微服务模式，并且还有许多其他优秀资源的链接。此外，Martin Fowler 的有关微服务主题的开创性文章不可错过，Fred George 的所有视频都值得观看。

关于作者

理查德·罗杰（Richard Rodger）从 1986 年开始在 Sinclair ZX Spectrum 上写代码至今。他自嘲是个很难相处的员工，迫不得已与人合伙创立软件公司，最近创立的是 voxgig，这是一家面向会展业的社交网络公司，完全使用微服务来赚钱。他还与人联合创立了 nearForm—— 关于 Node.js 和微服务的咨询公司。在此之前，他是移动应用 SaaS 平台 FeedHenry（后来被 Red Hat 收购）的首席技术官。

Richard 在爱尔兰都柏林三一学院学习数学和哲学，在爱尔兰沃特福德理工学院学习计算机科学。他是个“糟糕”的数学家和哲学家，也不会用 C++编程，但对 JavaScript

非常痴迷。

Mobile Application Development in the Cloud（《移动云计算应用开发入门经典》）（Wiley，2011）一书也是 Richard 所著。他还是 Seneca 微服务框架的维护者，你绝对应该试试这个框架。

资源与支持

本书由异步社区出品，社区（https://www.epubit.com）为您提供相关资源和后续服务。

配套资源

本书提供如下资源：

- 本书源代码；
- 书中彩图文件。

要获得以上配套资源，请在异步社区本书页面中点击 配套资源 ，跳转到下载界面，按提示进行操作即可。注意：为保证购书读者的权益，该操作会给出相关提示，要求输入提取码进行验证。

如果您是教师，希望获得教学配套资源，请在社区本书页面中直接联系本书的责任编辑。

提交勘误

作者和编辑尽最大努力来确保书中内容的准确性，但难免会存在疏漏。欢迎您将发现的问题反馈给我们，帮助我们提升图书的质量。

当您发现错误时，请登录异步社区，按书名搜索，进入本书页面，单击“发表勘误”，输入勘误信息，单击“提交勘误”按钮即可。本书的作者和编辑会对您提交的勘误进行审核，确认并接受后，您将获赠异步社区的 100 积分。积分可用于在异步社区兑换优惠券、样书或奖品。

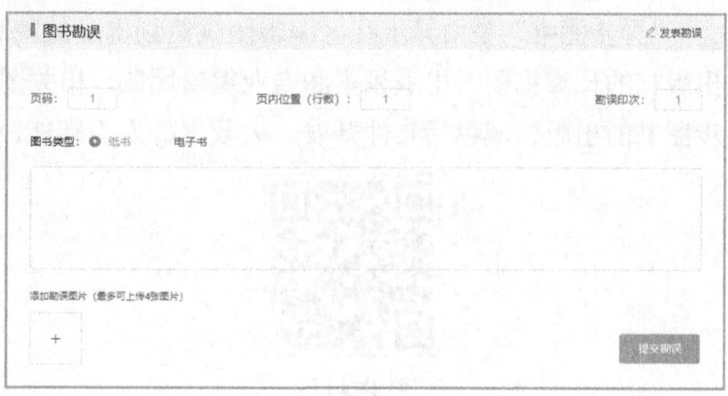

扫码关注本书

扫描下方二维码，您将会在异步社区微信服务号中看到本书信息及相关的服务提示。

与我们联系

我们的联系邮箱是 contact@epubit.com.cn。

如果您对本书有任何疑问或建议，请您发邮件给我们，并请在邮件标题中注明本书书名，以便我们更高效地做出反馈。

如果您有兴趣出版图书、录制教学视频，或者参与图书翻译、技术审校等工作，可以发邮件给我们；有意出版图书的作者也可以到异步社区投稿（直接访问 www.epubit.com/contribute 即可）。

如果学校、培训机构或企业想批量购买本书或异步社区出版的其他图书，也可以发邮件给我们。

如果您在网上发现有针对异步社区出品图书的各种形式的盗版行为，包括对图书全部或部分内容的非授权传播，请您将怀疑有侵权行为的链接发邮件给我们。您的这一举动是对作者权益的保护，也是我们持续为您提供有价值的内容的动力之源。

关于异步社区和异步图书

“异步社区”是人民邮电出版社旗下 IT 专业图书社区，致力于出版精品 IT 图书和相关学习产品，为作译者提供优质出版服务。异步社区创办于 2015 年 8 月，提供大量精品 IT 图书和电子书，以及高品质技术文章和视频课程。更多详情请访问异步社区官网 https://www.epubit.com。

“异步图书”是由异步社区编辑团队策划出版的精品 IT 专业图书的品牌，依托于人民邮电出版社的计算机图书出版积累和专业编辑团队，相关图书在封面上印有异步图书的 LOGO。异步图书的出版领域包括软件开发、大数据、人工智能、测试、前端、网络技术等。

异步社区

微信服务号

目录

第一部分　构建微服务

第二部分　运行微服务

第一部分

构建微服务

微服务不是能立竿见影解决所有软件开发问题的灵丹妙药，却是一种非常好的设计和建造软件的方法，而且的确很好用。要想把工程做好，离不开对过往惨痛教训的认真总结和对疑难问题的仔细分析思考，以及从其他科学中获得的灵感。本书的第一部分介绍构建微服务的细节，并将这些细节放在一个实际概念框架中，指导决策制定，以期获得最佳成功机会。

- 第 1 章从具体的案例研究（一个类似于 Twitter 的项目）开始直接介绍微服务。通过案例研究来了解微服务如何减少技术债务，以及选择微服务架构的优缺点。
- 第 2 章引入新的案例研究（一份数字报纸），展示如何决定要构建哪些服务，以及服务间如何通信。还探讨了微服务架构和单体架构的区别。
- 第 3 章介绍消息优先的方法。通过将业务需求表示为消息，可以派生出需要构建的服务。此章详细研究消息的工作方式，以及它们应该具备的基本属性和行为。
- 第 4 章质疑企业数据管理的某些教条，展示微服务如何以更恰当的方式存储和处理不同类型的数据。将数据操作表示为微服务之间的消息，这为系统设计开辟了许多新的策略。
- 第 5 章探讨微服务架构中最难的部分：在生产环境中运行大量微服务。其中将采用由业务目标驱动而非技术完美主义驱动的风险管理方法。此章涵盖许多实用的微服务部署模式。

当读完本书的这一部分时，你将可以自己设计和构建一个微服务系统。尽管能够构建一个最小可行产品，但你还不知道如何使用微服务来扩展系统、如何更好地与他人合作、如何给组织带来变化，而这些都会在第二部分详细介绍。

第1章　美丽新世界

软件开发是一门艺术。它不像工程学可以预测，也不如科学严谨。我们是艺术家，但这并不是一件好事。我们似乎难以融入团队，经常无法按期完成任务，也不怎么专注实际结果。任何人都可以自称是软件开发人员，而软件开发就像画画一样简单。但是大多数人意识不到：有个别画家比其他同行好 10 倍，同理也有少数程序员比其他同行优秀 10 倍。

与艺术不同，软件开发有很多工作要做，例如它有业务问题要解决，有用户要服务，有内容要交付。虽然我们对如何正确行事有上千种建议和方法，但是仍然有很多软件项目延迟交付并且超出预算。许多软件，尤其是大公司生产的软件，用户体验都非常糟糕。作为艺术家，我们对自己的作品总是盲目地自信。尽管屡次受挫，但是这种自信却从未减少。遇到问题时，我们需要正视、理解问题的本质，并使用科学和工程方法来解决问题。

1.1　技术债务危机

我们遇到的问题是开发软件的速度不够快，无法在市场要求的有限时间内，编写出满足商业需求、足够准确和可靠的软件。当需求在项目中途发生变化时，我们会在不断重复修改数据结构、概念和实体关系的过程中越陷越深，进而严重破坏系统架构。我们试图重构或重写，但这又会进一步拖延项目进度。

你可能会把这种情况归咎于企业本身。例如需求不明确，并且不断变化；与问题复杂性脱节的最后期限；糟糕的管理浪费了时间，也拖累了开发进度。人们很容易变得愤世嫉俗，最终把这些问题归咎于他人。

这种愤世嫉俗有些事与愿违和略显天真。在残酷的商业世界和无情的市场中，非技术人员也面临着复杂的挑战。是时候成熟起来，接受自身的问题了：我们编写软件的速度不够快。

为什么？

世上没有灵丹妙药，如果真有，早就用了。使用方法论？我们总是争论哪种方法更好，但是却没有明确的赢家。有些方法固然要比其他方法好，就像剑是比匕首更好的武器一样，但两者在企业软件开发的“枪战”中都没有多大用处。要不使用单元测试这样的最佳实践？我们往往感觉它很有用，但是感觉有用并不意味着它真的有用，有时候直觉可能会误导人。由于我们的迷信，迫使开发实践进入了普罗克汝斯特斯之床①，因此我们的最佳实践几乎没有任何科学验证措施。

我们不知道如何偿还技术债务。无论最初的设计多么完美，都无法满足现实需求的不断变化。我们努力让软件足够完美：从不出错并且完全满足需求。我们尝试使用各种手段来追求完美，从编码标准，到类型系统，到严格的语言，到明确的集成边界，到规范的数据模型。然而，最终还是要面对一个烂摊子。

但我们知道必须要应对变化。我们设计灵活的数据结构以应对增长，并尽可能正确地使用它们。有一个叫作**重构**的技术术语，用来指代开发过程中由于理解错误而造成的返工。至少这个听起来很专业的术语可用来描述浪费在重写代码上的时间，以便重新开始。

组件是软件架构的“机关枪”，是可以用小模块构建出大系统的超级武器。每个问题只需要解决一次。在本质上，面向对象语言试图成为组件系统，web 服务②和结构化编程（一个去掉 GOTO 语句的名字）也是如此。虽然拥有这么多的好技术，但速度仍然太慢了。尤其是有了组件，本应该会让速度更快，但是为什么没能实现呢？

我们已经很久没有以正确的方式思考主流企业编程中的组件了。③虽然可以构建库组件来与数据库通信、执行 HTTP 请求、打包排序算法，但这些组件都是技术基础设施。我们并不擅长编写可重用的具备**业务逻辑**的组件，但恰恰是这种组件能更好地加

① 普罗克汝斯特斯是希腊神话中的强盗。他以把家里的客人装进一张铁床为乐。为了把客人摆弄整齐，他要么把他们截肢，要么放在架子上拉扯。普罗克汝斯特斯之床指的是一种不符合预期目的的行为，这种行为只会导致南辕北辙。在我们行业中有个典型的例子：坚持极高的单元测试覆盖率，人们很少会依据代码在产品中能够创造的价值来调整单元测试的覆盖率。

② 我们甚至有从底层开始设计的精巧组件系统，例如 OSGi 和 CORBA。但是这些组件系统还没能实现组合使用。Node.js 模块系统提供了一种相对强大的方法，它具有优秀的语义版本控制功能，但它被限制在一个平台，并且暴露了 JavaScript 语言的具体细节。目前来说，UNIX 管道是最好的，并且被广泛应用。

③ 这种说法不完全正确。函数式语言社区尤其将可组合性视为一等公民。但是请注意，虽然几乎可以使用管道在命令行上组合任何东西，但函数通常不能组合，还得做一些准备，才能让它们很好地协同工作。

快开发速度。我们专注于让组件的功能更全面，却很少考虑如何让组件更易于组合，以至于必须编写大量的代码才能组合使用它们。需要考虑的情况太多，最终导致了我们“化简为繁”。

什么是业务逻辑？

在本书中，**业务逻辑**是指直接针对手头业务的功能。用户信息管理是业务逻辑，而缓存管理不是。

业务逻辑是使用编程语言对业务流程的描述。业务逻辑并非一成不变，一个系统中的业务逻辑可能并不适用于另一个系统，同一系统的业务逻辑也可能随着时间的推移发生变化。

通过**组合**可以由小组件构建出大系统。像 UNIX 管道和函数式编程等组件模型可以减少工作量，也可以通过组合不同的东西来创造新东西。

组合很强大。它之所以有效是因为它只做一件事：将组件整合在一起。无须修改组件，只需要编写新组件来处理特殊情况。组件的这种特性会加快开发速度，因为完全不需要修改旧代码，一切皆由组件保证。

再次思考一下软件开发中存在的问题：开发软件的速度不够快。有这个问题是因为我们无法应对技术债务，没有以工程思维方式工作，没有使用科学方法来验证想法。组件作为一种解决方案，本应该可以解决这个问题，但它却没能解决。我们需要回归本源，新建一个实用的组件模型，而微服务[①]可以帮我们实现这一点。

1.2　案例研究：微博初创公司

本书将使用案例研究来展示微服务的实际应用。在更深入地分析之前，我们使用第一个微服务来介绍该架构的一些核心原则。案例研究可让你专注于实际应用方面，并对本书提出的想法进行批判性评估——会以同样的方式构建系统吗？

在本案例研究中，将为一家创业公司构建**最小可行产品**（MVP）[②]。这家初创公司想出了一个“疯狂”的新点子，叫作**微博**。每个博客条目只能有几段，最多 1 729 个字符。这个看起来有点武断、无趣的限制数字是创始人亲自择定的。这家初创公司名为 ramanujan.io。当主要关注点是企业软件开发时，将初创公司用作案例研究似乎有些奇怪。但我们的目标不就是要像初创公司一样灵活吗？

随着 MVP 的启动和运行，我们将通过一系列迭代来跟踪这家初创公司。有人认为微服务在项目开始时开销太多。这种观点忽略了微服务的主要优点——快速添加功能的能力！

① 本书没有给出术语**微服务**的具体定义，只讨论这种软件架构方法，介绍它的优点和缺点。深入理解细节比知道简单定义更有意义。

② MVP 是由 IMVU 聊天服务（成立于 2004 年）的创始人 Eric Ries 提出的产品开发策略：只创建能够验证市场假设的最小功能集，然后迭代这些功能和假设，直到找到适合市场的产品。

1.2.1 迭代 0：发布条目

这是第一个迭代。我们将使用迭代来跟踪这家初创公司的故事。

用户可以在微博系统发布**条目**（短文本），还可以在网页查看自己发布的条目。这两个活动是很好的起点。

系统中发生了哪些活动？

- 发布条目。
- 列出以前的条目。

为了聚焦案例研究的重点，我们将忽略其他活动，例如用户账户和登录。这些活动可用相同的方法进行分析。

活动可以用消息来表示。无须过多考虑消息的结构，可以随时更改从消息到微服务的映射。要发布条目，首先需要用一条消息来告知哪个用户正在发布条目以及条目的内容。其次还需要以某种方式对消息进行分类，以便知道它是什么类型的消息。这里用“属性-值”对 `post:entry` 来分类消息——使用命名空间来分类是一个好主意。数据格式使用 JSON。

清单 1.1 发布条目

```
{
  post: 'entry',
  user: 'alice',
  text: 'Curiouser and curiouser!'
}
```

任何对此消息感兴趣的微服务都可以通过在消息的顶层属性中查找模式 `post:entry` 来识别它。暂且假设消息可以到达正确的微服务，不必考虑如何实现（第 2 章介绍更多关于消息路由的内容）。

还需要一条用于列出条目的消息。假设以后系统还会有其他类型的数据，对于数据实体肯定会执行一些常规的操作，例如**加载**、**保存**和**列出**。我们为列出条目的消息添加一个 `store` 属性，为与持久性数据相关的消息创建一个命名空间。本案例希望列出数据存储中的内容，因此使用了为其量身定做的“属性-值”对 `store:list`。由于以后还有其他类型的数据实体，因此这里使用 `kind:entry` 来标识条目类型的数据实体。

清单 1.2 列出用户 alice 的条目

```
{
  store: 'list',
  kind: 'entry',
  user: 'alice'
}
```

到了为架构封顶的时候了。下面列出一系列的数据操作消息以及相应的模式集。

- store:list,kind:entry——列出条目，可能对结果列表有一个查询约束。
- store:load,kind:entry——加载单个条目，可能在消息中使用 id 属性。
- store:save,kind:entry——保存一个条目，必要时创建一个新的数据库行。
- store:remove,kind:entry——从数据库中删除一个条目，使用 id 属性选择该条目。

上述是对数据操作相关的消息模式的简单概括。这组属性貌似可行，但正确吗？没关系，模式可以随时更改。此外，不需要实现尚未使用的消息。

目前已经有了一些初始消息，下面可以考虑它们之间的交互了。假设有一台 Web 服务器，对外处理入站 HTTP 请求，对内生成微服务消息。

- 当用户发布新条目时，Web 服务器会发送一条 post:entry 消息，这会触发一条 store:save,kind:entry 消息。
- 当用户列出他们之前的条目时，Web 服务器会发送一条 store:list,kind:entry 消息来获取条目列表。

还有一件事要考虑：这些消息是同步的还是异步的？更具体地说，消息的发送者是希望得到响应（同步），还是不关心响应（异步）？

- post:entry 是**同步**的，因为用户希望及时确认条目已发布。
- store:save,kind:entry 也是**同步**的，因为它必须为**保存**操作提供确认，并可能返回生成的新数据的唯一标识。
- store:list,kind:entry 必须是**同步**的，因为它的目的是返回一个结果列表。

在简单的第一个迭代中有异步消息吗？一般来说，公布消息对微服务系统很有用，也就是说，应该在系统中公布发生了什么事，至于是否关心由其他服务自行决定。这就需要另一种类型的消息。

- info:entry 是**异步**的，它公布一个新的条目已经发布。该消息不需要回复。可能有微服务关心该消息，也可能没有。

将上述架构涉及的两个活动及对应消息流制成表格，如表 1.1 所示。

表 1.1 业务活动及其相关的消息流

活　动	消 息 流
发布条目	1 post:entry 2 store:save,kind:entry 3 info:entry
列出条目	4 store:list,kind:entry

在构建微服务前首先考虑消息，可以避免无的放矢，不会出现还没明确要构建什么内容就盲目开工的状况。

至此已经有足够的内容可以继续了，首先将消息合理分组，然后构建适当的微服务。以下是构建的微服务。

- front——处理 HTTP 请求的 Web 服务器。它位于传统负载均衡器的后面。
- entry-store——处理条目数据的持久性。
- post——处理发布条目的消息流。

每个微服务发送和接收特定的消息如表 1.2 所示。图 1.1 显示了消息和微服务的组合。

表 1.2 微服务发送和接收的消息

微服务	发 送	接 收
front	post:entry store:list,kind:entry	
entry-store		store:list,kind:entry store:save,kind:entry
post	store:save,kind:entry info:entry	post:entry

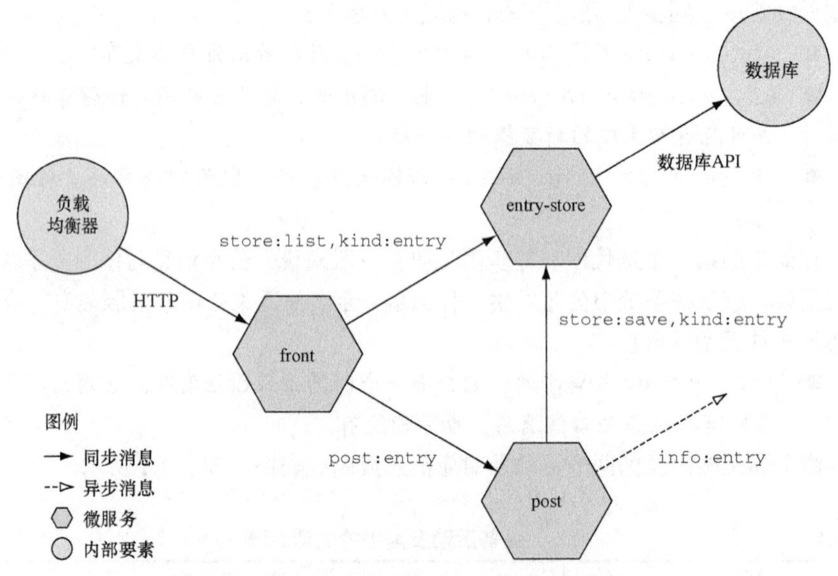

图 1.1 迭代 0：发布和列出条目的消息和服务

以下是架构过程中所作的决策。

- 最前端有个传统的负载均衡器。
- Web 服务器也是微服务（front）并参与消息流。它不接受来自外部客户端的消息，只接受来自负载均衡器的代理 HTTP 请求。

- 微服务 front 是系统的边界。它将 HTTP 请求转换为内部消息。
- 微服务 entry-store 提供数据存储功能，但只能通过消息访问。其他微服务无法访问底层数据库。
- 微服务 post 负责编排发布条目的消息流。它首先接收并执行同步消息 store:save,kind:entry，一旦确认保存就会发出异步消息 info:entry。

这个小微博系统允许用户发布条目，并查看以前条目的列表。目前假设部署完全自动化，第 5 章会介绍微服务的部署。星期五了，代码已完成推送，可以回家了。

1.2.2 迭代 1：搜索索引

在上面迭代中，使用了一种非常适用于微服务架构的系统设计方法。首先非正式地描述系统中的**活动**，然后将这些活动表示为**消息**，最后从消息中派生出**服务**。事实证明消息比服务更重要。

本迭代的任务是引入搜索索引，支持用户搜索条目，在情感的海洋中寻找微博智慧和见解的瑰宝。与数据库非常相似的是，系统将使用在网络内运行的搜索引擎来提供搜索功能。我们使用微服务提供对搜索引擎的访问，这与微服务 entry-store 提供的对条目数据库的访问方式类似。

现在先找出搜索引擎微服务涉及哪些消息。用户可以在搜索引擎输入条目，然后执行查询，并提供以下消息模式。

- search:insert——输入条目。
- search:query——执行查询，返回结果列表。

微服务 front 可以发出 search:query 消息来获取搜索结果，这一步没问题。微服务 post 可以将 search:insert 消息编排到其条目发布工作流程中，这一步看起来有点问题，不是引入了 info:entry 异步消息来公布新条目吗？搜索引擎微服务（命名为 index）应该监听 info:entry，然后将新条目插入其搜索索引，从而让微服务 post 和 index 解耦。

有些东西还是不对。微服务 index 应该只关心与搜索相关的活动，为什么它要知道发布微博条目的事情呢？为什么它必须要监听 info:entry 消息呢？又该如何避免这种语义耦合？

答案是**转换**。根据微服务 index 的业务逻辑，它不需要知道微博条目的事情，但是如果它的运行时配置如此也没关系。

index 的运行时配置可以监听 info:entry 消息，并将其转换为本地 search:insert 消息，这就实现了松耦合。拥有这种集成能力，并且不产生累积技术债务的紧耦合，就是使用微服务的益处。实现微服务的业务逻辑可以有多个运行时配置，这意味着它可以用多种方式参与系统，而无须更改业务逻辑代码。

表 1.3 列出了微服务及其消息的新列表。

表 1.3 微服务发送和接收的消息

微服务	发 送	接 收

front	`post:entry`
	`store:list,kind:entry`
	`search:list`	

entry-store		`store:list,kind:entry` `store:save,kind:entry`
post	`store:save,kind:entry` `info:entry`	`post:entry`

index		`search:query`
		`search:insert`
		`info:entry`

现在应用**可加性**原则，将微服务 index 部署到生产环境。它开始监听 `info:entry` 消息并向搜索索引添加条目，这对系统的其他部分没有影响。通过查看监控系统，可以发现客户体验依旧良好，没有任何问题。部署过程非常简单，只是在其他服务正常运行的情况下向系统添加了一个新的微服务，不需要停机，而且出故障的风险很低。

系统还需要为用户提供搜索功能，这需要对现有的微服务进行更改，需要为微服务 front 添加搜索端并显示搜索页面。这个更改风险比较高，如果操作错误如何回滚？在传统的单体[①]架构中，经常使用**蓝绿配置**，整个系统有两个副本（蓝色和绿色）同时运行。一个副本对外提供服务，另一个副本用于部署。新功能部署后，一旦通过验证，两个副本就会切换。如果出现故障，还可以通过再次切换进行回滚。但是这种方式的设置和维护开销极大。

在微服务的情况下，可以使用可加性。在旧版本 front 微服务正常运行的状态下，通过部署一个或多个新版本实例来实现新添加的搜索功能。现在有多个版本的 front 在生产环境运行，这不会影响任何功能，因为新版本可以像旧版本一样处理条目的发布和列出。负载均衡器在新旧版本之间平均分配流量。如果想谨慎一点，可以调整负载均衡器仅向新版本发送少量流量，不需要将其构建到系统中就能获得这种能力，因为它是部署配置的一部分。

监控系统一段时间之后，如果一切正常，即可关闭旧版本的 front 微服务。不用全局修改和重新启动，只需通过添加和删除服务，系统就获得了一项新功能。是的，新版本 front 微服务确实做了“修改”，但可以将其视为引入到生产环境的全新的微服务。这与更新整个系统并希望不要给生产环境带来不可预见的影响有很大不同。新系统如图 1.2 所示。

① **单体**指的是大量代码作为单个进程运行的企业系统。

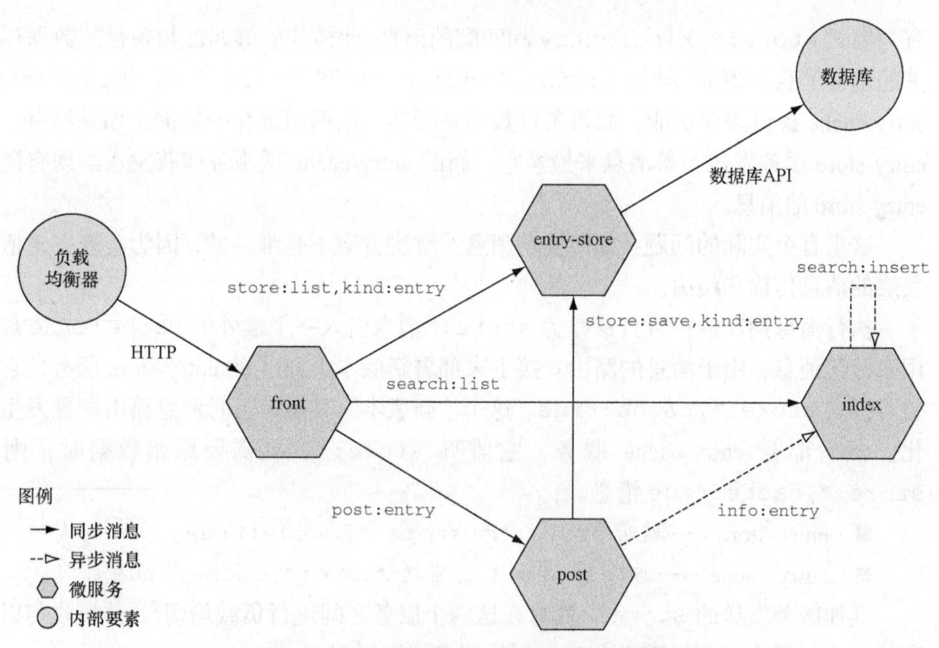

图 1.2 迭代 1：添加支持搜索的消息和服务

表 1.4 列出了一系列小的、安全的部署步骤，这些步骤将系统从迭代 0 升级到了迭代 1。又是成功的一周！星期五了，可以回家了。

表 1.4 一系列小的部署步骤

步 骤	微服务/版本	动 作
0	index/1.0	添加
1	front/2.0	添加
2	front/1.0	删除

1.2.3 迭代 2：简单组合

微服务是组件，好的组件模型可以实现组件的组合。下面介绍组件如何在微服务环境下组合。微服务 entry-store 从底层数据库加载数据，此操作具有相对较高的延迟，因为与数据库通信需要时间。可以通过减少延迟来提高性能，其中一种方法是使用缓存。当加载条目的请求进入时，执行数据库查询前应首先检查缓存。

传统系统会在代码中使用抽象层来隐藏缓存交互。在某些糟糕的代码中，可能必须先重构，才能引入抽象层。实际上，应先对代码的逻辑进行大刀阔斧的改动，再部署整个系统的新版本。

在本案例的微服务架构中，可以采取不同的方式：引入 entry-cache 微服务，捕获所有与模式 store:*,kind:entry 相匹配的消息，此模式能够匹配与条目的数据存储相关的全部消息，例如 store:list,kind:entry 和 store:load,kind:entry。entry-cache 提供缓存功能：如果条目数据被缓存，则返回缓存的数据；如果没有，则向 entry-store 服务发送一条消息来检索它。新的 entry-cache 微服务捕获发送给现有微服务 entry-store 的消息。

这里有个实际的问题：如何捕获消息？解决方案不是唯一的，因为实现方式依赖于底层的消息传输和路由。

执行消息捕获的一种方法是为 store:*消息引入一个额外的 cache:true 属性，用来标记消息，用于消息的路由。接下来部署新版本（2.0）的 entry-store 服务，它可以监听模式 store:*,cache:true。这个“新版本”只是运行时消息路由配置发生了变化。然后部署 entry-cache 服务，它监听 store:*，在需要原始数据时，则发送 store:*,cache:true 消息。

- entry-store——监听 store:*和 store:*,cache:true。
- entry-cache——监听 store:* ，发送 store:*,cache:true。

其他服务发送的 store:*消息在这两个服务之间进行负载均衡[①]，并接收与以前相同的响应，但它们不知道现在有 50%的消息使用了缓存。

最后部署另一个新版本（3.0）的 entry-store，它只监听 store:*,cache:true。现在全部的 store:*消息都使用了缓存。

- entry-store——仅监听 store:*,cache:true。
- entry-cache——监听 store:* ，发送 store:*,cache:true。

在**没有**更改任何现有服务功能的情况下，仅通过添加新的微服务，即可实现向系统添加新功能。

表 1.5 列出了部署历史。

表 1.5 对 entry-store 行为的一系列修改

步骤	微服务/版本	动作	消息模式
0	entry-store/2.0	添加	store:*和 store:*,cache:true
1	entry-store/1.0	删除	store:*
2	entry-cache/1.0	添加	store:*
3	entry-store/3.0	添加	store:*,cache:true
4	entry-store/2.0	删除	store:*和 store:*,cache:true

可以看到，通过一系列添加和删除操作来部署，可以对微服务系统进行细粒度的控制。在生产环境中，这种能力是管理风险的一个重要途径，因为可以在每次添加或删除

① 暂时假设这“行得通”。

操作后验证系统，以确保没有破坏任何功能。图 1.3 显示了更新后的系统。

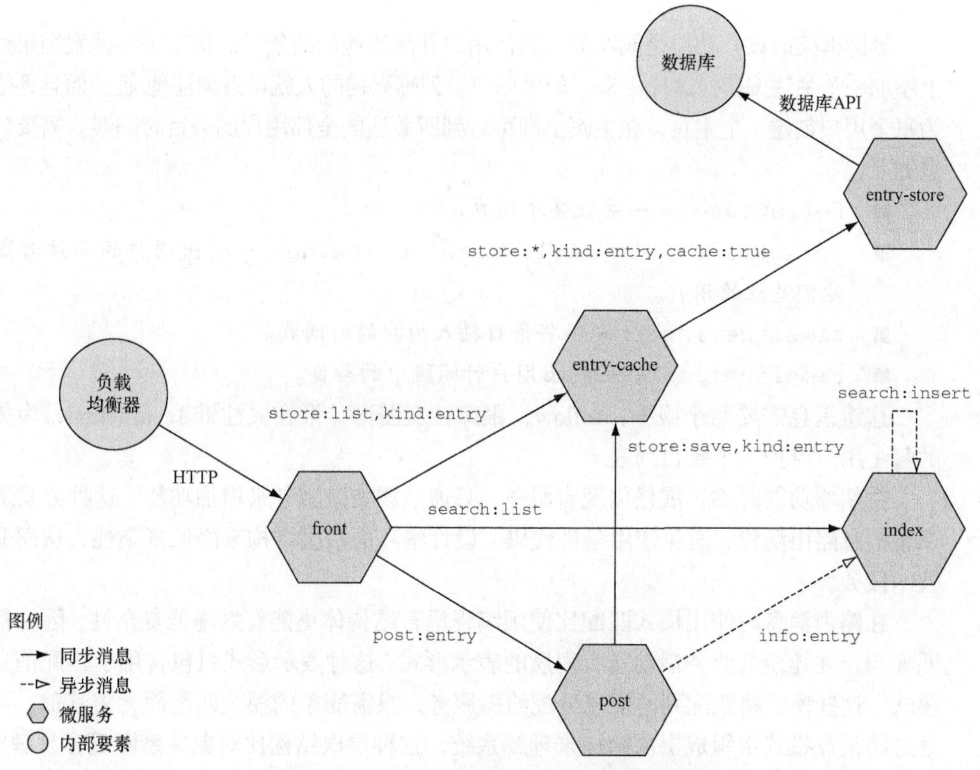

图 1.3　迭代 2：通过消息捕获实现条目存储缓存

消息标记方法事先假设有个传输系统，其中任何微服务都可以检查每条消息，以确定它是否能够处理该消息。对开发人员来说，这是一个非常有用的假设。但是实际上却不能这么做，因为这样做会导致网络流量过高并且每个微服务的负载过大。假设微服务开发人员可以访问所有消息，并不意味着必须以这种方式运行生产系统。因为微服务关注哪些消息由开发人员指定，所以可以在消息路由层作弊。

entry-cache 的缓存功能和 entry-store 的数据存储功能已经**组合**在一起。外界并不知道 `store:*,kind:entry` 消息是通过两个微服务的交互实现的。重要的是能够在不公开内部实现细节的情况下实现这一点，并且微服务仅通过它们的公共消息进行交互。

这个功能很强大。除了缓存，还可以添加数据验证、消息大小调节、审计、权限和各种其他功能。可以通过在组件级别将微服务组合在一起来提供这些功能。进行细粒度部署的能力常常被认为是微服务的主要优点，但事实并非如此，微服务的主要优点是在实用的组件模型下进行组合。

又是成功的一周。

1.2.4 迭代 3：时间线

微博框架的核心功能是能够关注其他用户并阅读他们的条目。接下来在搜索结果列表上添加一个**关注**按钮，这样一来，如果用户看到感兴趣的人就可以关注他/她。而且还需要为每个用户创建一个主页，在主页上即可看到所关注的全部用户的条目时间线。需要的消息如下。

- follow:user——关注某个用户。
- follow:list,kind:followers|following——列出用户的关注者或者他们关注的用户。
- timeline:insert——将条目插入用户的时间线。
- timeline:list——列出用户时间线中的条目。

这组消息需要两个服务：follow，跟踪社交图谱（谁在关注谁）；timeline，为关注的每个用户维护一个条目列表。

在新增功能时不扩展任何现有服务，只通过添加微服务来增加功能。这种方式通过调整消息路由配置、避免使用条件代码、设计精巧的数据结构来降低复杂性，从而避免技术债务。

在路由消息时使用模式匹配比使用编程语言结构体更能有效降低复杂性，因为模式匹配与正在建模的业务活动具有**同质**的表示形式。这种表示形式只包含用于匹配消息的模式，这些模式将匹配到的消息分配给微服务，只需简单的模式匹配而无需其他。可以通过将消息模式组织成层次结构来理解系统，这种层次结构比对象关系图更容易理解。

这里有个实现问题：时间线应该提前构建还是按需构建？如果按需构建，首先需要获取该用户关注的用户列表，然后获取每个关注的用户的条目列表，并将这些条目合并到一个时间线中。这个列表很难缓存，因为时间线会随着用户发布新条目而不断变化。这样实现好像不对。

另一实现方式：如果监听 info:entry 消息，则可以提前构建每个时间线。当用户发布条目时，首先获取他们的关注者列表，然后针对每个关注者，将条目插入他们的时间线。这种实现方式有可能成本很高，因为需要额外的硬件来存储重复的数据，但是硬件成本低，所以这种方式貌似更可行、更灵活。[①]

提前构建时间线需要对 info:entry 消息做出反应，并编排以下消息：follow:list,kind:followers 和 timeline:insert。编排这些消息的一个好方法是将其放入专门为此目的构建的微服务中，让网络保持边界清晰，这也是管理复杂性的好方法。通过每个服务的入站和出站消息模式就可以了解系统，而不需要知道复杂的路由和工作流规则。让我们引入一个处理时间线更新的微服务 fanout。该微服务监听

① 消息灵通人士告诉我 Twitter 就是以这种方式实现时间线插入的。

info:entry 消息，然后更新时间线。图 1.4 显示了更新后的系统，包含新的微服务 fanout、follow 和 timeline，以及它们之间的交互。

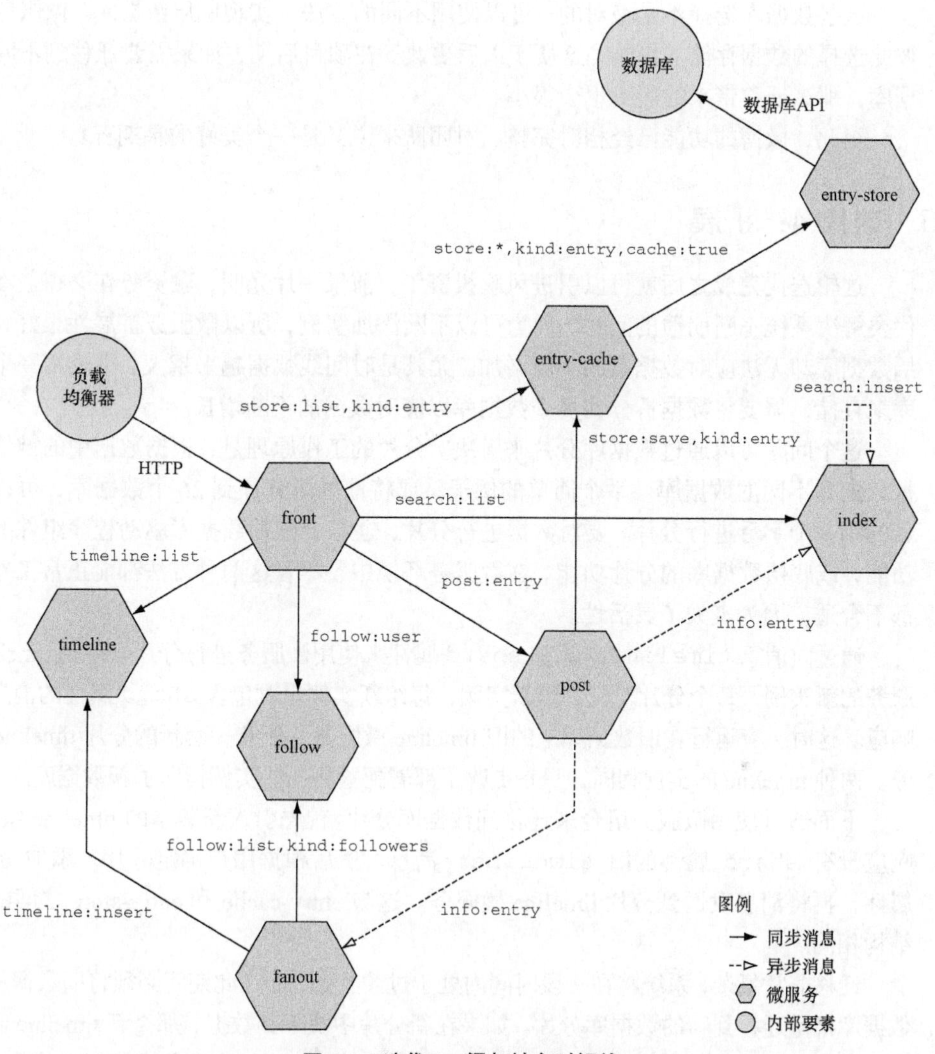

图 1.4　迭代 3：添加社交时间线

follow 和 timeline 服务分别用于存储社交图谱和时间线的数据。它们把数据存储在哪里？是否与微服务 entry-store 使用相同的数据库？在传统系统中，最终会将大部分数据放在一个大型中央数据库，因为这样做容易编写代码。使用微服务可以摆脱这种限制，在本案例的微博系统中，有 4 个独立的数据库。

- 条目存储，可以使用关系数据库。
- 搜索引擎，一个专业的全文搜索解决方案。

- 社交图谱，最好使用图形数据库。
- 用户时间线，可以使用“键-值”对。

这些数据库选择不是绝对的，可以使用不同的方法来实现底层数据库。微服务不受彼此选择的数据存储的影响，这便于以后更改。在项目后期，如果需要迁移到不同的数据库，那么迁移带来的影响也会很小。

至此，微博的功能已经相对完整。对团队来说又是一个美好的星期五！

1.2.5 迭代 4：扩展

这轮迭代完成之后就可以引进风险投资了，前景一片光明，融资势在必得。本次迭代要解决系统不断崩溃的问题。因为可以不断添加实例，所以微服务扩展性很好，但底层数据库却无法应对数据量的不断增加。尤其是时间线数据越来越大，很难用一个数据库来存储，需要将数据拆分到多个数据库以应对数据的不断增长。

这个问题可以通过数据库**分片**来解决。分片的工作原理是：根据数据中的键值将数据分配到不同的数据库。举个简单的例子：要将地址簿分片到 26 个数据库，可以对姓名的第一个字母进行分片。要对数据进行分片，通常会依赖数据库驱动程序组件的分片功能，或底层数据库的分片功能。在微服务环境中，尽管这两种方法都能正常工作，但都不合适，因为丧失了灵活性。

通过向消息 `timeline:*`添加 `shard` 属性来使用微服务进行分片。启动 timeline 微服务的新实例，每个分片对应一组新实例，每组新实例只对包含 `shard` 属性的消息做出响应。这时，有运行在旧数据库上的旧 timeline 微服务，还有一套新的分片 timeline 微服务。两种 timeline 的实现相同，只是更改了部署配置将一些实例指向了新数据库。

下面通过使用微服务组合来迁移到数据库分片。首先引入新版本的 timeline 微服务，响应没有 `shard` 属性的旧 `timeline:*`消息。然后根据用户确定分片，添加 `shard` 属性，再将消息发送到分片 timeline 微服务。这与 entry-cache 和 entry-store 之间的关系结构相同。

迁移非常复杂，系统将在一段时间内处于过渡状态，而在此期间必须将旧数据从原始数据库批量迁移到新的数据库分片。如果在新分片中找不到数据，那么新 timeline 微服务要能够在旧数据库中查找数据。每个步骤都要非常小心，要让旧数据库处于工作状态，并继续接收数据，直到确定分片工作正常。应该先针对一部分用户测试整个流程。这不是一个简单的转换，但微服务可以降低风险。大部分工作都必须谨慎细致地操作，因为即使对消息路由配置进行简单更改，都有可能导致回滚。这虽然是个艰难的迭代，但也不会对其他服务有太大影响，该迭代需要数月的验证和测试。[①]新的分片系统如图 1.5 所示。

① 使用微服务进行分片绝非“最佳”方式，这取决于系统架构师自己的判断，但是使用消息路由来分片是可行的，这是展示微服务灵活性的一个很好的例子。

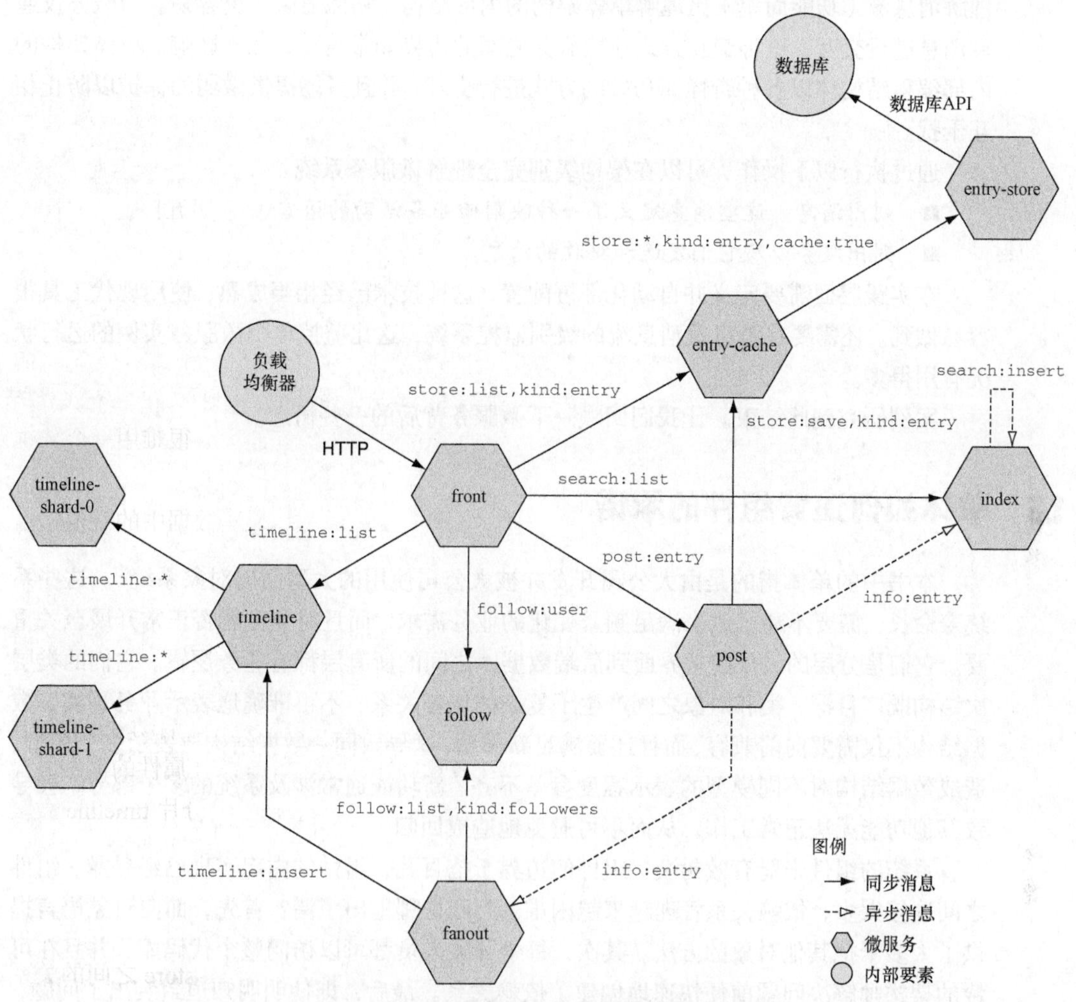

图 1.5 迭代 4：在消息级别通过分片进行扩展

现在假设一切都按照计划进行，并顺利获得了融资，用户规模达到了数亿个。尽管已经解决了技术问题，但仍然没有想出如何从这些用户身上赢利。这个问题可以一边休假一边思考，因为使用微服务实现起来很快！

如果企业软件开发都像这样工作那就太棒了！然而绝大多数软件开发人员在开发过程中无法如此自由，不是因为组织问题，而是因为他们被淹没在技术债务中。这是个很难接受的事实，它让我们诚挚地反思，作为软件构建者我们的工作是否高效。

微服务架构为这个问题提供了解决方案，该解决方案基于可靠的工程原理，而不是最新的项目管理经验或最先进技术。这需要仔细权衡，需要以一种全新的方式思考。尤其是必须应对复杂性没有减少只是被转移了的批评。事实上，这种批评毫无道理，因为理解消息流（功能简单）比理解单体架构的内部结构（功能复杂）更容易。微服务仅通过消息进行交互，这种交互方式让微服务之间的边界非常清晰，互不影响。单体架构的内部编程结构体以各种奇怪而巧妙的方式进行交互，并且只能提供微弱的保护以防止相互干扰。

通过执行以下操作，可以在架构级别完全理解微服务系统。

- 列出消息。这些消息定义了一种映射回业务活动的语言。
- 列出服务以及它们发送和接收的消息。

在实践层面需要定义并自动化部署配置，这种技术已经相当成熟，使用现代工具很容易做到。还需要在消息及消息流的级别监控系统，这比监控单个微服务实例的运行状况有用得多。

案例研究到此结束。让我们回顾一下微服务背后的一些概念。

1.3　单体如何违背组件的承诺

本书中的**单体**指的是由大公司开发并被大公司使用的大型面向对象系统①。这些系统寿命长，需要不断修改来满足频繁变化的业务需求，而且对业务能否正常开展至关重要。它们是分层的，从前端界面到后端数据库之间的所有层都有业务逻辑。它们的类层次结构既广且深，类和对象之间产生了复杂的依赖关系，不再准确地表示业务现实。数据结构不仅需要向前兼容，而且还要满足新模型，这导致同一数据结构要表示多个模型，造成数据结构对不同模型的表示程度参差不齐。新功能通常涉及系统的多个部分，会导致其他功能无法正常工作，从而不可避免地造成回归。

系统的组件未能有效封装，组件的边界千疮百孔，组件的内部实现已经暴露，组件之间连接太多，依赖关系管理越来越困难。到底是哪里出了错？首先，面向对象语言提供了太多干扰其他对象的方法。其次，每个开发人员都可以访问整个代码库，并且在可怜的架构师解决问题前便快速地创建了依赖关系。最后，即使明明知道封装出了问题，通常也没有时间进行必要的重构来保护它，不断要求重构也让问题更加复杂，致使技术债务不断膨胀。

这些组件不具备可重用性，因为未能有效封装，组件之间连接紧密，难以提取和再次使用。可以在基础设施层级（数据库层、实用程序代码等）实现某种级别的重用，但组件真正的目标是重用业务逻辑，这很少能实现。每个新项目都要重新编写业务逻辑，这导致了新的程序漏洞和新的技术债务。

---

① 单体的本质特征不是在单个进程中执行大量代码，而是利用语言平台来连接独立的功能，从而致命地伤害了这些功能作为组件的可组合性。大多数企业软件基于面向对象开发主要是缘于历史偶然性。还存在其他类型的单体，但面向对象架构一直以来都名不副实，尤其是它违背了提供可重用组件的承诺，因此它是本书批评的主要对象。

这些组件没有定义明确的接口。它们可能具有严格的接口，但严格的接口需要考虑大量的类型安全，导致过于复杂，因此无法明确地定义。对象提供的交互方式太多，包括构造依赖关系、方法调用、属性访问和继承等，致使与对象的交互有大量的可能性，这还不包括各种语言平台带来的更多可能性。基于此，我们需要提前在大脑中为接口想象一个额外的维度，来描述它的状态以及状态的转换，才能准确恰当地使用对象。

组件不能组合，这违背了“组件”的命名初衷。通常，很难通过将两个对象组合起来的方式增强功能。但也存在特殊情况，例如继承和混合[①]，但它们是受限的，现在还被认为是有害的，现代面向对象的最佳实践明确支持组合而非继承。保留超类的内部实例，并直接调用它的方法，是一种更好的方式，但是仍然需要了解内部实例的很多细节。

面向对象模型的问题在于，编程语言设计阶段没有充分考虑组合问题，导致很难做好通用组合。最好在设计语言时就解决组合问题，以便它始终以相同的方式工作，并具有一个小型的、一致的、可预测的、无状态的、易于理解的实现模型。当一个组合模型可以用声明的方式定义，并且与任何其他组件的内部状态无关时，就大获成功了。

为什么组合如此重要？首先，它是管理复杂性的最有效的概念机制之一。出问题的不是计算机，而是我们的大脑。组合要求严格控制复杂性。组合元素在组合后被隐藏，并且无法访问。由于组合只能构建严格的层次结构，因此组件之间没有杂乱复杂的连接。其次，共享状态明显减少。根据定义，组合后的组件通过无状态模型相互通信，降低了复杂性。传统对象通信的弊端在组件间通信时仍然存在，但是，如果在通信机制的使用方面进行一点限制，例如将它们限制在消息传递方面，便可以极大改善组件间通信。如果状态管理带来的影响减少了，那么由状态管理引入的复杂性就可以被忽略。最后，组合具有可加性。[②]通过组合现有功能可以创建新功能。不修改现有组件，意味着组件内部的技术债务不会增加。当然，组合的实施细节中存在技术债务，并且会随着时间的推移而增长。但它必然比传统单体的技术债务要少，后者有组合组件的债务、组件内功能蔓延的债务及不断增加的互连性的债务。

什么是复杂性？

你可能会说分数 111/222 比分数 1/2 更复杂，[③]甚至可以通过使用 Kolmogorov 复杂性度量单位来使该陈述变得严格。首先选择合适的编码将复杂事物表示为二进制字符串。能够输出此二进制字符串的最短程序的长度即为该事物复杂性的数字度量。为了保持“程序”的一致和合理，要事先选择使用哪个通用图灵机。

---

① 继承是面向对象编程的主要组合机制。它失败的原因是父类和子类之间的耦合太紧密，而且很难从多个超类派生子类。多重继承（或者混合）虽然可以作为一种解决方案，但是导致了更高的复杂性。

② 如果系统允许提供额外的功能实现，而不需要对依赖它的功能进行更改，则该系统就有可加性。有关技术说明请参见 Harold Abelson、Gerald Sussman、Julie Sussman，*Structure and Interpretation of Computer Programs*（《计算机程序的构造和解释》）（MIT Press，1996），2.4 节。

③ Mandelbrot 集合分形是低复杂度的一个很好的例子，它可以由一个简单的复数递归公式产生。

下面是两个用C语言编写（未优化！）的程序，其中一个输出111/222的值：

```
printf("%f", 111.0/222.0);
```

另一个输出1/2的值：

```
printf("%f", 1.0/2.0);
```

可以随意以自己喜欢的方式编译和压缩它们。表示111和222显然比表示1和2需要更多的位（编译器优化不算在内）。因此，111/222比1/2更复杂。这也符合直觉，即分数可以简化为最简单项的组合，这是分数的一种不那么复杂的表示形式。

与可以用多种方式组合元素的软件系统（面向对象）相比，以少量方式组合元素（可加性组合）的软件系统随着元素数量的增加，其复杂性增长的速度要慢得多。如果使用复杂性作为技术债务的衡量标准，可以看到面向对象的单体架构更容易受技术债务的影响。

影响有多大？难以想象。随着元素数量和连接方式的增加，元素之间发生交互的可能数量呈指数级增长。①

1.4 微服务理念

大型软件系统最好使用组件架构来建设，以使组合变得容易又方便。**微服务**一词抓住了这一理念的两个重要方面。**微**表示组件小，避免了技术债务的累积。在实际软件系统中，都倾向于使用很多的小部件，而非少量的大部件。**服务**表明组件不应该局限于单个进程或机器，而应该可以自由地组成一个大型网络。组件（即微服务）可以自由地相互通信。通过消息而非共享状态进行通信，对于微服务网络的扩展至关重要。

微服务理念的核心远不止这两个方面。更常见的理念是：可组合的组件是软件构造的单元，只有当组件之间的通信手段足够统一且让组合具有实用性，组合才能正常工作。重要的不是选择什么通信机制，而是通信机制要简单。

微服务架构的核心原则如下。

- 任何组件都没有特权（**无特权**）。
- 所有组件都以相同的简单、同质的方式进行通信（**统一通信**）。
- 组件可以由其他组件组成（**组合**）。

基于这些原则可以得出微服务架构的更具体的特征。现实中的微服务很小，一方面是因为服务越小越容易组合。另一方面是因为服务小，实现服务的语言就相对不那么重要。事实上，服务是一次性的，毕竟重写其功能不需要太多工作，你甚至可以自问它的代码质量真的很重要吗？我们将在第8章探讨这些观点。

微服务使用消息进行通信。这种通信方式貌似与面向服务的架构差不多。不要被表

① 用数学公式表达为：k^[$n(n-1)/2$]，其中k是连接元素的方式数，n是元素数。因为对象依赖关系图没有那么密集，所以实际增长速度没这么快，但仍然难以接受。

象迷惑，对于微服务架构来说，消息使用的数据格式或传输协议无关紧要。微服务完全由它们接受的消息和它们发出的消息界定。从单个微服务实例的角度以及从编写该微服务的开发人员的角度来看，只有到达的消息和要发送的消息。在部署时，微服务实例可以配置为请求/响应、发布/订阅或任何其他变体。消息的分发方式并不是微服务架构的典型特征，任何分发方式都可以使用。①

消息本身不需要严格控制。由微服务自行决定是否处理收到的消息，因此不需要格式，甚至不需要验证。如果想在微服务之间建立连接，请三思，因为这样做只会将两个独立微服务变成一个大型服务，并且导致两个微服务紧耦合。这与传统的单体架构没有什么不同，甚至还要处理微服务如何组网。②消息结构的灵活性使组合更容易实现并加快开发速度，因为可以先解决简单的一般情况，再专门解决特殊情况。这就是可加性的力量：技术债务得到了控制；不断变化的业务需求通过添加新的微服务来满足，而非修改或破坏旧的微服务。

微服务网络是动态的，它由大量并行运行的独立进程组成。由于可以随时添加和删除服务，因此很容易实现扩展、容错、持续交付，并且风险很低。如果微服务网络很大，那么需要一些自动化手段来控制，这是一件好事，因为这可以帮助更好地控制生产系统，使其免受人为错误的影响。部署微服务的默认操作是添加或删除单个微服务实例，然后验证系统是否仍然正常，与大爆炸式单体部署相比，这是个低风险的过程。

核心技术原则

微服务网络可以通过**传输独立性**和**模式匹配**来实现**可加性**原则。

传输独立性

传输独立性是指在微服务之间传递消息时无须了解微服务内部细节，也无须知道如何发送消息。如果需要了解微服务内部细节及其消息协议才能向其发送消息，那么这将是致命的缺陷。这打破了**无特权**原则，从发送者的角度来看，接收者是有特权的。在不改变发送方的情况下，将无法在接收方组合其他微服务。

传输独立性分级别。正如所有编程语言最终都以机器代码执行一样，所有消息传输层最终都必须将发送方和接收方解析到确切的网络位置。影响传输独立性级别的重要因素是需要公开多少信息给微服务的内部业务逻辑才能发送消息。不同的消息传输（见图 1.6）具有不同的耦合级别。

① 许多对微服务架构的批评都使用了稻草人论点，即管理和了解大量暴露 HTTP REST API 的 Web 服务器实例太烦琐。

② 可以戏称为“分布式单体”。

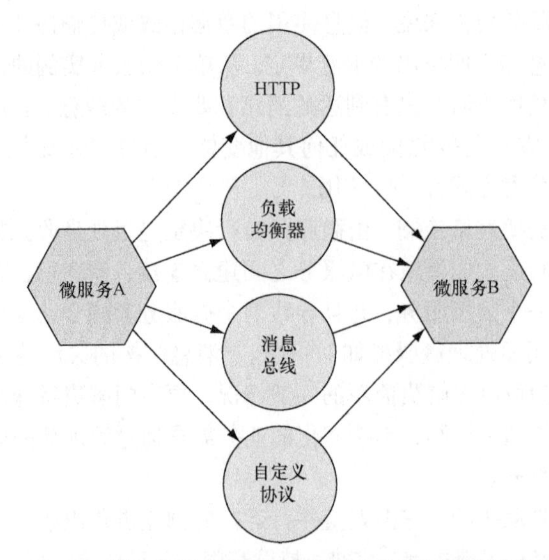

图 1.6 微服务不应该知道传递消息的底层基础设施

例如，要求微服务使用服务注册表查找其他服务是在自找麻烦，这样做会产生危险的耦合。微服务的查找不用如此大费周章，可以将它们放在负载均衡器之后，让负载均衡器负责查找。可是负载均衡器仍需要知道服务的位置，因此问题并没有解决。但是这已经使服务更容易编写，并且变得更加独立于传输，因为只需要找到负载均衡器。另一种方法是使用消息队列，然而微服务必须知道消息的正确主题，而主题是网络地址的一种弱形式。我们的目标是达到微服务互不了解的极端程度，这样才能充分享受微服务架构带来的全部好处。

模式匹配

模式匹配是基于消息内部的数据路由消息的能力。①此功能允许动态定义微服务网络，实现动态地添加和删除处理特殊情况的微服务，并且这样做不会影响现有消息或微服务。例如，假设企业系统的初始版本只面向普通用户，但后来新的需求要求面向不同类型的用户及具备不同的相关功能。可以为每种类型的用户创建新的 user-profile 服务，而不是重写或扩展通用 user-profile 服务（它仍然可以很好地为普通用户完成工作）。然后可以使用模式匹配将用户信息请求消息路由到相应的微服务。这种方法减少技术债务的能力显而易见，因为不同 user-profile 服务之间不存在知识或依赖关系——它们都认为仅存在自己服务的用户类型。图 1.7 显示了如何通过新的微服务扩展用户信息功能。

① 消息路由可以自由地使用任何可用的上下文信息，而不一定局限于消息中的数据。例如高负载下的微服务可以使用背压警报将流量强制转移到负载较低的微服务。

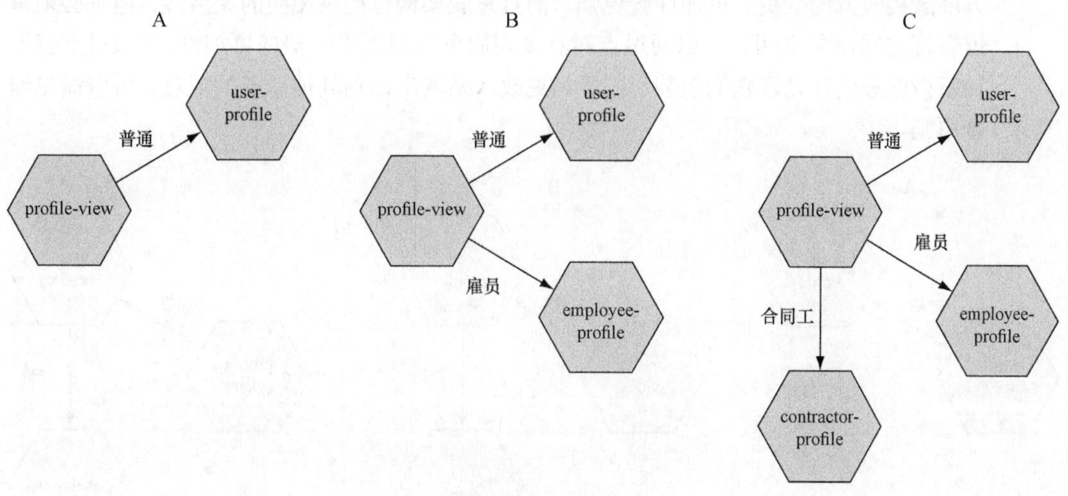

图 1.7 对新用户信息的支持

模式匹配受制于应用程度。例如，简单应用模式匹配的例子：通过负载均衡器来匹配 HTTP 请求路径，为每个微服务分配单独的 URL 端点；深度应用模式匹配的例子：拥有无数复杂规则的全功能企业服务总线。与传输独立性不同，模式匹配不是应用程度越深越好。相反，必须寻求效果与简单之间的平衡。这要求模式匹配足够复杂以表达业务需求，同时又足够简单以便于组合。至于如何平衡，没有标准答案，就像**统一通信**原则要求兼顾事物的简单和同质一样。本书认为 URL 匹配不够强大，因而提供了一些更好用的方法。如果为了追求组合而忽视了简单，那么就很容易陷入困境，系统也会经常莫名其妙地崩溃。

可加性

可加性是指通过添加新部件来改变系统功能的能力（见图 1.8）。最基本的约束是系统的其他部分不能更改。具有这一特性的系统可以提供非常复杂的功能，而且本身也非常复杂，但仍能保持较低的技术债务水平。[①]技术债务是对系统添加新功能的困难程度的度量。技术债务越多，添加功能所需的工作量就越大。支持可加性的系统能够应对不断变化、难以预测的业务需求。基于模式匹配和传输独立性的消息传输层让可加性更容易实现，因为它允许在生产环境中动态地重组服务。

可加性分级别。微服务架构依赖微服务的业务逻辑来确定消息的目的地，在添加新功能时，发送方和接收方都需要更改。服务注册表没什么帮助，因为仍然需要编写代码和查找新服务。如果使用智能负载均衡器、模式匹配、新上行接收器的动态注册对发送

① 古老的 Emacs 编辑器就是这样的系统。尽管它是 20 世纪 70 年代的产物，但它的扩展性非常好。LISP 语言也支持可加性。

方屏蔽接收方的变更，可加性会更强。消息总线架构也提供相同的灵活性，但是必须审慎管理主题命名空间。可以通过点对点发现服务实现近乎完美的可加性。[1]通过支持添加新微服务，并允许它们包装、扩展和更改入站或出站到其他服务的消息，可以满足**组合原则**。

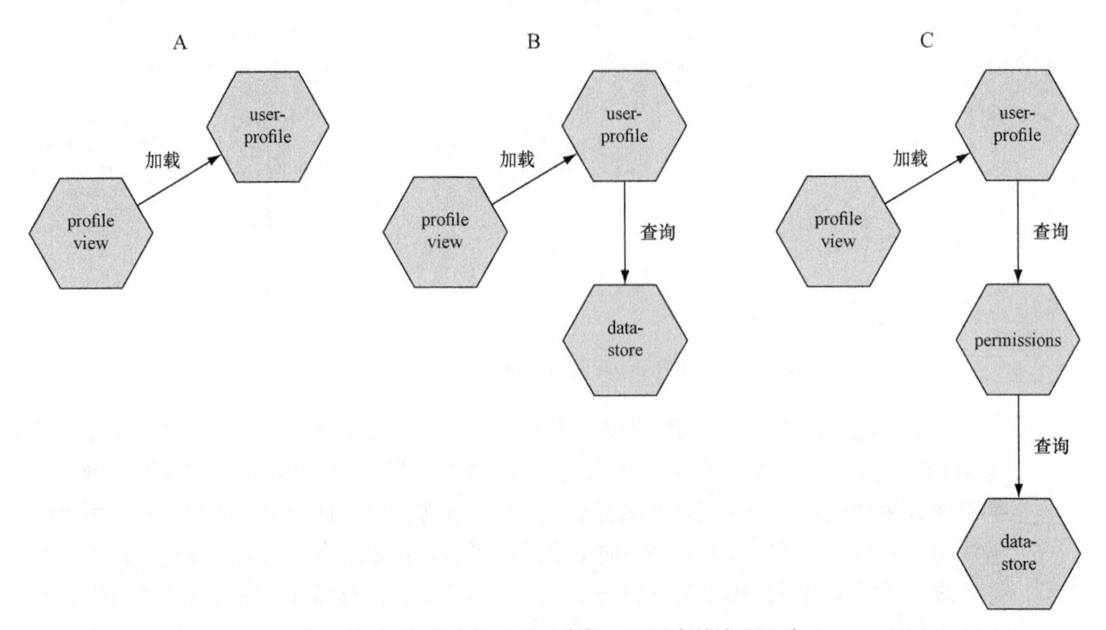

图 1.8 可加性允许系统以离散、可观察的步骤更改

1.5 实际意义

企业发展的实践充满了**双重思维**。[2]累积技术债务是最具权宜之计的短期成功策略。企业一边要求完美的软件，一边实施苛刻的限制。每个人既明白后果，又助桀为虐，因为如果不这样做就会限制职业发展。忽视真实成本、盲目追求完美是导致大多数软件难以开发的根本原因。[3]无论是通过建造空中楼阁来炫技的开发人员，还是缺乏工程思维

① SWIM 算法提供了在分布式网络上有效地传播组成员关系的方法，这是一个点对点发现服务的例子。参见 Abhinandan Das、Indranil Gupta、Ashish Motivala， “SWIM: Scalable Weakly-consistent Infection-style Process Group Membership Protocol,” *Proceedings of the International Conference on Dependable Systems and Networks*(2002)。

② George Orwell 在《1984》中提出了一个非常有用的概念：“在一个人的头脑中同时持有两种相互矛盾的信念，而且两者都接受。”

③ 航天飞机软件系统是有史以来编写得最完美的代码之一，其成本估计至少为每行代码 1 000 美元。参见 Charles Fishman, “They Write the Right Stuff,” *Fast Company*, December 31, 1996。企业软件开发的双重思想是：不需要航天飞机软件那样的开支，也能得到航天飞机软件那样的质量。

不懂权衡的企业，都难逃其责。

有时，这个问题可以通过高层指令来解决。Facebook 的口号“快速突破，除旧立新”含蓄地承认追求完美的代价太高。企业软件开发人员通常不能使用这种方法。更常见的业务解决方案是将问题具体化，然后将其转移到软件开发的“死亡之旅”中。

微服务架构既是一种技术策略，也是一种政治策略。它在技术上攻坚克难，在商务上要求企业诚实，从而实现了开发人员不用加班、企业即可加速实现业务的目标。从技术角度来看，它消除了许多累积技术债务的因素，并使大型分布式团队更易于管理。从业务角度来看，它首先迫使人们接受系统故障和缺陷，然后再更开诚布公地讨论可接受的失败程度，这样一来，企业管理者就能在风险量化的情况下，就投资回报做出准确的决策，这也正是他们擅长的事情。

1.5.1 规范

鉴于微服务与传统架构不同，如何确定系统是微服务架构？首先要认识到的是，微服务并不是一种激进的或革命性的方法。该架构强调面向组件的思维方式。作为开发人员，这使我们能够忽略编程语言的华丽外衣—— 如果类层次结构、对象关系、数据结构真的那么好用，我们就不会多次失败了。

微服务系统的设计非常直接。首先获得非正式业务需求，[①]然后确定系统的行为，最后将行为映射到消息。这是一种消息优先的方法。设计微服务系统不是从询问要构建什么服务开始，而是开始于询问服务交换哪些消息。获得消息后，对它们分组，然后就知道要构建哪些服务了。

为什么要这样做？因为有一条从业务需求到实现的直达路径。这个路径可跟踪，甚至可测量，因为生产中的消息行为代表了期望的业务结果。设计独立于实现、部署和数据结构，这种灵活性让你能够跟上不断变化的业务需求，最后得到一种**领域语言**——消息列表是一种描述系统的语言。通过这种语言，可以对系统的理解、质量期望、性能约束进行统一，并在生产中验证正确性。所有这一切都比传统系统容易得多，因为消息是同质的：它们是同一种东西。[②]

微服务实践遵循的关键原则是：**从一般到特殊**。首先解决最简单的一般问题。然后添加更多微服务来处理特殊情况。这种方法保留了可加性并提供了微服务的核心优势：减少技术债务。假设要为一个全球性组织构建内部员工管理系统。可以从当地雇员和当地法规的简单案例开始，然后为区域性法规添加新的微服务，例如美国或欧盟的法规，

---

① 业务需求并非通过积累细节而形成规范。最好避免过度规范，尽量专注于期望的业务成果。

② Non sunt multiplicanda entia sine necessitate，也被称为**奥卡姆剃刀**，它是一种哲学立场，即“如无必要，勿增实体”。它要求那些增加复杂性的人证明这样做的合理性。面向对象系统提供了许多对象交互的方法，但没有证明是否合理。

最后将每个国家作为特例处理。随着项目的进展，可以提供越来越多的功能，并处理越来越多的员工群体。如果使用传统做法——设计足够复杂和灵活的数据结构来处理整个员工群体，那么各种特殊情况将不可避免地破坏最初设计的完整性，引发错误假设，从而导致累积技术债务。

1.5.2 部署

微服务的系统管理需求是该架构的薄弱环节。确实，在生产环境中管理成百上千微服务的部署并非易事。但这是一种优势而不是劣势，因为不得不在生产中自动化系统的管理。单体可以手动部署，而且勉强过得去。但是手动部署风险极大，会给项目团队带来很大的压力。[①]自动化微服务部署的需要，以及尽早面对这种情况的需要，提高了整个项目的专业性，能有效避免草率行事。

生产环境支持大量的微服务，这让扩展变得更加容易。按照设计，系统中运行着大量服务的多个实例，并且可以通过增加运行实例的数量来进行扩展。这种扩展能力比最初看起来更强大，因为可以在系统级别进行扩展。单体架构要么全部扩展，要么不扩展，而微服务架构可以轻松运行可变数量的不同服务，仅在需要时进行扩展，这样效率更高。没有理由不这样做，有人批评说实现自动化部署非常困难，但这不是微服务架构的责任，而应该是部署工具或云平台该做的事。

整个系统的容错性也有所提高。单个微服务实例出现问题不会影响整个系统的运行。举个极端的例子，假设有个高负载的微服务存在内存泄漏，由于内存很快耗尽，因此它的每个实例只有15分钟的有效生命期。在单体架构中，这是灾难性的故障。而微服务架构中有很多的实例，很容易让系统保持运行而不会出现任何停机或服务降级，并且有足够多的时间轻松调试问题。[②]

微服务系统的监控不同于单体系统的监控，因为对低级别运行状况的常规测量不那么重要，例如 CPU 负载和内存使用情况。从系统的角度来看，重要的是消息流。由于存在从行为到消息的直接映射，因此通过监控消息在系统中的流动方式，可以验证业务需求和规则是否得到满足。第 6 章详细探讨。

监控消息流类似于医生使用的测量方法。血压和心率比任何细胞的离子通道性能更能展示病人的情况。在更高级别上进行监控可以降低部署风险。每次只更改系统中的一个微服务实例，然后通过确认预期流量来验证生产环境运行状况。对于微服务，持续部

---

① 2012 年 8 月 1 日星期三上午，纽约证券交易所的金融服务公司骑士资本在 45 分钟内损失了 4.6 亿美元。该公司在其自动交易系统中使用了手动部署流程，只错误地更新了七八台生产服务器。由于配置文件不匹配，导致测试交易指令在真实市场中被执行。请自动化部署生产系统！有关详细的技术分析，请参阅“In the Matter of Knight Capital Americas LLC,” Securities Exchange Act Release No. 34-70694, October 16, 2013。

② 网飞公司前工程总监 Adrian Cockcroft 对这种好处的表述最为贴切：“你想要的是牛，而非宠物。”

署是默认的部署方式。尽管这种部署模式的频率更高、测试更少，但其风险远低于单体的大爆炸式部署，因为每次部署的影响都很小。

1.5.3 安全

不要认为微服务只不过是小型 REST Web 服务。其独立于传输机制，对任何传输协议自身安全机制的过度依赖都会产生风险。作为指导原则，系统对外提供的访问方式与系统内部消息的访问方式不能相同。

为外部客户端提供服务的微服务，应该明确地直接使用外部客户端所需的通信机制。不要将外部客户端的请求转换成消息再呈现给微服务。这样做的诱惑很大，因为更方便。例如提供 HTTP 内容或作为 API 端点的微服务，应该明确地使用与客户端相同的通信机制。这类微服务可能在与其他微服务的交互中接收和发出内部消息，但在任何时候内部交互和对外交互都不能混为一谈。这类微服务的目的是公开一种面向外部的通信机制，它不属于微服务之间的通信模型。

从外部无法判断系统使用的是否为微服务架构。微服务系统的安全最佳实践与单机系统的安全最佳实践没有什么不同。实现一个与内部网络拓扑无关的严格且安全的系统边界非常必要。

网络中有大量微服务参与发送和接收消息，微服务架构还必须处理由此造成的额外风险。网络边界安全，并不意味着微服务之间的通信安全。

微服务之间的消息安全最好由消息传输层来处理，在消息传输层实现所需的安全等级。消息传输层应该处理证书验证、共享密钥、访问控制和其他消息验证机制，如此的安全需求愈发显得微服务通信在安全方面的羸弱。在微服务中直接使用 HTTP 实用程序库意味着必须为每个微服务每次都正确配置安全性。

正确处理安全问题非常困难，因为必须根据企业安全组的严格检查表开展工作。企业安全组以要求苛刻、从不妥协而闻名。这是消息抽象层的另一个优点——它提供了一个放置所有安全实现细节的地方，使它们远离业务逻辑。它还提供了一种独立于系统其他层来验证安全基础设施的方法。

1.5.4 人

软件开发过程无法摆脱架构的影响。如果仔细观察就会发现，许多单体架构中才有的行为已经被我们认为是理所当然的了。例如，为什么每日站会对敏捷开发如此重要？也许是因为单体架构中的代码对异常结果高度敏感，开发人员的工作很容易互相影响。小心谨慎地对代码进行分支也是出于同样的原因。严重依赖插件架构的开源项目似乎不需要站会，也许是因为它们使用了组件模型。

缘于此，软件开发方法学应运而生。它们都试图控制复杂性和技术债务。有些方法学侧重于心理，有些侧重于评估，还有一些侧重于严格的过程。它们可能会改善问题，但好用的方法不多，如果其中任何一个有显著效果，即便没有进一步论证，人们也会争相使用。[1]反方的观点是，并不是好方法不多，而是大多数项目都没有严格按照方法做，只要循规蹈矩按部就班，就会成功。对此有一种回应是，如果一种方法如此脆弱，以至于大多数团队都不能正确地使用，那么它就不适合这个目的。

单元测试作为一种被广泛采用的实践脱颖而出，是因为它有明显的好处。这更像是对传统软件开发方法中其他实践的控诉。也正是因为它非常有效，才导致单元测试在开发过程中经常喧宾夺主。项目对所有代码强加了全局单元测试要求——必须达到这样、那样的覆盖率，每个方法都必须有一个测试，必须创建复杂的模拟对象等。退后一步，问几个问题：所有的代码都需要相同的覆盖率吗？所有代码都受相同的生产约束吗？某些功能提供的业务价值比其他功能高出几个数量级，难道不应该花更多的时间来测试它们而花更少的时间来测试晦涩难懂的功能吗？微服务架构提供了一个有用的质量等级划分单元，可以为不同的微服务指定不同的质量等级。这是一种更有效的资源分配方式。

微服务可以作为劳动力单位，因此也是评估单位。微服务很小，因此更容易估算出构建小服务所需的工作量。这意味着更精确的项目评估，特别是可以遵循先一般服务再特殊服务的策略。较陈旧、更通用的服务不会更改，因此评估在项目的后期阶段仍然准确，不像传统的代码，随着内部耦合的增加，评估的准确性会随着时间的推移而下降。

最后，微服务是一次性的。从人的角度来看，这可能是该架构的最大好处之一。软件开发人员以目空一切、狂妄自大而闻名，他们的代码晦涩难懂、难以维护，对此有个经济学的解释：费九牛二虎之力开发的单体应用，还要费九牛二虎之力才能保证它运行。代码本身没有价值，只有留在生产中才有价值，从理性的角度看，这些代码虽然晦涩难懂、难以维护却也不能轻易淘汰。微服务不会受同样的影响，因为代码很简短，所以很容易理解。微服务在不停地迭代；微服务如此之多，以至于每个个体都不是那么重要。微服务架构能够实现自我清理，不需要的服务都会被逐渐替换掉。

1.6 你的钱换来了什么

微服务能够满足定制企业软件的需求。通过将系统的软件架构与业务的真实目标紧密地结合起来，能够更快地实现真正的商业价值，软件项目会更成功。微服务系统能够更快地接近 MVP 状态，因此可以更快地投入生产。而一旦投入生产，它们就能更容易跟上不断变化的需求。

浪费和返工（也称为**重构**）会减少，因为每个微服务的复杂性不会增长到危险的水

① 例如，航空公司乘客采用滑轮式行李箱的速度之快出人意料。

平。编写新的微服务来处理业务变化比修改旧的更高效、更容易。作为软件开发人员，微服务提供的系统构建方法可以让你变得更专业，可以帮助你充分利用时间获得成功。它还让你摆脱了一种普遍的错觉——可以准确估计复杂单体代码的构建。你的价值从第一天开始就显而易见，与业务部门的讨论更加健康、更加多样化，讨论的重点将是如何增加价值，而不再是闲扯代码量。

第 2 章将从服务的本质开始探索微服务架构的技术基础。

1.7　总结

- 容易累积技术债务是单体架构的主要缺陷。
- 语言平台和架构引入的深度耦合是造成技术债务的主要原因，因为组件之间的相互连接太多。
- 将组件彼此隐藏的最有效方法是将它们组合在一起。组合允许从现有组件中创建新组件，而不会加速复杂性的增长。
- 微服务架构提供了一个组件模型，它拥有强大的组合机制。它支持可加性，即通过添加新部件而不是修改旧部件来添加功能。
- 微服务架构要求你放弃一些根深蒂固的观念（如统一的代码质量），强制你接受某些最佳实践（如部署自动化）。这些都是好事，因为最终你将能够进行更有效的资源分配。

第2章　服务

本章内容

- 提炼微服务的概念
- 探索微服务架构的原则
- 比较单体和微服务
- 通过案例研究探讨微服务
- 从组件角度思考微服务

要了解迁移到新架构的影响和取舍，需要知道它与旧架构有何不同以及新架构如何解决旧问题。单体架构和微服务架构之间的本质区别是什么？有哪些新的思维方式？微服务如何解决企业软件开发的问题？

微服务是软件开发的单元。微服务架构提供了一种思维模型，可以有效地简化世界。本书认为微服务是迄今为止最理想的软件组件。它们大小完美，可以细粒度地部署到生产环境。它们很容易测量，能确保正常工作。微服务的理念是，提供一种快速、实用、有效的方法来开发软件创造商业价值。下面让我们深入细节研究，看看它在实践中如何工作。

2.1　定义微服务

作为一种越来越受欢迎的架构，术语**微服务**的含义比较模糊，应该首先明确它的含义。很多关于微服务的文章对软件开发持有相同的看法，但对微服务的定义却各不相同。不严谨的定义会限制思维，并很容易成为对手批判的目标。我们来看一些例子。

- **微服务是不超过 100 行代码的独立软件组件。** 这个定义紧扣这样一种愿景：让微服务小型化，由一个开发人员而非一个团队维护。极致的简单带来极致的好处：可以自信并快速地检查 100 行代码是否存在错误。[①]如此简短的代码天生就是一次性的，可以随时淘汰，因为能够在必要时轻松重写。这些都是微服务所需要的特质，但并非全部。例如，部署问题和服务间通信问题都没有得到解决。这个定义的致命缺陷是使用了武断的数量限制，如果改变编程语言，这个数量可能会被轻易打破。在讨论其他定义时，让我们保留对代码的期望：足够简单，便于验证，一次性。
- **微服务是可独立部署的进程（运行在与平台和语言无关的自动化环境中，使用轻量级异步通信机制交互，专注于实现专门的业务功能）**，或类似的句子。与之相对应的还有面面俱到的通用定义。通用定义包含了详细的属性列表。但是这些属性是按重要性排序吗？它们是否详尽？它们定义明确吗？通用定义尽管详尽，但是却不能抓住重点，没有给出微服务的本质。它们甚至引发了对属性定义语义的无休止争论。例如，什么是**真正**的轻量级通信机制？[②]这些定义提供了一套可行的想法，这些想法可以应用在实践中，但它们并没能让我们清晰地了解什么是微服务。
- **微服务是迷你 Web 服务器，提供小型的基于 REST 的 HTTP API，用于接收和返回 JSON 文档。** 这当然是一种常见的实现，也的确是微服务。但它们尺寸多大？如何解决其他问题，例如独立部署问题？该定义在某些问题上过于规范，而在另一些问题上又不够规范。这是通过原型得出的定义。没人会否认它们是微服务。但是它排除了大多数有趣的微服务架构模式，特别是那些使用异步消息的模式。这个定义不仅缺点明显，而且还很危险。有证据表明，它经常会导致多个服务紧耦合，而不得不将这些服务一起部署。[③]从这个失败的定义中得出的结论是，将自己局限于仅从 Web 服务 API 的角度来思考，会使我们错过更广阔思路带来的更多可能性。定义应该开阔思维，而不是限制思维。
- **微服务是独立的软件组件，构建和部署只需要一个迭代。** 这个定义重点关注架构的人性化。**独立软件组件**一词具有启发性和广泛性，因此该定义还试图涵盖实

---

① 在 1980 年的图灵奖演讲中，快速排序算法的发明者 C. A. R. Hoare 有句名言：“构建软件有两种方法。一种是使其简单到明显没有缺陷，另一种是使其复杂到没有明显缺陷。”

② 不可能打赢定义战。你一旦提供了确凿的反例，对手就会说反例不属于讨论主题。英国哲学家 Antony Flew 提供了一个典型例子。Robert：“所有苏格兰人都穿苏格兰短裙！”Hamish：“我叔叔邓肯穿裤子。”Robert：“是的，但真正的苏格兰人不会。”

③ 在我之前的顾问生涯中，曾以这种方式指导团队构建了许多大型系统，并多次陷入困境。

> 施策略。这个术语的通用理解为：微服务是软件组件。[①]为了表达对微服务“微型”的渴望，该定义对微服务的编写进行了严格的限制：只能有一个迭代。它还向持续交付致敬——必须能够在迭代中进行部署。此定义尽力避免提及操作系统进程、网络、分布式计算、消息协议，这些在这个定义中都不作为重要属性。[②]

微服务没有明确的定义，选择任何定义都会限制人们的思维。与其寻求一个或依赖于数值参数、或试图详尽无遗、或过于狭隘的定义，我们更应该致力于开发一个**有用**的概念框架。框架中的概念应该有助于准确理解微服务架构内在的权衡取舍。然后，将这些概念应用到工作中，从而帮助软件开发人员开发出令人满意的软件。[③]

2.2 案例研究：数字版报纸

本书的大多数章节通过案例研究来讨论概念。每个案例研究涉及的软件系统都提供了许多功能，我们重点关注与每章主题相关的那些功能，探讨如何通过微服务架构实现这些功能。第 9 章是一个包含源代码的完整案例研究，它使用本书介绍的微服务架构技术开发一个系统。

本章研究的是数字版报纸。[④]我们将从业务目标开始，逐步分解这个系统，得出一些非正式需求。然后，使用微服务来实现部分需求。

2.2.1 业务目标

这家报纸既提供免费内容，也提供付费内容，用户需要订阅才能查看付费内容。收入来自订阅和广告。为了提高广告相关性，广告要以内容和用户为导向。为了增加广告收入，用户在网站上停留的时间越长越好。

报社工作人员应该能够使用内容管理系统连续发布内容。他们应该能够查看针对所发布内容的分析，以获得内容的效益反馈。

报纸可以通过网站、平板电脑和手机 APP 浏览，以最大限度地扩大读者范围。为了获得最广泛的潜在读者，文章内容（包括付费内容）应该经过搜索引擎优化。

---

① **软件组件**是自包含、可扩展、定义明确、可重用的构建块。

② Erlang 进程肯定是微服务，或者更准确地说，是纳米服务！强烈建议阅读 Joe Armstrong 的博士论文。论文的详细信息请参阅：“Making Reliable Distributed Systems in the Presence of Software Errors,” *Royal Institute of Technology*, 2003。

③ 微服务是值得写一整本书的主题，而不能只用陈词滥调概括一下定义，不过这里还是要介绍一下。

④ 以《**纽约时报**》为例，应该能想出一两个微服务。

2.2.2 非正式需求

通过上述目标，可以列出一些非正式需求，这些需求有助于推进实施决策。

- 内容由文章组成，每个文章都有自己单独的页面。
- 有一些专门的文章列表页面，如头版和专题内容。
- 网站、平板电脑和手机APP使用同一个公共REST API，由系统的服务器端提供。
- 网站提供主要内容的静态版本供搜索引擎索引，并且可以动态加载次要内容。
- 系统有用户的概念，包括读者和作者，不同用户具有不同访问权限。
- 使用业务规则或优化算法匹配内容与用户信息，提供专门针对当前用户的内容。
- 网站应持续开发。由于数字报纸竞争激烈，因此需要能够快速添加新功能。其中包括专门的临时小应用程序，例如为选举服务新增的特别互动内容。

2.2.3 功能分解

抛开架构，从纯功能的角度来看，这些需求已经足够实现报纸系统了。以下是该系统应有的功能。

- 处理文章数据，进行读、写和查询操作。
- 构造内容页面，提供用于扩展的缓存。
- 处理用户账户：登录、注销、用户信息等。
- 提供有针对性的内容，为用户身份匹配适合的文章。

根据上述功能可以构建一些软件组件，假设它们是面向对象的类。

- ArticleHandler——提供文章数据操作。
- PageBuilder——生成页面。
- PageCache——缓存页面。
- UserManager——管理用户。
- ContentMapper——决定如何定位内容。

这些组件之间可能的依赖关系如图2.1所示。

这些组件合适吗？这些依赖关系正确吗？现在下结论还为时过早。这些是微服务吗？也许是。微服务架构必须要有一个分析过程来决定要构建什么微服务，并以某种方式将非正式需求转换为一组微服务。在开始这个过程前，让我们先仔细看一下微服务架构的属性以及构建属性的方式。

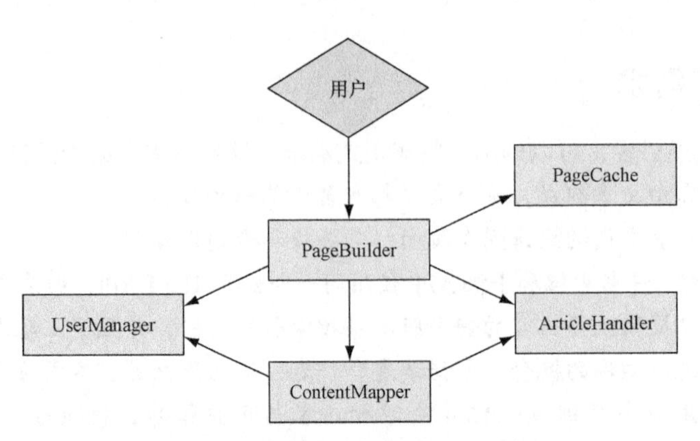

图 2.1 报纸系统的一种可能的组件架构

2.3 微服务架构

如果认为微服务应该使用消息相互通信，并且希望它们相互独立，那么微服务就必须有一个定义明确的通信接口。离散消息是定义此接口的最理想的机制。①

认识到可以通过消息进行服务间通信，有助于更深入地认识微服务的动态本质。例如从某些层面来说，需要知道哪些服务相互通信。随着服务数量的增长，连接的数量也在增加，很难全面周到地考虑交互情况。减轻这种复杂性的一种方法是采用以消息为中心的方法来描述系统。考虑到服务和消息是同一结构体的两个方面，从消息的角度来考虑微服务系统，通常比从服务的角度来考虑要有效果。根据这个观点，可以分析消息交互的模式，找出常见的模式，然后生成微服务架构设计。

迷你 Web 服务器架构

在迷你 Web 服务器架构中，微服务不过是提供小型 REST 接口的 Web 服务器。消息是 HTTP 请求和响应。消息内容可能是 JSON 文档、XML 文档或简单查询。这是一个同步架构，需要对 HTTP 请求进行响应。我们将以此为出发点，然后考虑如何使这些迷你 Web 服务器更像软件组件。

每个微服务都需要知道它要调用的其他服务的位置。这是迷你 Web 服务器的一个重要特点，也是它的弱点。只有少量服务时，可以用其他服务的网络位置配置每个微服务，但是随着服务数量的增长，很快就会变得难以管理。标准的解决方案是服务发现机制。

要提供服务发现功能，需要在系统里运行一个保存列表的服务，表里记录了系统的

① 这并不排除其他通信机制（如流数据），但这些通常用在特殊情况或用作嵌入式消息的传输层。

全部微服务及其在网络上的位置。每个微服务都必须通过该发现服务查找要通信的服务。遗憾的是，这个解决方案有很多隐藏的复杂性。首先，保持发现服务记录的信息与真实状态一致并非易事，因为编写一个好的发现服务非常困难。[①]其次，微服务需要维护从发现服务获得的其他服务的信息，并处理这些信息的时效性和正确性问题。最后，使用服务发现会导致服务之间的紧耦合。为什么？在单体代码中，需要先引用对象才能调用方法。现在通过网络就可直接调用——只需要一个网络位置和一个 URL 端点。如果确定使用服务发现，那么为了与发现机制进行交互，还需要为服务提供基础设施代码和模块。

在最简单配置的情况下，该架构是点对点的，微服务直接相互通信。通过使用智能负载均衡，可以使用更灵活的消息模式扩展此架构。要扩展微服务，需要在一组微服务实例前放置一个 HTTP 负载均衡器[②]，而且每次扩展微服务都要执行此操作，这增加了部署的复杂性，因为不但需要管理微服务，还要管理负载均衡器配置。

如果能让负载均衡器智能化，就可以获得微服务带来的更多好处。负载均衡器背后的微服务不必是同一微服务的同一版本。通过将微服务引入均衡器组中，可以在生产环境中部署和测试微服务的新版本。这是同时运行同一微服务的多个版本的一种简单方法。

可以将不同的微服务放在同一个负载均衡器后面，然后使用负载均衡器对入站消息的属性进行模式匹配，从而将它们分配给正确的微服务。[③]想象一下这带来的威力——可以通过添加新的微服务和更新负载均衡器规则来扩展系统的功能。不需要更改、更新、重新部署，甚至毫不影响正在运行的其他服务。能够小规模、低影响、低风险地变更生产环境，是微服务架构的一大吸引力。它具有将代码持续交付到生产环境的能力。

客户端负载均衡器

负载均衡器不必是微服务前的一个独立进程，也可以使用嵌入到客户微服务中的客户端函数库来执行智能负载均衡。其优点是不用在网络中部署和配置大量的负载均衡器。客户端负载均衡器可以通过服务发现来确定将已经均衡处理的消息发送到何处。

2.4 微服务示意图

下面画一个带负载均衡器的配置图，以便更直观地了解其架构。传统的网络图对于微服务来说用处不大，因为微服务的组件要多得多。而且，除了知道有哪些消息流之外，

---

① 有一些相对好用的发现服务工具：ZooKeeper、etcd 等。虽然它们可以用在产品中，但没有一个能够完全实现它们所宣称的容错和数据一致性。

② 常用的负载均衡器有 NGINX、HAProxy、Eureka。

③ 像 NGINX 这样的服务器，可以使用扩展模块。如果使用 Node.js 之类的平台，则可以自行开发。

我们更关心消息流的细节。图 2.2 显示了一个简单的点对点系统：报纸网站的部分功能。稍后会构建完整的网站，现在首先来看构建文章页面时微服务如何交互。

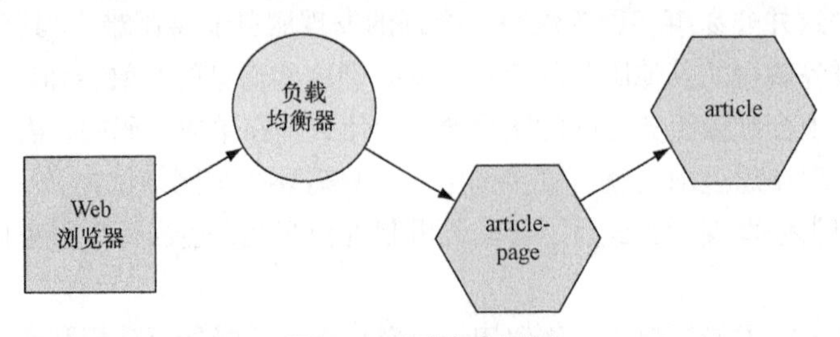

图 2.2 构建文章页面

微服务 article 存储文章数据。微服务 article-page 为文章构造 HTML。每篇文章都有自己唯一的页面 URL。Web 浏览器客户端将文章 URL 请求发送给智能负载均衡器，负载均衡器收到该请求后将其路由到 article-page 服务。

暂且认为这些就是要构建的微服务。可以看到它们与最初建议的传统的面向对象组件（PageBuilder、ArticleHandler）不同。后续，将从消息派生出要构建的服务。现在，看一下如何利用示意图来帮助设计系统。

在图 2.2 中，实线表示同步消息。这意味着客户服务期望来自监听服务的立即响应，没有这种回应，便无法继续工作。箭头由客户服务指向监听服务，箭头是实心的，意味着监听服务消耗该消息，其他服务无法看到该消息。

微服务用六边形表示。系统外部的实体（如 Web 浏览器）用矩形表示，系统内部的实体（负载均衡器）用圆表示。在微服务示意图中，六边形并不代表单个微服务，而是指同一种微服务的一个或多个运行实例。请牢记这一点：在生产环境中几乎从来不运行微服务的单个实例。

2.5 微服务依赖树

微服务在设计上有依赖性，这是因为每个服务只能执行指定 HTTP 请求或系统其他任务的一小部分工作。在点对点同步架构（也称之为**入门级微服务**）中，依赖树会逐渐增长到难以管理。

依赖的主要危害是**服务耦合**，如果一个或多个微服务相互依赖，那么在有新版本时必须同时部署。如果使用的对象序列化函数库坚持完全匹配 JSON 或 XML 消息中找到的所有属性，就很容易导致服务的耦合。向一个微服务中的实体添加一个字段，则必须将其添加到使用该实体的所有微服务中。最坏的情况下，最终会得到一个分布式单体。

分布式单体陷阱

对第一次构建微服务的开发人员来说，如果无法摆脱传统面向对象的思维模式，就很容易陷入令人讨厌的**分布式单体**陷阱。在主流的面向对象语言中，必须提供精确的方法和对象类型。如果类型不匹配，就会出现编译错误（这是否真的对软件生产效率有好处，以后再讨论）。

在微服务架构中，类型不匹配不是编译错误，而是运行时错误（导致系统崩溃的运行时错误）。使用严格类型意味着正在构建一个通过网络进行方法调用的分布式单体。

与其构建分布式单体，还不如构建传统单体！为了获得微服务架构的好处，需要抛弃单体世界的一些最佳实践。

下面回到案例研究。查看一篇报纸文章比检索文章数据并格式化它需要更多的活动。其中一些活动如图 2.3 所示。对于登录用户，需要在页面顶部的框中显示用户的状态，用户可以注销或管理他们的账户，这需要一个管理用户的微服务。报纸的商业模式离不开广告，因此还需要一个管理广告的微服务。

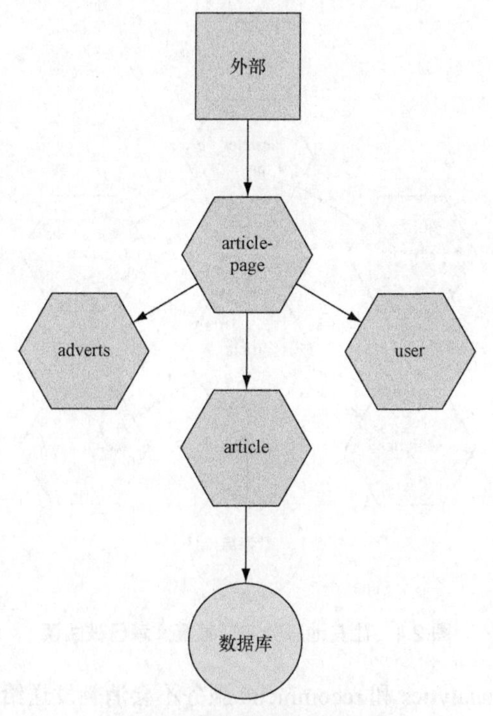

图 2.3　构建完整的文章页面

article-page 服务从 adverts、user、article 服务中提取内容。将这些网络请求串联起来然后依次等待每个请求成功完成不是好的做法。应该同时发送所有请求，并在收到响应后合并处理它们。编写代码来实现这一点并不复杂，但会使代码变得混乱。因此最好围绕消息发送和接收进行一些抽象，以便能够统一服务之间的消息传输。

在图中可以看到article服务如何与数据库通信。永远不要将底层实现暴露给其他服务！这是一条黄金法则。虽然这会给管理生产环境的微服务带来额外的复杂性，但它带来的最大好处之一是，能够在不影响其他任何内容的情况下改变系统中的几乎任何内容，甚至可以在不重新启动article-page服务的情况下变更数据库。

article-page服务能够计算一篇文章的读取次数，但这不是article-page应该承担的责任。当一篇文章被其他服务读取时，系统可能还想做些其他事情（如训练推荐引擎）。将这些功能与article-page解耦的一种方法是使用**异步**消息，如图2.4中的虚线所示，article-page服务发出一条消息，公布有一篇文章被阅读，但是article-page并不需要响应，也不关心有多少人收到它。

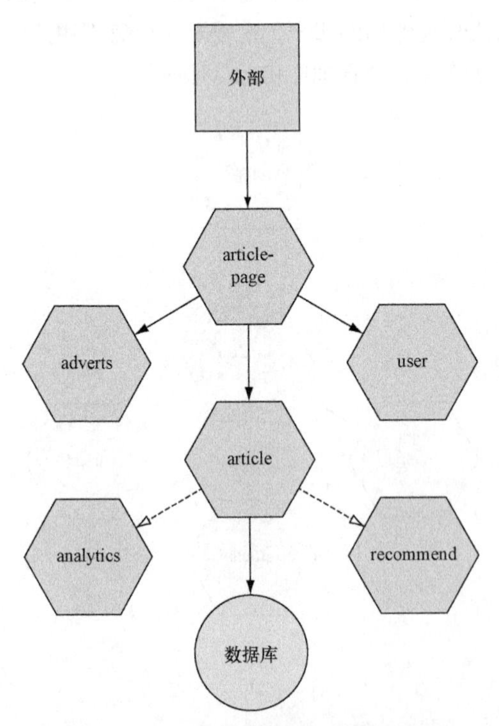

图2.4 让其他服务知道某篇文章已被阅读

在本案例中，analytics和recommend服务不会**消耗**发送给它们的消息，而是**观察**这些信息，如空心箭头所示。要实现这一点可以使用消息队列来复制消息。[1]在架构系统时思考高度很重要，思考重点要放在消息的异步性和可观察性，而非如何实现这种类型的消息交互之上。

① Redis的发布/订阅功能是实现这一点的众多方法之一。

“不要重复自己”并非金科玉律

微服务允许安全地违反DRY（不要重复自己）原则。传统的软件设计建议归纳重复的代码，这样就不用维护众多大同小异的代码副本了。微服务的设计正好相反：每个微服务都可以走自己的路。微服务架构不追求寻找通用业务逻辑，也不编写供多个微服务使用的通用模块（基础设施是一个特例）。为什么？因为通用代码很复杂，必须处理边界情况，是技术债务增加的主要原因。

随着时间的推移，通用业务规则和领域模型会变得“糟糕”，因为通用情况不足以处理真实世界的复杂性。最好将系统进行分解，每个微服务对应一个小模型，处理简单的业务规则。这样会保持微服务的独立性，允许开发人员并行编写简单的代码。

随着系统的增长，服务的依赖树也会在广度和深度上增长。幸运的是，经验表明[①]广度比深度增长得更快。随着依赖树越来越深，将遇到延迟问题。问题的核心在于：网络上的响应时间遵循偏态分布，其中大多数响应返回得很快，但个别响应返回时间比平均时间长得多。这就是使用百分位数[②]来设定性能目标的原因，因为平均值提供的信息量不够。当多个元素串行通信时，在最坏情况下响应时长增长得非常快，这会造成性能降低，如果响应超时还会造成故障。

如何处理这个问题？一种方法是合并服务[③]，从而减少对网络流量的需求。这在成熟的系统中是一种有效的性能优化。在确保基础架构代码处于良好状态的情况下，将网络和服务发现工作从主要微服务业务逻辑中抽象出来，可使工作更轻松。

异步消息架构

作为点对点方法的完整替代方案，为什么不通过消息队列传输所有消息呢？在这种架构中，有一个或多个消息队列来处理所有消息。客户服务将消息发布到队列中，监听服务从队列中检索它们。

使用消息队列提供了更多的灵活性，但代价是增加了系统的复杂性。消息队列还有另一个缺点，需要像对待生产环境中的数据库一样小心谨慎地对待消息队列。而且为了扩展，需要像数据库一样，使用分布式消息队列。

还需要决定如何路由消息。使用队列，服务不需要知道彼此的网络位置，但它们仍

① 在学习微服务架构的过程中，网上有很多不错的视频值得观看，不少视频从实用的生产角度讨论了类似的问题。

② **百分位数**告知在给定时间内收到响应的百分比。例如第90个百分位数的500毫秒响应时间，表示90%的响应时间小于或等于500毫秒。

③ 合并服务是一种完全可以接受的性能优化，但它只是一种性能优化，这样做将失去微服务架构的许多好处。微服务最多需要一个迭代来重写的准则也仅是准则而已。至于选择哪种方案或者是否遵守准则，需要给出专业判断，而这也是技术人员的价值之所在。

然需要知道如何找到队列。必须使用消息主题来路由消息，服务也需要知道这些主题。下面通过一个常见的策略——**分散/收集**，来加深对这种方法的理解。

大部分内容都能物尽其用，即使不完整或不完全正确。在报纸示例中，从业务角度来看，如果 article 服务出现问题，从缓存中显示旧版本的文章页面比显示页面错误要好得多。即使在无法提供全面优质服务的情况下，大多数公司的领导者仍然选择继续营业，这是“朴素”的商业常识。[①]即使服务标准有所降低，企业仍然希望为客户提供服务，而且顾客往往也期望这种服务，例如当航班在凌晨 2:00 抵达时，从酒店客房服务部得到一份火腿奶酪三明治总比没有食物好！

让我们考虑一种构建文章页面的异步方法。该页面由多个元素组成：用户状态、广告、文章正文、文章元数据、作者简介、相关内容链接等。即使这些元素中的大多数都没有内容，该页面仍然可以显示。这意味着要将消息**分散**发送到负责生成这些内容的微服务，然后异步**收集**响应，有的响应可能超时。每个微服务都有 200 毫秒的时间来响应，如果不能及时回应，就不显示相应的内容元素，但至少用户可以看到及时回应的内容。这种技术的另一个优点是，访问网站的速度感觉更快，页面的交付不会因为个别服务响应缓慢而变慢。

在图 2.5 中，article-page 服务发出异步消息。Article、adverts、user 服务观察但不消耗这条消息，它们做一些处理然后进行异步回应。article-page 服务消耗这些回应（由实心箭头表示），该箭头偏离 article-page 六边形，表明 article-page 是该消息流的发起者。这个模式是共用的，因此该图将分散和收集消息简化成一条带圆点的线。同样，这些不是服务的单个实例，而是多个实例。[②]

使用消息队列可以轻松实现分散/收集模式，并且通常更适合异步模式。在实践中可以创建两个消息主题：一个公布主题，用于文章页面发布内容请求；另一个履行主题，用于内容提供服务发布响应。还需要识别和标记消息，以便不感兴趣的服务忽略它们。但请注意，消息队列很容易出现故障，将在第 3 章详细探讨消息模式及其故障形式。

人们在生产系统中选择同步策略还是异步策略？几乎所有的生产系统都是混合使用。一方面，异步消息队列能够提供更强的容错能力，让你更轻松地分配工作。因为添加新服务很容易，而且不必担心如何找到服务。另一方面，当需要低延迟时，同步的点对点通信大有作为。另外在项目的早期，以点对点开始项目进展会更快。

---

① 当银行不能执行 ACID 交易时，它们会拒绝处理支付吗？你有没有超过透支限额？银行用商业规则（罚款）来解决这个问题，而不是用会损害其业务的计算机科学。

② 网飞公司是微服务的拥趸者，通常在亚马逊网络服务自动扩展组中部署微服务。其不考虑单个机器或容器。

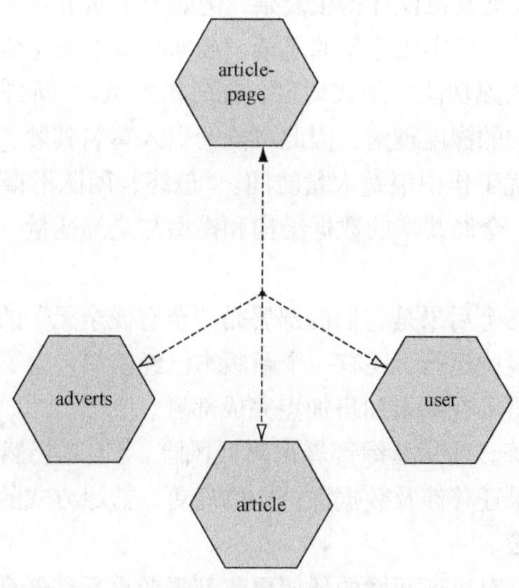

图 2.5　分散/收集模式

2.6　单体项目与微服务项目

单体软件架构会带来负面后果，许多人认为这些后果是所有软件开发都会遇到的基础挑战。经过仔细研究和批判性质疑，该假设并不成立。很多难题，以及这些难题的很多假定解决方案，都源自单体架构的工程影响，当采用不同的工程方法时，这些难题就不复存在了。

单体架构会带来三个后果。第一个后果是软件开发团队的成员必须仔细协调他们的活动，以免相互妨碍，因为只有一个代码库，如果一个开发人员编译失败，那么所有的开发人员都会受阻。所谓的最佳实践建议是将公共代码重构为共享库。这种做法会让代码产生深度、多维的依赖，从而创建深度依赖树，而更改代码结构时所需的返工量与该结构在依赖树中的深度成指数关系。为了隐藏和遏制复杂性，团队常常选择将它们包装在更多的层中，结果却事与愿违。单体架构推高了并行工作的成本，减缓了开发速度。

单体架构带来的第二个后果是迅速累积技术债务。单体架构天生脆弱，一个结构良好、适当解耦、干净、面向对象的初始设计很难保持，因为整个团队为了按时交付无暇顾及太多。创建依赖关系的方式数不胜数，导致代码之间相互影响的方式也不计其数。

一个主要的例子是数据结构腐蚀。给定初始需求定义后，高级开发人员和架构师设计了合适的数据结构来描述问题域。数据结构是共享的，必须适应所有已知的需求，并预测未来的需求，因此其被设计得很复杂，例如为了满足未来需求可能会有深度嵌套的交叉引用。遗憾的是，事实比想象的复杂，数据结构不能完全适应真正的业务需求。开发团队被迫引入不成熟功能、隐式约定、临时扩展点。[1]新晋开发人员和初级开发人员由于缺乏对数据结构的深度理解，因此可能会引入莫名其妙、难以发现的错误，导致团队在修复和性能调优工作中浪费大量时间。[2]最终，团队不得不进行大范围的重构，以全力扳回开发进度。全局共享的数据结构和模型与全局变量一样糟糕，对技术债务天生没有防御能力。

单体架构的第三个后果是它们的部署是"全有或全无"的操作。假如有一个旧版本的单体正在生产环境中运行，还有一个新版本已经就绪，为了在不影响业务的情况下升级生产环境，就不得不在周末加班加点完成部署。

也许你比较老练，使用蓝绿部署来降低风险。[3]但是仍然需要花费精力来构建蓝绿基础设施，而且如果迁移涉及数据库结构的变更，蓝绿方式的作用就不大，因为数据库结构的变更很难回滚。

其根本问题是，对生产环境的任何更改都需要重新部署全部代码。这导致在系统的各个级别出现故障的风险都很高。再多的单元测试、验收测试、集成测试、手动测试和试验都无法真正测量部署失败的概率，之所以出现故障是因为测试环境无法完全模拟真实世界。生产数据（基于客户保密规则，甚至可能无法访问）只需要一个意料之外的小因素就可能导致严重故障。使用测试数据很难验证性能，因为生产数据可能比测试数据大几个数量级。用户在使用系统时操作方式难以预料（尤其是在使用新功能时），这会给系统带来破坏，而开发团队无法将用户可能的异常操作考虑得面面俱到。与单体相关的部署风险会导致新功能发布缓慢、不频繁，从而阻碍快速交付。

正因为如此，这些工程难题无法用项目管理方法来解决，而工程和管理分属于不同的领域。但几乎所有的企业都试图用软件开发方法和项目管理技术来解决这些问题。软件开发相关人员没有退后一步，来寻找项目延迟交付和超出预算的真正原因，而是自责自己执行不力。然古语有云："方枘而圆凿，其能入乎？"故不能登木求鱼，解决之道，遵道而行。

微服务架构作为一种工程方法，让软件开发人员重新审视我们所珍视的所有最佳实

① 声明式结构通常是表示世界的最佳选择，因为它们可以用可重复、一致、有意限制的方式进行操作。如果通过嵌入可执行代码的方法来处理特殊情况，事情可能会很快变得更加复杂，最终还是无法逃脱技术债务。

② 前客户的一个例子很有启发性：客户为XML内容添加了一个数据库列，以便可以存储少量的非结构化数据。该XML模式包括几个可以重复的元素，用来存储列表，列表长度没有做限制。出现的问题是：少数用户生成了很长的列表，导致产生了大量的XML内容，诱发了奇怪的垃圾收集问题，这就背离了我们引入数据库列的初衷。

③ 蓝绿部署策略意味着在生产环境中始终有两个版本的系统：蓝色版本和绿色版本。只有一个版本对外提供服务。要进行部署，需要升级不对外服务的版本，然后进行切换。

践，并询问它们是否真的使交付更快、更可预测。或者它们仅仅是对单体中基本难题的拙劣缓解？Frederick P. Brooks 在他 1975 年的著作《人月神话》中详细阐述了开发单体应用所面临的难题。[①]他提出了一套技术和实践，不是为了解决问题，而是为了遏制和缓解问题。“没有灵丹妙药”，即没有任何项目管理技术可以克服单体架构的工程缺陷。

2.6.1 微服务如何改变项目管理

微服务架构的工程特性能够直接削减确保成功交付所必需的项目管理工作量。不需要太详细的任务管理，也不需要太多毫无意义的管理方法。[②]微服务可以使用轻量级的项目管理方式。下面探讨其中的奥妙。

2.6.2 一致性使评估更容易

微服务很小，一个好的做法是将其限制在一个开发人员一个迭代的工作量范围内。因为需要将功能分解成一个迭代大小的小块，所以微服务工作量的评估比一般的软件工作量的评估要容易得多，这点非常重要。传统的单体系统由各种规模和各种复杂性的异构组件组成。准确评估非常困难，是因为每个组件都不一样，并且需要通过方法调用、共享对象和数据结构、共享数据库模式与其他组件进行多层面的交互。其结果是一个屈从于系统架构要求的项目任务列表。[③]

对于微服务而言，因为单个迭代都很简单，所以组件很容易保持一致，从而提高了评估的准确性。在实践中，将微服务划分为三个复杂级别，将开发人员划分为三个经验级别，并将微服务与开发人员进行匹配，可以实现更高的准确性。例如，一级微服务可以由一级开发人员在一个迭代中完成，而三级微服务则需要三级开发人员在一个迭代中完成。与忽略开发人员能力的通用敏捷故事点评估相比，这种方法提供了更高的准确性。在项目中，把微服务与迭代进行合理、有意义的映射，可以准确地规划微服务项目。本书的第二部分详细探讨。

为什么软件评估很困难？

为什么评估大型系统组件的复杂性如此困难？这是因为在单体架构中，经常发生的紧耦合让项目后期阶段的开发速度呈指数级放缓，使得对后期组件的初始评估过于乐观。呈指数级放缓源于数学事实（称为**梅特卡夫定律**），即网络中节点之间可能的连接数与节点数的平方成正比增加。

---

① Brooks 是 IBM System/360 大型机项目的经理，他第一个正式指出：向一个已经延迟的项目添加更多的开发人员只会使其更加延迟。

② 如果有一种软件开发的项目管理方法，被各种类型的团队不断使用，那么它也许就是个好的解决方案。

③ 有些讽刺的是，斐波那契评估（敏捷开发中的故事点评估必须是斐波那契数：1，2，3，5，8，13，…）足以证明单体系统的评估精度已达到局部最大值。

还有另一个因素：人类心理存在许多认知偏差。例如，人们不擅长处理概率。其中许多认知偏差会破坏项目评估的准确性。举个例子：**锚定偏见**，人们在做决策时，思维往往会被得到的第一信息所左右。软件组件的复杂性和完成时间遵循幂律：大多数组件只需要很短的时间，但个别组件需要的时间非常长。①

之所以最大和最困难的组件被低估了，是因为大部分评估工作涉及的是小组件。有个古老的笑话说，计划表最后 10%的工作占用了 90%的时间，这句话道出了真理。

2.6.3 一次性代码让团队更和谐

微服务代码是一次性的，从字面上理解就是用后即弃。对开发人员来说，任何微服务都只拥有一个迭代的价值。如果微服务写得不好，在所选的编程语言中表现不佳，或者因为需求发生了变化而不再需要它，那么不需要太多的思考就可以将其废弃。这种认识对团队有着健康的影响：没有人会对自己的代码产生情感上的依恋，也没有人会对代码产生占有欲。

假设 Alice 认为，Bob 用 Java 编写的微服务 A 改用 C++编写的话性能会提高一倍。那么她应该用 C++去重写！不管怎样，这只需要一个额外的迭代，如果尝试失败，对团队来说也没什么大的影响，他们仍然拥有 Bob 的 Java 代码。

微服务自身的价值决定了它的生存期，这对微服务的复杂性具有天生的限制。复杂性会让系统变得脆弱，因此编写新的、针对特殊情况的微服务比扩展现有的微服务更好。假设要预留 20%的迭代给重写和不可预见的特殊情况，在使用微服务的情况下可以更有信心地相信这真的是可能发生的事，而不是谈判游戏中的政治策略。②

2.6.4 同质组件允许异构配置

可以将微服务分组到具有不同业务约束的类别中。有些微服务是关键任务并且负载很高，例如电子商务网站的结账微服务。有些是核心功能，但不是关键任务。还有一些只是锦上添花，即使出现故障也不会立即产生影响。问题：是否有必要让所有这些不同种类的微服务拥有相同的质量水平？它们都需要相同级别的单元测试覆盖率吗？在所有微服务上投入相同的质量控制工作是否有意义？答案是否定的，这些观点从商业角度来看都不正确。

应该把精力花在重要的地方。对于不同类别的微服务，应该有不同级别的单元测试

---

① 幂律描述了一种现象，即小因素大影响。例如，地震持续时间、高管薪水、文本中字母的频率。

② 软件项目评估常常演化为一场政治游戏。软件开发人员要求足够长的开发时间，以圆满完成任务。之前因项目失败而焦头烂额的业务人员，则要求在短时间内完成所有功能。最终的时间表是通过讨价还价而非工程学来决定的。双方都有合理的需求，但最终会陷入双输的局面，因为交流这些需求会有损政治利益。

覆盖率。同样，存在不同的性能、数据安全、安全性、可扩展性要求。从工程的角度来看，单体代码必须全面满足最高水平。微服务允许更细粒度地分配有限的开发人员资源。[①]

微服务能够反败为胜。典型的软件系统通常必须通过用户验收测试。在实践中，这意味着付款的一方在确认全部功能无误之前不会签字。退后一步，试问自己这是确保交付的软件满足业务目标的好方法吗？在没有投产验证前，如何确保发布的功能能够创造实际价值？也许某些功能永远不会被使用，也许某些功能过于复杂，也许缺少某些关键功能。然而，用户验收测试认为所有功能都具有相同的价值。在实践中，通常情况是团队会交付一个基本完整的系统，实现了大部分约定的功能，在经过多次抱怨后系统会最终通过验收，因为业务部门需要系统尽快投入生产。

微服务方法并不能改变开发人员资源有限的现实，最终可能没有足够的时间来构建所有功能，但是可以采用广度优先的方法。大多数项目采用深度优先的方法：将用户故事分配给迭代，然后团队将需求划掉，在项目结束时完成 80%的功能，而 20%的功能还没做。在广度优先的方法中，交付所有功能的不完整版本，在项目结束时 100%的功能基本完成，但是还有大量的边缘情况没有处理。哪一种情况更适合上线？广度优先方法可以在某种程度上涵盖业务人员想到的所有情况。没有浪费精力去完善那些可能毫无价值的功能。而且在项目期间为企业提供了重新调整业务方向的机会，并且在不放弃整个功能的情况下与相关人员进行商讨要容易得多。微服务在分配有限的开发资源方面更加高效和友好。

2.6.5　不同类型的代码

微服务允许将业务逻辑代码与基础设施代码分离。业务逻辑代码直接来自业务需求，而业务需求是业务人员依据不完整和不充分的业务信息猜测得出的，因此业务逻辑代码会随着业务的快速变更而不断变化。将这些业务逻辑代码集中到微服务单元中，是管理快速变更的一种实用的工程方法。

系统中还有另一种类型的代码——基础设施代码，包括系统集成、算法、数据结构操作、解析、实用程序。此类代码很少受变化多端的业务规则影响，通常会是一套相对完整的技术规范、一个可供使用的 API，或者针对专门的需求。这些代码可以安全地与业务逻辑代码分开，既不会减慢业务代码的速度，也不会受业务逻辑的影响。

大多数单体架构的问题在于这两种类型的代码——业务逻辑代码和基础设施代码，最终会混合在一起，这将不可避免地对团队开发速度和技术债务水平产生负面影响。若将业务逻辑代码放在微服务，基础设施代码放在软件函数库，以这种方式分配编码工作

① 第 6 章讨论量化这些细粒度测量指标的方法。

量能够让项目工作量的评估更加准确，从而提高项目进度的可预测性。

2.7 软件单元

前面的讨论表明微服务作为软件的结构单元非常有用。它们是否可以被视为基本单元？就像对象、函数或过程一样？答案是肯定的，因为微服务提供了一个用来思考系统设计的强大概念模型。

我们试图解决的本质问题是多维扩展：扩展生产环境中的软件系统、扩展软件的复杂性、扩展构建它们的开发人员团队。微服务概念的强大之处在于它为许多不同的扩展问题提供了统一的解决方案。

扩展问题之所以很难，是因为它们本质上呈指数级变化。世界上没有3.6米高的人，身高翻倍意味着身体重量增加8倍，而人的身体组织和身体结构根本无法承受由此增加的体重。[①]扩展问题与之异曲同工。线性增加一个输入参数会导致系统其他方面不成比例地加速变化。

将软件团队的规模扩大一倍，输出速度反而不会增加一倍。相反，因为人数过多，开发速度会随着人数的增加而变慢。[②]软件系统的复杂性加倍，漏洞的数量不会只增加一倍，而是以代码量的平方增加。如果客户数量翻倍，那么就需要一个分布式系统才能应对。

可以从两个主要维度来解决扩展问题：[③]纵向和横向。**纵向扩展**意味着让硬件更大、更强或更快。当系统的物理、数学或功能方面达到其结构极限后，纵向扩展就会失效，因此不能一直通过购买功能更强大的机器来扩展系统。通常，**纵向扩展**的效果呈指数衰减，成本却呈指数增长，这使得纵向扩展在实践中有硬性限制。当负担得起时，不要害怕纵向扩展，硬件比开发人员成本低。

横向扩展绕过了硬性限制。与其让每个组件都变得更强大，不如不断增加更多组件。只要系统设计成线性可扩展，就可以无限增加组件。然而大多数系统无法做到线性可扩展，因为系统内太多的部件需要交互，它们之间内在的通信限制了扩展性。

由数十亿个单个细胞组成的生物系统，通过使通信尽可能本地化克服了横向扩展的限制。细胞只与近邻交流，并且通过无向激素信号的模式匹配进行异步交流。我们应该从这种架构中借鉴经验！

当系统由大量独立的同质单元组成时，就可以进行大规模扩展。这听起来是不是很熟悉？微服务的基本特性使其能够有效地扩展——不仅在负载方面，更是在复杂性方面。

---

① 身高翻倍的同时，身体的宽度和厚度也会加倍，以保持比例，因此是2^3。

② 亚马逊有个关于软件团队规模的科学规则：团队人数应该控制在一餐的食量不超两个披萨。

③ 可以添加维度，得到扩展立方体和扩展超立方体，这可以改进分析，但是两个维度更适合决策制定。

2.8 从需求到消息再到服务

再回到案例研究，看看如何在实践中应用这些想法。以报纸系统为例做进一步的分析。如何才能知道要构建哪些服务？

随着经验的增长，直觉会告诉你什么是好的服务，但是不能靠直觉猜测系统应该包含什么服务。最好从消息开始，具体来说，将每个需求分解成一组消息，用消息来描述需求中的活动。然后将消息组织成服务，同时注意保持较小的服务尺寸。复杂的服务可能需要更多的消息，应该将复杂服务分配给团队中能力较强的成员。没有必要立即完全实现所有消息，但仍然应该着眼于广度而非深度，至少要在头几个迭代中完成基本功能。

下面分析报纸网站需要构建哪些服务。表 2.1 列出了需求，并给出了相应的消息。这是第一步，这组消息可以在项目过程中更改。这与传统方法不同，传统方法考虑的是系统由哪些实体构成。而微服务架构从活动的角度思考，回答“会发生什么？”。由此可以看到此分析改进了 article 服务的早期功能，列出了更多的消息交互。这里是有意为之，以便可以看到微服务提供的灵活性。后续还会再次修改架构。

表 2.1 将需求映射到消息

需 求	消 息
文章页面	build-article、get-article、article-view
文章列表页面	build-article-list、list-article
REST API	get-article、add-article、remove-article、list-article
静态和动态内容	article-need、article-collect
用户管理	login、logout、register、get-profile
内容目标	visitor-need、visitor-collect
专门用途的小应用程序	App-specific

有些活动会共享消息，这在意料之中。在大型系统中需要为消息使用命名空间（这里只是案例研究，没必要这么做），还应该通过描述它们要代表的活动来明确消息的目的。

- build-article——构建文章 HTML 页面。
- get-article——获取文章实体数据。
- article-view——公告文章被查看。
- build-article-list——构建文章列表页面。
- list-article——查询文章。
- add-article——添加文章。

- remove-article——删除文章。
- article-need——关于文章页面内容的需求。
- article-collect——收集文章页面内容。
- login——用户登录。
- logout——注销用户。
- register——注册新用户。
- get-profile——获取用户信息。
- visitor-need——网站访问者需要的有针对性的内容。
- visitor-collect——收集有针对性的内容。

然后将这些消息组织成服务。对每个服务定义入站和出站消息，见表2.2～表2.9。确定消息是同步还是异步（异步在表中用“(A)”表示），同步消息期望立即响应，这里默认是同步消息。决定消息是被消耗还是仅仅被观察，被消耗的消息其他服务看不到，这里默认为被消耗。

表2.2 article-page

入　站	build-article、build-article-list、article-collect (A)、visitor-collect (A)
出　站	get-article、article-need (A)、visitor-need (A)
备　注	不对HTML的构造方式做任何假设。提供服务发送的也许是HTML，也许只是元数据

表2.3 article-list-page

入　站	build-article-list、visitor-collect (A)
出　站	list-article、visitor-need (A)

表2.4 article

入　站	get-article、add-article、remove-article、list-article
出　站	add-cache-item (A)、get-cache-item
备　注	此服务与缓存交互以存储文章

表2.5 cache

入　站	get-cache-item、add-cache-item (A)
出　站	无
备　注	缓存消息并非来自需求列表。系统需要缓存是根据软件架构师的经验得出，以确保足够的性能。诸如此类的消息产生于系统分析工作

表 2.6 api-gateway

入　　站	无
出　　站	build-article、build-article-list、get-article、list-article、add-article、remove-article、login、logout、register、get-profile
备　　注	此服务的入站消息是传统的 HTTP REST 调用，而不是微服务消息。该服务将它们转换为内部微服务消息

表 2.7 user

入　　站	login、logout、register、get-profile、article-need
出　　站	article-collect

表 2.8 adverts

入　　站	article-need
出　　站	article-collect

表 2.9 target-content

入　　站	visitor-need
出　　站	visitor-collect
备　　注	这是一个简单的初始实现，为未知用户返回一个“立即注册!”提醒用户马上注册，为已知的登录用户提供空内容，以便后续通过添加更多的服务来扩展此功能

为了可以在一个迭代中构建每个服务的初始版本，初始分析中的服务列表可以根据复杂性进行评估和调整。有些服务的功能可能会增量添加，这些服务的后续版本也是通过一个迭代来构建。注意不要太频繁地这样做，这会导致服务变得复杂，变得必不可少，变得不再是一次性的。如果可能，最好通过添加服务来添加功能。

需求、消息、服务的列表是查看系统的一种方法。下面通过微服务示意图来直观地查看报纸系统的架构。

2.9 微服务架构图

本章前面绘制了系统的一小部分示意图。现在创建一个完整的系统架构图，如图 2.6 所示。

注意 在大多数网络图中，元素之间的连接表示为普通的直线，通常没有方向。这些线仅表示网络流量。网络元素被假定为单独的实例。在微服务系统中，最好设置一下实例的默认值（**一个**还是**多个**），因为多个实例是常见情况。本书使用了这些图表约定，以加快对微服务案例研究的理解。

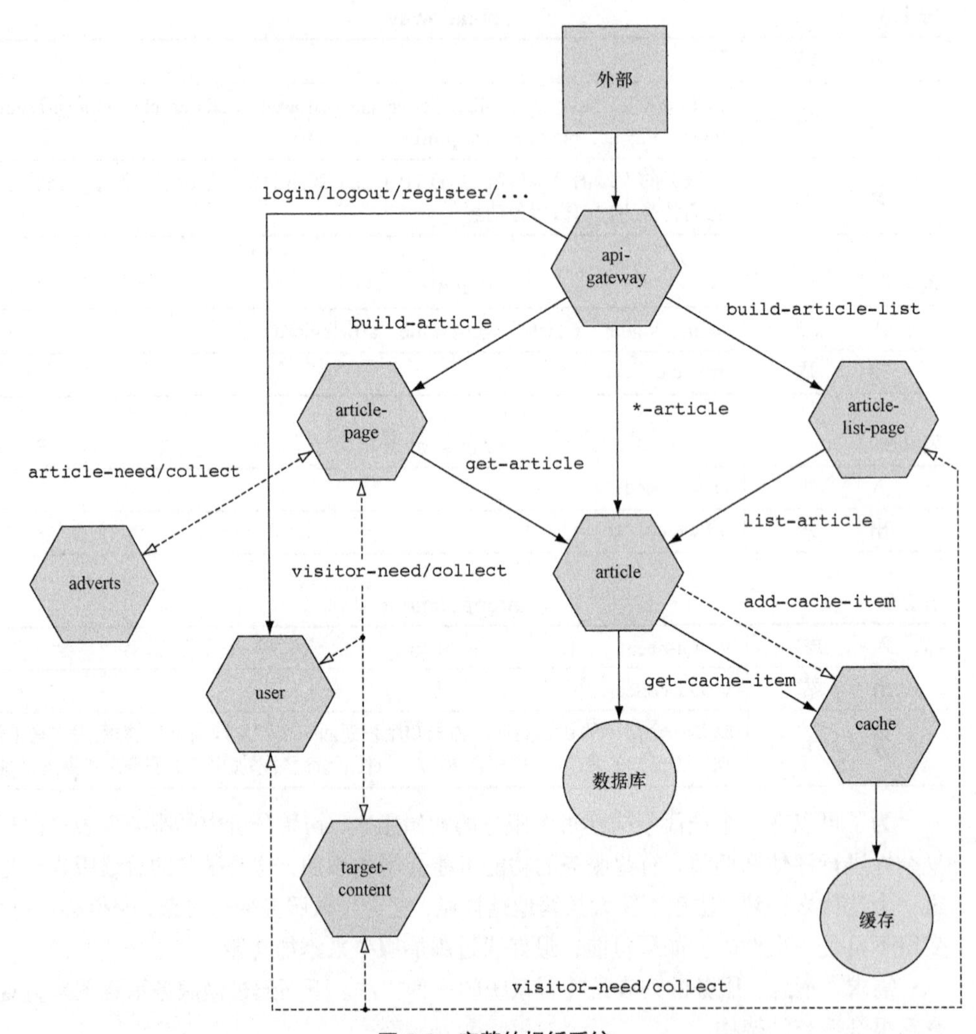

图 2.6 完整的报纸系统

完整的报纸系统包含并改进了前面看到的文章子系统。从中可以清楚地看到与前文的消息和服务列表相对应的同步和异步消息流。后续各图都参照此图的约定。

在此报纸系统图中，对网络元素组使用以下约定。

- 六边形代表微服务。
- 圆代表内部系统。
- 矩形代表外部系统。

内部系统包括数据库、缓存引擎、目录服务器等。它们是网络中的非微服务基础设施。内部系统可能由微服务组成，圆形可以用来表示由微服务组成的整个子系统。

假定系统中所有元素（包括非微服务元素）都以消息的形式通信，因此它们可以通过相同的消息线约定进行连接。特殊情况下，例如流式数据流，必须使用标注进行注释。

系统图还可以包含更多信息，如图 2.7 所示。

- **实边界线**——给定元素的一个或多个实例和版本。
- **虚边界线**——一组相关的元素。
- **名称**——必需；标识一个元素或一系列元素。
- **基数**——活动实例的数量（可选），位于名称上方。
- **版本标签**——这些实例的版本号（可选），位于名称下方。

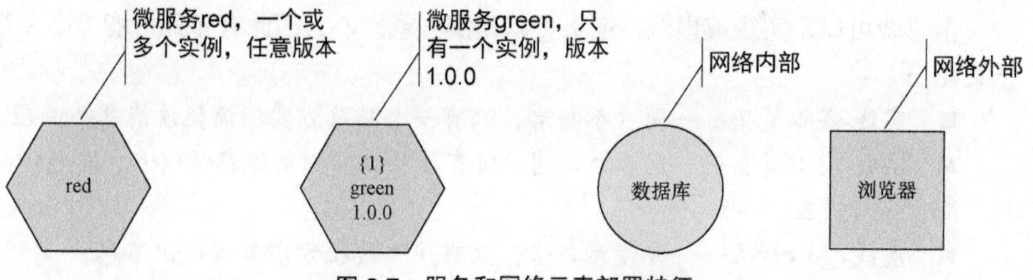

图 2.7 服务和网络元素部署特征

实边界线表示默认基数（1 个或多个）。**基数**是指运行实例的数量。[1]基数的完整列表如下。

- ? ——零或一个实例。
- *——零或多个实例。
- +——一或多个实例。
- {n}——n 个实例。
- {n:m}——n 到 m 个实例。
- {n:}——最少 n 个实例。
- {:m}——最多 m 个实例。

数字基数必须始终放在大括号内，以避免被误认是版本号。

虚边界线表示该元素由一系列相关服务组成。基数通用于系列中的每个成员，如果需要单独为某个服务指定基数，需要将其从系列中分隔出来。

版本标签位于名称下方，并且是可选的。它遵循 semVer 语义化版本规范，[2]可以省略任何内部数字，省略的数字会被假设为 0，甚至可以全部省略它们，只使用后缀标记。当网络中同一服务的不同版本都参与通信时，要为每个版本都加上版本号。

---

① 使用基数来消除第 5 章中部署策略的歧义。

② 版本标识遵循 MAJOR.MINOR.PATCH 模式。可以忽略 MINOR 号和 PATCH 号。请参阅“语义版本 2.0.0”。

绘制消息流图

了解系统中的消息流至关重要。所有消息都有一个发送消息的客户服务和一个接收消息的监听服务。因此所有消息线都必须有向，并且方向箭头指向接收方。约定如下。

- 实线——期待响应的同步消息。
- 虚线——不需要响应的异步消息。
- 实心箭头——消息被接收方消耗。
- 空心箭头——消息被接收方观察。

消息线可以是实线或虚线，箭头可以是实心或空心，因此有 4 种可能（第 3 章将详细讨论）：

- 实线-实心箭头——同步参与者，只有一个接收方实例消耗该消息并响应。
- 实线-空心箭头——同步订阅者，所有接收方实例都观察该消息，发起者接受第一个响应。
- 虚线-实心箭头——异步参与者，只有一个接收方实例消耗该消息。
- 虚线-空心箭头——异步订阅者，所有接收方实例都观察该消息。

图 2.8 显示了如何表示这 4 种交互。

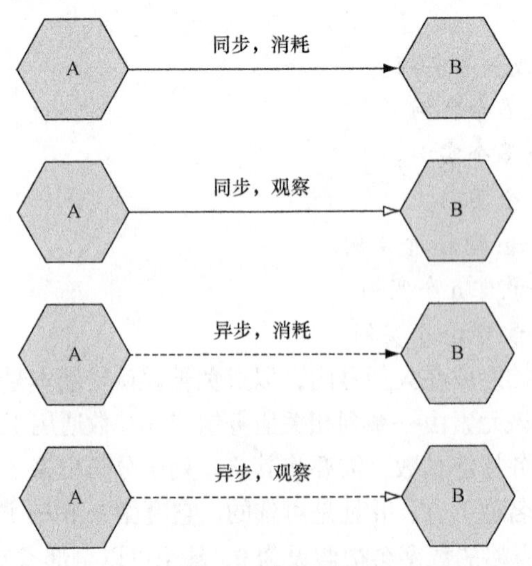

图 2.8　消息交互

为了让图更简洁，减少视觉混乱，可以使用双向消息线。若要指示消息的始发服务，需要偏移箭头，使其不接触图形的边界线。

消息可以有多个接收方。如果同一消息被多个服务接收，那么既可以用多条单独的消息线表示（每个消息线一个箭头），也可以用一条消息线表示（有多个子箭头指向不同的服务，分割点由一个小点表示）。

对于同步消息，当有多个接收方时，每条消息根据某种算法（通过注释指示）仅传递给一个接收方，默认算法为轮询。对于异步消息，当有多个接收方时，消息被传递给所有接收方。不管同步消息还是异步消息，都采用实心和空心箭头来指示消息是被消耗还是被观察。

消息线可以使用完整的消息模式（稍后会使用）或模式的缩写名称（本案例研究中使用）进行注释。消息线也可以用前面的序号进行注释，格式为 x.i.j.k...，其中 x 是字母，i、j、k 是正整数。字母表示单独的序列，不代表时间顺序。正整数表示消息在序列中的时间顺序，只有第一个数字是必需的，分隔点表示子序列的顺序。

为了消除微服务交互的歧义，图的任何部分都可以用标注进行注释。为避免与代表外部元素的矩形产生混淆，标注用一条直线将要注释的图形与说明文本的边界线进行连接，说明文本的边界线是指与文本相邻的一条水平或垂直的直线。

微服务示意图无意成为正式规范，只是为了方便团队沟通。因此为了简洁起见可以省略个别元素，虽然这可能会造成歧义。微服务示意图也不显示消息的传输机制，因为已经提前假定传输具有独立性。如果想表明使用了专门的传输机制，可以使用注释。

2.10 微服务是软件组件

本书认为微服务是卓越、近乎完美的软件组件，有必要对这一说法进行更详细的探讨。软件组件具有明确定义的特征，并且对其中最重要的特征有普遍的共识。下面看一下微服务如何体现这些共识。

2.10.1 封装

软件组件可独立运行。其封装了一组语义一致的活动和数据。外部世界并不知道其内部表现，也不能改变它。同样，组件也不公开其内部实现细节。这个特性的目的是让组件能够通用。

微服务以一种非常强大的方式提供封装，远强于编程语言提供的封装方式（如模块和类等）。由于每个微服务都必须与其他微服务进行物理分离，因此微服务间只能通过消息进行通信，并且很难通过后门访问其他微服务的内部。对开发人员来说，创建这样的后门访问非常困难，因此封装在系统的整个生命周期都得到了严格的保护。

2.10.2 可重复使用

可重用性是软件开发的必杀技。一个好的组件，可以在很长一段时间内，在许多不同的系统中重复使用。在实践中这很难实现，因为每个系统都有不同的需求，随着时间的推移和项目的进展，组件也会有不同的版本。可重用性还意味着可扩展性：组件应该很容易在新环境中重用，而无须经常修改。此特性的目的是：让组件不仅用于单个项目。

微服务天生可以重复使用，是任何人都可以调用的网络服务，不需要担心代码集成或函数库链接。针对多版本共存需求和扩展性需求，微服务不是通过增强单个微服务的功能来解决，[①]而是在系统中添加新的微服务，然后使用消息路由来触发正确的微服务。第 3 章详细讨论这一点。

2.10.3 定义明确的接口

组件提供的接口完整定义了它与外部世界的沟通规范。为了与其他实现或其他系统通用，这个接口应该有足够的细节（够用就行！）。此特性的目的是：允许自由选择组件。

微服务使用且仅使用消息与外部世界通信。这些消息可以被清楚明确地列出，并根据需要限制内容。[②]微服务在设计上具有定义明确（但不一定严格）的接口。

2.10.4 可组合

组件加速软件开发的真正力量来自于组合，可重用性只是一个线性加速器，而将组件组合起来，能够完成比单个组件更多的有趣的事。组件可以组合成更强大的组件，从而进一步组合成更强大的系统。[③]这个特性的目的是：通过对系统的行为进行声明（而不是构造它），使软件开发具有可预测性。

微服务很容易组合，因为可以根据需要操纵网络中的微服务消息。例如，一个微服务可以包装其他微服务，方法是：微服务拦截被包装微服务的所有消息，以某种方式修改它们，然后再将它们传递给被包装的微服务。

2.10.5 微服务组件实践

将微服务用作组件的一个例子是**包装缓存**消息交互。其展示了如何组合服务，这是一种对生产环境中的系统进行扩展的强大技术。在这个例子中，使用实体服务（如报纸

---

① 传统上，组件系统依赖 API Hook 来实现可扩展性。这是一种本质上不可扩展的方法，因为它不是同质的——每个组件和 API Hook 都不相同。

② 不要使用消息格式，也不要在服务之间建立依赖。这样做可能在当时看是一个好主意，但是很快就会束手无策。微服务适用于复杂的业务逻辑，而在复杂的业务逻辑中消息格式变化非常频繁。

③ 最成功的组件架构是 UNIX 管道。通过将集成接口约束为字节流，可以将单个命令行实用程序组合成复杂的数据处理管道。这种架构的组合能力是该操作系统成功的一个主要原因。

系统的 article 服务）来处理底层文章数据实体的活动消息，其中大部分是数据访问消息。我们的设计有个缺点：article 服务需要了解 cache 服务！这是额外的逻辑。如果 article 服务不需要了解缓存，那么它会更小，也将是更好的微服务。要注意类似的依赖关系。这样设计只是为了分析，它很容易产生不必要的依赖关系。

另一种实现方式是引入 article-cache 服务，该服务拦截 article 服务的所有消息。article-cache 将转发大部分消息，但是在收到 get-article、add-article、remove-article 消息时，会从缓存中注入或删除文章。这样就完成了 article-cache 和 article 服务的组合，让文章具有了缓存功能，但是从系统其余部分的角度来看，文章消息的处理方式没有任何变化。

为了在实践中实现这一点，需要编排消息交互。通常会希望在不中断服务的情况下，对生产环境中的系统进行此类更改。一种方法是在 article 服务前使用智能负载均衡器。要添加 article-cache，需要更新负载均衡器的配置，如图 2.9 所示。这需要负载均衡器支持实时更改配置。①

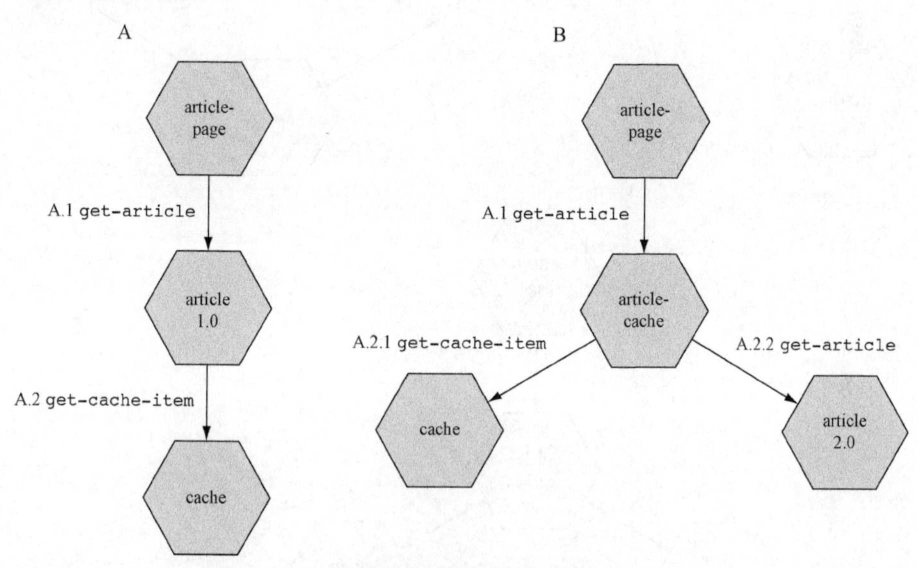

图 2.9　无须修改即可扩展文章服务

另一种方法是使用消息队列。②可以将 article-cache 作为另一个订阅者引入，然后将 article 服务从与消息队列中移除（参照图 2.10 所示的步骤）。最后，article-cache 和 article 服务进行点对点通信。如果希望避免发现服务带来的开销，也可以使用单独的

① 下面是几款专门用于为微服务的负载均衡器：Eureka、Synapse、Baker Street。

② 消息队列在设计上是异步，但这并不意味着队列中的消息流是异步。同步消息是那些需要响应以便客户端可以继续工作的消息。其有两种传递方式：通过消息队列传递，消息队列为每个消息类型使用单独的请求主题和响应主题；在请求消息中嵌入一个返回路径网络地址作为元数据。

消息队列主题。

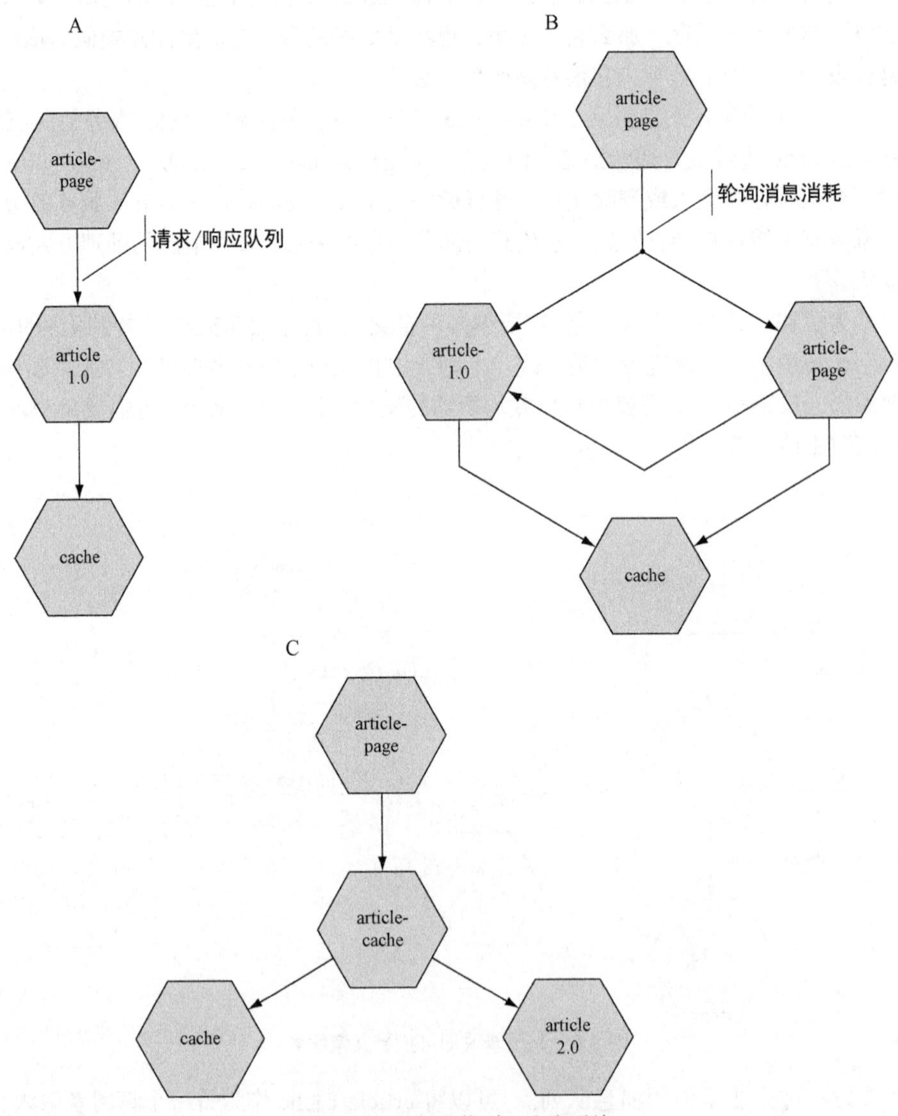

图 2.10 将新功能引入生产系统

这里要注意的一个非常重要的原则是：不需要扩展现有微服务就能够增强和修改系统在文章缓存方面的功能。[①]现有服务的复杂性没有变化，主要动作是在不中断服务的情况下，向生产系统添加和删除服务（每次只操作一个服务）。在每个步骤中，都可以

① 事实上，降低了 article 服务的复杂性。

通过监控系统的行为来验证系统，确保没有任何问题。如果发现系统有问题，可以很容易地回滚到上一个良好状态。微服务就是通过这种方式实现了无风险部署。

2.11 微服务的内部结构

微服务的主要目的是实现业务逻辑。应该专注于这个目的。不必担心服务发现、日志记录、容错及其他标准行为，它们属于框架或基础设施代码的职责范围。

微服务需要一个通信层来处理消息。该层对消息的发送和接收进行完全的抽象，并且知道消息要去向哪里。一旦一个微服务了解了另一个微服务，就会产生耦合，从而让系统变得脆弱。消息传递应该独立于传输：消息可以在任何媒介上传输，无论是 HTTP、消息总线、原始 TCP、Web 套接字，还是其他任何媒介。这种抽象是基础设施代码最重要的组成部分。

此外，微服务需要一种记录行为和错误的方法。这意味着要能够记录日志和报告状态。日志和报告本质上是相同的，微服务不应该关心日志文件或事件报告的细节，而要能够快速发现故障，并且及时提醒，好让系统和团队快速采取行动。因此日志和报告的抽象也必不可少。[①]

微服务还需要一个执行功能。微服务应该让服务注册中心知道自己的存在，以便中心对自己进行管理。微服务应该能够接受外部命令，这些外部命令一般来自系统的管理功能和控制功能。通信层和日志层通常可以由独立函数库提供，使用时链接到微服务即可。但是执行功能需要与系统自定义的管理功能和控制功能进行复杂的交互，因此需要根据交互情况综合考虑。这些层还必须能够与部署策略和工具很好地配合。第 5 章进行更详细的探讨。

2.12 总结

- 微服务的同质性使其非常适合作为软件构建的基本单元。微服务是功能、规划、测量、规范、部署的实用单元。这一特征源于其具有一致的大小和复杂性，并且仅限于使用消息与外界通信。
- 对术语**微服务**进行严格定义过于局限。相反，可以从更全面的角度、更深层次的理解出发，产生想法，拓展潜在解决方案的空间。
- 微服务架构分为两大类：同步（典型的是 REST Web 服务）和异步（典型的是消息队列）。两者都不是完整的解决方案，生产系统中通常混合使用。

---

① 使用容器部署微服务是免费获得此类工具的一个好方法。

- 单体架构会产生三个负面结果。需要更多的团队协调，造成管理开销；承受更高水平的技术债务，导致开发速度停滞；风险很高，部署会影响整个系统。
- 微服务的小尺寸具有正面影响。微服务的大小基本相同，让评估更准确；代码是一次性的，消除了开发人员以自我为中心的行为；系统是动态可配置的，可以更轻松地处理例外情况。
- 有两种类型的代码：业务逻辑和基础设施函数库，分别对应不同的需求。微服务用于业务逻辑，可以处理复杂、不断变化的需求。
- 设计微服务系统应首先从需求入手，将需求表示为消息，然后将消息分组为服务。再考虑服务如何处理消息：同步处理还是异步处理？观察还是消耗？
- 微服务是天生的软件组件，是封装和可重用的，具有明确定义的接口，而最重要的是其可以组合。

第3章 消息

本章内容

- 消息是设计微服务架构的关键
- 决定何时采用同步，何时采用异步
- 模式匹配和传输独立性
- 探讨微服务消息交互的模式
- 了解微服务交互的故障形式

术语**微服务**的文字会诱导人们从服务的角度思考，在设计系统时你会不由自主地问：“这个系统有哪些微服务？”请抵制这种诱惑。微服务系统之所以强大，是因为它们从消息着眼思考。采用消息优先的方法设计系统，可以避免过早地进行实施决策。系统的预期行为可以用消息语言来描述，而与生成和响应这些消息的底层微服务无关。

3.1 消息是一等公民

在系统设计中，消息优先的方法比服务优先的方法更好用。消息是意图的直接表达。业务需求则可表示为系统中发生的活动。然而传统方式却是先从业务需求中提取名词，再构建对象。业务需求真的如此难以说清楚吗？也许应该把重点放在它们描述的活动上。

如果能将业务需求分解为活动，自然会得到系统内的消息，如表 3.1 所示。消息代表动作，而非事物。以典型的电子商务网站为例，将一些商品放入购物车，然后去结账。

结账时，系统会记录购买情况，发送电子邮件确认，并发送仓库配送说明等。这不就很自然地分解为多个活动了吗？

表 3.1 代表活动的消息

活　　动	消息名称	消 息 数 据
结账	checkout	购物车商品和价格
记录购买情况	record-purchase	购物车商品和价格；销售税及总额；客户详细信息
发送电子邮件确认购买	checkout-email	收件人；购物车汇总；模板标识
配送	deliver-cart	购物车商品；客户地址

这些活动可以描述为：结账，记录购买情况，发送电子邮件确认购买和配送。离消息只有一步之遥，就差消息名称和描述活动的数据了。在表格中写下活动和活动代号（作为消息名称），并写下消息的数据内容。通过这样做可以看到，在此层级的分析中无须考虑哪些服务处理这些消息。

使用消息作为基本元素来分析系统，很容易对系统进行扩展，从这个意义上说，可以在此层级上对系统设计有很好的理解。[①]如果将服务作为基本元素来设计系统，那么就无法以同样的方式扩展。尽管服务的种类比消息的种类少，但在实践中，很难不从网络架构的角度来考虑它们。人们不得不确定哪些服务需要互相通信，哪些服务处理哪些消息，以及服务是观察消息还是消耗消息，需要考虑的事情越来越多，最后终将困在架构决策中。而且从一开始，思维模式就是静态思维，不支持跟随需求的变化动态调整消息行为。

所有消息都是同一类实体，不难理解，列出它们也并非难事。既可以列出消息，也可以列出每条消息生成的消息，从而自然地描述出因果关系。还可以从概念上组织消息，进行分组和重组，这样就能引出生成或处理这些消息的服务。消息提供了一个概念级别，将非正式业务需求与正式、专业、系统的规范联系起来。特别是消息让服务及服务间通信变得不那么重要——这些是实现细节。

本书讨论的三步分析策略（从需求到消息再到服务）如图 3.1 所示。

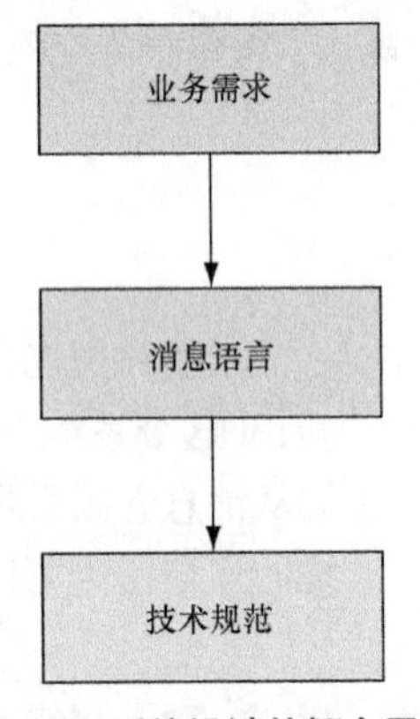

图 3.1 系统设计的概念层次

3.1.1 同步和异步

微服务消息分为两类：同步和异步。同步消息由两部分组成：请求和响应。其中，

① 很好表示理解“正确”：即获得了客户认同。

请求为主，响应为辅。因为HTTP协议非常适合请求/响应模型，所以同步消息通常被实现为HTTP调用。异步消息没有直接关联的响应，仅由服务发出，随后被其他服务观察或消耗。

同步消息和异步消息的本质区别不在于消息传输协议的性质，而在于发出消息的微服务是否需要立即响应。同步消息的发起者需要一个立即响应才能继续其工作，并且在得到响应之前该发起者会被一直阻塞。异步消息的发起者不被阻塞，其既可以随时处理响应结果，也可以处理没有响应结果的情况。[①]

- 同步——shopping-cart服务在向购物车添加商品时，先用sales-tax服务计算增值税，再向用户显示新的总价。这个场景非常适合同步消息。
- 异步——为了在当前购物车下方显示推荐商品列表，recommendation服务会发出一条请求推荐的消息。将该消息命名为need。使用不同算法的多个推荐服务都有可能发送包含推荐商品的响应消息。recommendation服务需要收集所有推荐商品。将响应消息命名为collect。recommendation服务可以聚合它接收到的所有collect消息，来生成推荐商品列表。也可能没有收到任何响应，在这种情况下，则会执行某些默认行为（如在超时后提供一个随机的推荐商品列表）。

同步和异步消息皆可转换

使用同步消息的工作流可以转换为使用异步消息的工作流。任何同步消息都可以分解为一条异步请求消息和一条异步响应消息。任何异步消息及其触发的响应消息都可以聚合成单条同步消息，该消息会被阻塞并等待第一个响应。

注意：对消息工作流进行同步或异步转换需要重构微服务。而且将消息设置为同步或异步是核心设计决策，体现了架构师的独具匠心之处。

3.1.2 何时使用同步消息

同步消息非常适合命令模式，其中消息是执行某项任务的命令。响应是任务已经完成，且得到某个结果的确认。适合此模型的活动包括：数据存储和数据处理操作、发给或来自外部服务的指令、串行工作流、控制指令及最常见的来自用户界面的指令。

用户界面问题

用户界面应该使用微服务架构来构建吗？在撰写本书时，这还是一个悬而未决的问题，因为目前还没有切实可行的例子。从实用性的角度来看，用户界面的实现最好采用单体架构。这并不是说微服务的灵活性不适用于用户界面，也不是说用户界面排除了面向消息的方法。而是

① 微服务不需要按照人类的时间尺度等待。它的等待时间可能是毫秒级。

单体架构和微服务架构的驱动力来自截然不同的需求和要求，驱动微服务架构的是快速开发可扩展的系统。

本书对这个问题持开放态度。

同步消息更符合人类的思维模式，因此在系统设计时人们通常会先想到同步消息。在许多情况下，同步消息的串行工作流可以分解为一组并行的异步消息。例如，在构建一个网站的完整内容页面时，每个内容单元都是一个基本独立的矩形区域。在传统的单体架构中，此类页面通常使用简单的线性代码构建，这些代码在等待内容单元检索过程中会阻塞。如果要改为并行化处理，则需要花费大量工作开发基础设施代码。在微服务环境中，页面构建服务起初可能采用与单体架构同样的线性方式，即串行发布内容检索消息。但是由于微服务环境也提供了异步模型，并且由于页面构建服务与系统的其余部分分离，因此重写服务改用并行方法的工作量要小得多。[①]正因为如此，即便你发现自己设计的系统使用了过多的同步消息，也不用过于焦虑。

有些业务需求可以表示为固定的工作流，这些工作流往往需要同步消息。在电子商务结账流程示例中就有类似的工作流。这样的工作流包含一些阀门，除非特定的操作已经完成，否则这些阀门将阻塞工作流，这很好地映射为请求/响应心智模型。传统上，通常使用重量级解决方案来定义此类工作流；但在微服务世界中，正确的方法是用一个专门的编排微服务直接处理工作流。在实践中，这种编排既处理同步消息也处理异步消息。

同步消息有缺点，即在服务之间创建了更强的耦合。有人将它们视为远程过程调用，如果接受这种看法，那么最终会导致走向反面模式——分布式单体。对同步消息的偏好可能导致深度服务依赖树，原始入站消息会触发级联的多级同步子消息，这使系统变得脆弱，同步消息在等待响应时会阻塞代码执行。在基于线程的语言平台中，[②]如果所有消息处理线程都被阻塞，则可能会导致系统完全瘫痪。在基于事件的平台中，[③]问题没那么严重，但仍然是对计算资源的浪费。

3.1.3 何时使用异步消息

异步风格需要一点时间来适应。传统的编程模型是通过函数调用获得返回结果，必须放弃这种思考方式，开始以一种更具事件驱动风格的方式进行思考，回报是更大的灵活性。而且很容易向异步交互中添加新的微服务，代价是交互不再是线性的因果关系。

---

① 这是微服务架构易于重构的一个很好的例子。单体架构的类似重构将涉及大量代码修改。在微服务架构下，重构主要是重新配置消息交互。

② 例如 Java JVM 或.NET CLR。

③ 例如 Node.js。

当需要扩展系统来处理新的业务需求时，异步方法尤其强大。通过公布关键信息，可以让其他微服务做出合适的反应，而无须知道公布信息的服务。回到前面的例子，购物车服务可以通过发布 checkout 消息来宣布已发生结账的事实。存储购买记录、发送确认邮件、执行配送的微服务都可以独立监听该消息，不需要特定的命令消息来触发这些活动，shopping-cart 服务也不需要知道这些服务。这使得添加新活动变得更容易（如添加微服务管理客户积分），因为不需要对现有生产服务进行任何更改。

作为一般原则，即使在使用同步消息时，也应该考虑发布异步消息来公布信息。这些消息用来公布有新的事情发生，消息接收方可以自行选择是否有所行动。这提供了一个高度解耦、可扩展的架构。

这种方法的缺点是系统行为具有隐秘性。随着消息和微服务数量的增加，将很难理解所有系统交互。系统会出现突发行为，并可能发展出不希望的行为模式。这种风险可以通过严格控制系统更改和严密监控系统行为相结合的方式来缓解。微服务不能消除固有的复杂性，但至少能让复杂性更易于观察。

3.1.4 从第一天开始就思考分布式

微服务系统是分布式系统。分布式系统往往存在难以解决的难题。面对这样的难题时，人们会有一种自欺欺人的心理倾向，假装它们不存在，希望它们自己消失。这种思维方式正是许多分布式计算框架试图让远程和本地看起来一样的原因：将远程过程和远程对象包装后再呈现，使它们看起来像在本地。[①]这种方法无异于饮鸩止渴。隐藏系统固有的复杂性和基本属性会使架构变得脆弱，并容易出现灾难性的故障。

分布式计算的谬论

下面这些谬论是对各地程序员的一个警告，当你第一次踏入分布式计算的世界时，请小心行事。David Deutsch（Sun Microsystems 的工程师）在 1994 年首次非正式地概述了它们。

- 网络是可靠的。
- 延迟为零。
- 带宽是无限的。
- 网络是安全的。
- 拓扑不会改变。
- 只有一个管理员。
- 传输成本为零。
- 网络是同质的。

① 例如 Java RMI 和 CORBA。

微服务也无法让你摆脱这些谬论。这是微服务世界观的一个特点，我们要接受这些忠告，而不是试图解决它们。[①]

不管代码写得多好，分布式计算都不会因此变容易。这是因为分布式系统的一致性通信能力存在根本的逻辑限制。拜占庭将军问题就是个很好的例子。[②]

让我们从拜占庭帝国的两个将军开始：一个是首领，另一个是下属。两位将军分别率领 1 000 人的军队与 1 500 人的敌军对峙。如果这两位将军同时进攻，2 000 人的联合兵力就能取得胜利。单打独斗必然会失败。首领必须选择进攻的时间。为了传递消息，将军们可以派遣信使潜入敌人的防线。其中一些信使会被抓，但是消息由牢不可破的密码保护不会泄露。

问题是：什么样的消息模式可以保证两位将军同时进攻呢？可以使用一个简单的协议：对每条消息进行确认。但是确认消息需要一个信使，他有可能被抓，即使没被抓，发送者也无从知晓。

如果你是下属。当收到“黎明时分进攻！”的消息后，你会派遣自己的信使来确认该消息。黎明来临，你进攻吗？

如果你的确认信使被抓了呢？你无法知道他是否安全到达。而首领也无法了解你知道什么。即使所有消息都已成功传递，你们也会得出不攻击的逻辑结论！再多的确认也无济于事，因为最后一个发出消息的将军永远无法确定消息是否能够到达。

为了增加趣味性，还可以增加将军的数量，质疑将军和信使的诚信与理智，允许敌人破坏或虚构消息等。拜占庭将军问题的一般情况与运行大规模微服务部署的现实相差无几！

实际上，不可能通过确认消息来解决这个问题。可行的解决方案是：先询问一些信息，例如有多少条消息、什么样的消息、消息所受限制（如超时）、使用什么元信息（如序列号）等，然后根据这些信息计算达成协议的概率，最后确定该概率是否可接受。TCP/IP 协议是使用这种解决方案的一个很好的例子。[③]

必须接受微服务之间消息传输的不可靠性。设计思维永远不能基于这样的假设：消息将按照希望的方式传递。这种假设很不安全。消息与单体应用程序中的方法调用不同，在单体应用程序中，对象通过方法调用互相交互，对象之间交换消息只是个比喻。在分布式系统中，消息传递无法做到万无一失。

这里**能做**的就是让消息传递（或系统行为）在可接受的范围内可预测。也可以通过

---

① Arnon Rotem-Gal-Oz 的论文“Fallacies of Distributed Computing Explained”对这些谬论有精彩讨论。

② Leslie Lamport, Robert Shostak, and Marshall Pease, “The Byzantine Generals Problem,” *ACM Transactions on Programming Languages and Systems* 4, no. 3 (July 1982).这篇开创性的论文解释了分布式共识的基础。

③ 传输控制协议/互联网协议（TCP/IP）使用诸如慢启动（增加数据量直到找到最大容量）和指数退避（重试发送时等待时间越来越长）等算法来实现可接受的传输可靠性。

更高的金钱和时间成本来减少失败。作为一名工程师，你的工作和职责是在商定的误差范围内交付系统。

3.1.5 减少失败的策略

失败不可避免并不意味着对此无能为力。作为一名尽职尽责的工程师，应该了解并运用合理的缓解策略。

- **消息传递不可靠。**这是事实。可以通过更高的成本来接近100%的可靠性，但会受到边际收益递减的影响，而且永远无法达到100%。时刻不要忘记问："如果这条消息丢失了怎么办？"超时、复制、日志记录和其他缓解措施可能会有所帮助，前提是不要忘记问这个问题。
- **延迟和吞吐量需要权衡。**延迟体现消息的处理速度（最常见的是通过测量同步消息的响应时间），延迟越低越好。吞吐量表示可以处理多少条消息，吞吐量越高越好。这两个目标呈负相关。想要系统的吞吐量高就需要系统具有可扩展设备（如代理服务器），这会增加延迟，因为有额外的网络跳数。如果想要低延迟、高吞吐量，则需要投入更高的成本（如使用更强大的机器）。
- **带宽问题。**微服务系统的网络式特性意味着它们很容易受到带宽的影响。即使带宽充足，也必须抱有稀缺的心态。出问题的微服务很容易导致内部产生拒绝服务攻击。保持消息简短，不要附带大量数据，仅附带对数据的引用链接。[①]带宽作为一种资源正在变得更加廉价和丰富，但毕竟还没有进入后稀缺社会。
- **安全并不止于防火墙。**你可能很想做些安全方面的工作，也有可能是客户强迫你这么做，例如对所有服务间消息加密。在某些方面这基本上无害，尽管它确实会消耗资源。对微服务来说，更有效的做法是采用这样的观点：入站消息可能是恶意的，可能来自恶意参与者。语义攻击[②]是最需要关心的问题。微服务对语法攻击有天生的抵抗力，因为攻击只能通过消息进入，所以攻击面大大减小。语义攻击是主要的攻击途径，其形式是外部交互不当产生的恶意消息。消息格式验证在这里无济于事，因为危险消息也是有效的消息，根据定义，这些消息在语法上完全正确。
- **避免用局部方法解决全局问题。**假设要在微服务中使用同步消息，并通过HTTP REST传输消息。微服务要和其他微服务通信，就必须知道其他微服务的网络位置，因为它必须将这些HTTP请求定向到该位置。那么该怎么做呢？

---

① 要在服务之间发送图像，不要发送图像二进制数据，发送指向该图像的URL。

② 令人尊敬的安全专家Bruce Schneier在其博客上做了详细解释："Semantic Attacks: The Third Wave of Network Attacks," *Schneier on Security*, October 15, 2000。

Verschlimmbessern[①]！显然可以通过分布式密钥存储（运行某种分布式共享状态共识算法）解决服务发现问题！这确实是个不错的解决方案，但真正的问题是：这个问题（服务发现）是否应该首先解决。

- **自动化或死亡**。天下没有免费的午餐。尽管微服务有这么多好处，但无法回避这样一个事实：必须管理分布在许多服务器上的许多小服务。传统的工具和方法行不通，因为无法应对复杂性的增加。需要使用自动化手段来管理。第5章将对此进行详细介绍。

3.2 案例研究：销售税规则

本章的案例研究是：计算销售税，这是通用电子商务解决方案中的部分功能。这似乎不是很有挑战性，但完整的解决方案后面都隐藏着一些有深度的东西。

假设有一家快速发展的公司，它的商品种类众多，客户遍布各地。该公司创业之初只在一个国家销售一种商品，但不久公司便开始快速增长。为了便于讨论，假设这家公司最初在网上销售书籍，然后扩展到电子产品、鞋子和在线服务。[②]

在计算销售税时有个业务问题：影响销售税的因素很多。例如税率可能涉及商品类别、买卖双方所在国家和地点、当地的法律法规、购买的日期和时间，等等。需要考虑所有这些变量来获取正确的结果。

更广泛的背景

微服务非常适合解决电子商务网站中的常见问题。通常，电子商务网站都有一个低延迟的用户界面，一个包含一组横向和纵向功能的后端。**横向功能**对许多不同类型的应用程序来说基本相似，例如用户账户管理、事务性电子邮件工作流、数据存储。**纵向功能**针对的是当前业务问题，在电子商务网站中是购物车、订单履行、商品目录等功能。

横向功能通常可以使用一组标准的预构建微服务来实现。提前开发可应该投资开发这样一组功能，毕竟它们可以用于众多应用程序，一次开发，多次应用，提高开发速度。在这个项目中，毫无疑问会扩展、增强、淘汰这些入门级微服务，因为它们不足以正式交付。如何以一种安全的方式，通过对消息进行模式匹配实现上述目标，是本章探讨的核心技术之一。

纵向微服务都是从零开始，这使得它们更容易被淘汰。在系统设计时可能对业务领

① 一个绝妙的德语外来词，也许比 schadenfreude（幸灾乐祸）还要好。Verschlimmbessern 的意思是试图让事情变得更好，但是却总是忽视真正的问题，反而让事情变得更糟。

② 我们有意地将例子列举得让人难以置信，以免误导他人。

域做出错误的假设，也可能对需求的理解不够深入，而且需求在任何情况下都可能会改变，因为客户对业务的理解在不断加深。为了解决这些问题，可以使用与横向功能相同的方法：模式匹配。对于纵向功能而言，这是避免增加技术债务的重要策略。

3.3 模式匹配

模式匹配是构建可扩展微服务架构的关键策略之一，不仅在技术上可扩展，而且在心智上也可扩展，方便软件开发人员理解系统。微服务系统的复杂性很大程度上来自如何路由消息。当微服务发出消息时，消息应该去向哪里？在设计系统时，如何指定这些路线？

传统方法通过定义服务之间的依赖关系和数据流来描述网络关系，这种方法对于微服务来说并不适用，因为服务和消息太多。解决办法是彻底解决问题：从消息的属性开始，动态生成网络拓扑结构。

在电子商务网站中，有些消息会与购物车交互。购物车希望接收某些消息，例如add-product、remove-product、checkout。所有消息都是数据的集合，可以将它们视为键值对的集合。假设有个全能的“消息神”，在观察所有消息，并通过识别键值对将消息发送给正确的服务。

消息路由可以简化为以下简单步骤。

- 将消息表示为键值对（与实际消息数据无关）。
- 使用能想到的最简单的算法，将键值对映射到微服务。

将消息表示为键值对的方式并不重要。键值对只是包含足够可用信息的最小公分母数据表示形式。算法并不重要，重要的是它方便使用。

这种基于消息属性的路由方法已经被广泛使用，并不是一个新招，智能代理就是使用该方法的一个例子。将键值对用在这里的创新之处在于，明确地将它作为消息路由的共同基础。这意味着对消息路由有一个通用的解决方案。了解系统简化为查看消息列表和用于路由消息的模式，甚至不用考虑接收它们的服务。

这种方法的最大好处是不再需要元信息来路由消息，也不再需要服务地址。服务地址有很多种风格——有些不太明显。例如域名是地址，REST URL是地址，消息总线上的主题和频道名称是地址，总线在网络上的位置是地址，覆盖网络中代表远程服务的端口号也是地址！微服务不应该知道其他微服务。

需要明确的是，寻址信息必须存在于某个地方。它存在于用来发送和接收消息的抽象层的配置中。尽管这需要进行配置，但与将这些信息嵌入到服务中并不相同。从微服务的角度来看，任何消息都可以到达并离开。如果服务能够以某种方式识别到达的消息并知道如何处理，那就太好了，但这是微服务的业务逻辑，与寻址无关。从模式到交付路线的映射是实现细节。

这种方法的好处是支持开发人员更加专注解决业务问题，而非纠结于偶然的技术细节。

3.3.1 销售税：从简单开始

从处理销售税的业务需求开始，重点讨论将商品添加到购物车后重新计算销售税的需求。

当用户将商品添加到购物车时，他们应该看到一个更新的购物车，其中列出了之前添加的商品以及新商品。购物车还应该有一个应付销售税总额的条目。[①]此处使用同步的 add-product 消息（响应是更新的购物车）和同步的 calculate-sales-tax 消息（响应是总价）来对该业务需求建模，不需要关心底层服务。

消息列表只有两个条目。

- add-product——触发 calculate-sales-tax，包含商品和购物车的细节。
- calculate-sales-tax——什么都不触发，包含商品的净价格和相关细节。

让我们聚焦于 calculate-sales-tax，看它可能有什么属性？

- 净价。
- 商品类别。
- 客户位置。
- 购买时间。
- 其他。

属性就先列这么多，微服务架构允许不用想太多，因为不需要一次解决所有问题。最好的做法是构建能想到的最简单的实现：首先解决简单的一般情况。

下面做一些简单的假设。只在一个国家销售并且商品只有一种，通过这些属性已经完全能够确定销售税率。可以通过编写同步响应的 sales-tax 微服务来处理 calculate-sales-tax 消息。它使用固定税率来生成总价：总价=净价×税率。

再做个有用的假设，即每个微服务都能看到所有消息。sales-tax 微服务如何识别 calculate-sales-tax 消息？哪些属性是相关的？事实上，前面列出的属性没有什么特别之处。没有足够的信息将此消息与其他包含商品细节的消息（如 add-product 消息）区分。简单的做法是给消息贴上标签。这不是一个很难的问题：标签是命名消息的有效方法。此处为 calculate-sales-tax 消息提供一个带有字符串值“`sales-tax`”的标签。

通过对该标签执行模式匹配，所有与模式 `label:sales-tax` 相匹配的消息都转到 sales-tax 微服务。不要从网络数据流的角度思考这是如何发生的，也不要问这到底是如何发生的。只需要定义一个模式，该模式可以挑选出想要的消息。

下面是一个示例消息：

---

① 以相同方式计算欧洲的增值税。

```
label: sales-tax
net: 1.00
```

sales-tax 服务使用固定税率 10%，其响应如下：

```
gross: 1.10
```

哪种模式匹配算法好？没有最好的选择。最好的做法是保持简单。本例中即为“匹配属性 label 的值”。

3.3.2 销售税：处理类别

不同类别的商品可能有不同的销售税率。某些国家会对某些商品采用较低的税率；在某些特定情况下还会降低税率。因此在消息中需要包含类别属性，如果没有则必须添加一个。通常，如果消息中缺少信息，则首先应该更新生成这些消息的微服务，确保不管有没有人使用，信息都不缺失。如果使用严格的消息格式，那么实现起来就比较困难，而微服务却能提供这种灵活性，系统可以忽略不了解的新属性，它们不会影响系统的正常运行。

要对不同的商品类别应用不同的税率，一种简单的方法是修改现有的 sales-tax 微服务，添加一个不同税率的查找表。模式匹配保持不变。现在可以像往常一样部署新版本的 sales-tax，从而确保从旧规则到新规则的平稳过渡。根据用例情况，在转换期间可能会有一些差异，或者可以在消息中使用功能标志，在一切就绪后再触发新规则。

另一种方法是为每个类别编写一个新的 sales-tax 微服务。从长远来看，这是一种更好的方法。有了正确的自动化和管理，增加新微服务的边际成本降低。最初这些微服务会很简单，实际上只是使用不同固定税率的单税率服务的副本。

你可能会对这个建议不以为然。可以理解，因为这些现在是**纳米服务**，粒度太细了。用类别和税率的查询表还不够吗？如果使用查找表，将为技术债务敞开大门。查找表是一种对世界进行建模的数据结构，必须精心维护，因为随着新情况的出现，需要不断对其进行扩展和修改。而使用单独的微服务能够让代码简单且线性。

对于业务问题的表述有时具有误导性。是的，不同的商品类别有不同的销售税率，但如果仔细观察会发现，世界上每个国家的每个税法都包含着大量的细分、特殊案例和例外，而且立法机构经常增加新税种。在查找表数据模型中很难确定应该应用哪些业务规则。在几个迭代之后，你将被该模型所困，因为其内部太复杂。

在面对这种业务规则不稳定的情况时，为每个商品类别构建单独的微服务是个很好的举措。起初这貌似有点太过了，而且确实打破了 DRY 原则，但它很快就会带来好处：每个微服务的代码更具体，算法复杂度更低。

这种方法面临的下一个问题是如何将消息路由到新的微服务。模式匹配再次发挥作用。让我们使用一个更好但仍然简单的算法。每个 sales-tax 微服务都检查入站消息，如果入站消息带有 label:sales-tax 属性和 category 属性，并且 category 属性的值与微服务能够处理的类别相同，那么该微服务就响应此消息。例如，消息：

```
label: sales-tax
net: 1.00
category: standard
```

由现有的 sales-tax 微服务处理，消息：

```
label: sales-tax
net: 1.00
category: reduced
```

由 sales-tax-reduced 微服务来处理。表 3.2 列出了模式和服务之间的映射。

表 3.2　　模式到服务的映射

模　式	微　服　务
label:sales-tax	sales-tax
label:sales-tax,category:standard	sales-tax
label:sales-tax,category:reduced	sales-tax-reduced

注意，处理一般情况的 sales-tax 微服务在处理没有类别的消息时计算可能不正确，但也会得到一个结果而非失败。如果追求的是可用性而非一致性，那么这是个可以接受的折中做法。

在微服务消息传递的底层实现中，必须遵循这些模式匹配规则。可以将它们硬编码到消息队列 API 中，或者可以使用这些模式来构造消息队列主题，或者可以使用发现服务通过 URL 来响应消息。关键是选择一个简单的模式匹配算法，并用它以声明的方式确定哪些类型的消息应该由哪些类型的服务处理。通过此种方式，就能用微服务的思维来架构系统。

模式匹配算法

你可能会问，“我应该使用哪个模式匹配算法？它应该多复杂？”答案是尽可能简单。甚至可以查看模式到微服务的映射表，并根据消息的内容手动将消息分配给微服务。没有适合所有情况的神奇模式匹配算法。第 9 章案例研究的 Seneca 框架[①]使用以下算法。

- 根据名称找出每个模式的一组顶层属性。
- 每个顶层属性的值都被视为一个字符串。
- 如果所有属性值都匹配，则消息与模式匹配。
- 属性多的模式优先于属性少的模式。
- 属性数相同的模式使用字母顺序优先。

给定以下模式到微服务的映射。

- *a*:0 映射到微服务 A。

① 我是这个开源项目的维护者。

- b:1 映射到微服务 B。
- a:0,b:1 映射到微服务 A。
- a:0,c:2 映射到微服务 C。

以下消息将按指示转到相应的微服务：

- 消息{a:0,x:9}转到 A。
- 匹配模式 a:0，因为消息中属性 a 的值为 0。
- 消息{b:1,x:8}转到 B。
- 匹配模式 b:1，因为消息中属性 b 的值为 1。
- 消息{a:0,b:1,x:7}转到 A。
- 匹配模式 a:0,b:1，而非 a:0 或 b:1，因为 a:0,b:1 包含更多属性。
- 消息{a:1,b:1,x:6}转到 B。
- 匹配模式 b:1，因为消息中属性 b 的值为 1，没有模式能匹配 a:1。
- 消息{a:0,c:2,x:5}转到 C。
- 通过属性 a 和 c 的值匹配模式 a:0,c:2。
- 消息{a:0,b:1,c:2,x:9}转到 A。

  ——通过属性 a 和 b 的值匹配模式 a:0,b:1，因为 b 按字母顺序在 c 之前。

在上述所有情况下，属性 x 都是数据，不用于模式匹配。也就是说，如果由于新需求而有必要使用 x，那么未来的模式可以随时使用 x。

3.3.3 销售税：走向全球

随着业务持续增长，规模不断扩大，企业布局很快扩展到国际市场。电子商务系统现在需要处理许多国家的销售税。该怎么做呢？这是组合爆炸的经典案例，因为必须根据每个国家、每个类别的不同规则来考虑销售税。

传统的策略是重构数据模型，并尝试适应模型中的复杂性。根据经验观察，这会导致技术债务，传统方法会导致传统问题。或者，遵循微服务方法为每个国家、每个类别分别构建微服务。随着参数的增加，微服务的数量也会呈指数增长。

实际上，这种组合爆炸有个限制：单个微服务的复杂性大小。第 2 章探讨过这个问题，并认为这大约是一个开发人员一周的工作量，开发人员级别可以根据技能水平粗略划分。这意味着可以构建这种复杂性级别的数据模型，不能过于复杂，在这种复杂度情况下，一个微服务就可以处理多种组合。

某些国家有相似的业务规则，对于这种情况，可以在微服务中使用查找表。而使用查找表的微服务只处理通用情况，对于异常和特殊情况则要编写专门的微服务来处理。

再来看一个例子。大多数欧盟国家使用标准税率和优惠税率。因此可构建一个 eu-vat 微服务，使用以国家和类别为关键字的查找表。鉴于现在已有 sales-tax 和 sales-tax-reduced

微服务，还要添加新微服似乎不合常理，但我们需要接受这种思维。中止那些服务，并且使用不同的方法。没问题！可以让这两种模型同时运行，并使用模式匹配来路由消息。

3.3.4 业务需求显然会发生变化

任何以业务需求一成不变为前提的软件开发方法，最终都将黯淡收场。即使合同对业务需求进行了严格明确的说明，需求仍然会被改变。纸上的文字总是会被重新诠释，因此应该未雨绸缪，提前意识到：最初的业务需求肯定会在合同文字墨迹未干时发生变化，即便在项目期间甚至项目上线后也会常有更改。

软件项目管理方法中的敏捷软件开发试图通过使用一组鼓励灵活性的工作实践来应对这一现实。敏捷开发的工作实践——迭代、单元测试、结对编程、重构等，很有用，但是它们不能解决单体系统中不断累积的技术债务。尤其是单元测试，旨在实现重构，但实际上它并不能有效地做到这一点。

为什么重构单体代码很困难？因为单体代码能够轻松访问数据模型内部，在快速扩展和增强系统过程中，导致内部数据结构越来越复杂。即使项目架构师最初定义了严格的 API 边界，但也没有有效的办法来阻止共享数据和共享结构。在疲于奔命的软件开发过程中，为了按期交工，规则很容易被打破。

微服务架构不太容易受这种影响，因为微服务很难访问其他微服务内部，也无法干扰其数据结构。消息通常很简短。因为通过网络传输大体量消息时效率不高，所以应力求简洁，仅包含必需的数据，使用尽可能简单的数据结构。

微服务的小尺寸、消息的小尺寸以及由此产生的微服务内部数据结构的低复杂性，使微服务架构更容易重构。这种轻松源于工程方法，而非项目管理准则，因此可以很好地应对团队规模、能力和政治方面的差异。

3.3.5 模式匹配降低了重构的成本

模式匹配策略在简化重构方面发挥着关键作用。在首次构建微服务时，开发人员倾向于对消息应用格式验证。这样做是为了增加系统的健壮性，提高系统质量，但这却是被误导了。

假设有这样一个的场景，想要升级某个特定的微服务。但可能有多个微服务实例正在运行。假设运行中的微服务版本是 1.0，需要部署版本 2.0，且添加了新的功能。新功能在微服务发送和接收的消息中添加了新的字段。

利用微服务的部署灵活性部署 2.0 版本的新实例，同时让现有的 1.0 版本的实例继续运行。接着开始监控系统，查看系统是否有异常。遗憾的是系统出问题了！由于 1.0 版本使用了严格的消息格式，与 2.0 版本的消息不兼容，因此 1.0 版本和 2.0 版本不能同时运行。这就丧失了使用微服务的一个主要好处。

可以使用模式匹配应对这种场景。正如在销售税示例中看到的那样，使用模式匹配可以轻松修改消息而不会破坏任何内容。旧微服务忽略它们不理解的新字段，新微服务可以识别带有新字段的消息并正确地对其进行操作。重构变得更加容易。

Postel（伯斯塔尔）法则

Jon Postel 在 TCP/IP 协议的设计中发挥了重要作用，他信奉这一原则："对自己严格，对他人宽容。" 这一原则指导了 TCP/IP 的设计。它被定义为输入上的逆变（接受协议规范的超集）和输出上的协变（发出协议规范的子集）。这是一种强大的方法，可以确保许多独立系统能够相安无事地良好工作。它在微服务领域非常有用。

这种重构风格具有天生的安全特性。不能通过修改代码并重新部署来改变生产系统，只能通过添加和删除微服务实例来改变。在微服务的粒度级别更容易控制和测量可能的副作用——所有更改都发生在同一级别，因此每个更改都能以相同的方式进行监控。第 6 章讨论测量微服务系统的技术，特别是如何以一种可量化的方式降低部署风险。

3.4 传输独立性

微服务必须相互通信，但这并不意味着它们需要相互了解。当一个微服务知道另一个微服务时，就会产生耦合。对微服务架构最强烈的批评之一是，它是传统单体架构的更复杂、更难管理的版本。这种批评认为，网络中的消息只不过是精心设计的远程过程调用，系统中充斥着复杂的依赖关系，微服务架构只不过是**分布式单体**。

如果认为标识问题至关重要，上述批评就不是危言耸听。在微服务通信的朴素模型中，需要知道接收消息的微服务的标识，即接收微服务的地址。请求/响应消息时使用直接 HTTP 调用的架构会遇到这个问题：发送消息时需要带上接收方的 URL 端点。在此模型下，消息不仅包括消息的内容，还包括接收方的标识。

还有一种选择。每个微服务都将世界视为一个宇宙，从中接收消息并向其发送消息，但不知道发送方或接收方是谁。这怎么可能？如何确保消息发送到正确的位置？这些信息肯定存在于某个地方。确实如此，它们存在于微服务消息的传输系统配置中，但归根结底这只是一个实现细节。关键是微服务不需要知道彼此，不需要知道消息如何从一个微服务传输到另一个微服务，也不需要知道有多少其他微服务看到消息。这就是**传输独立性**的思想，传输独立性意味着微服务可以保持彼此完全解耦。

一个有用的虚构：无所不能的观察者

传输独立性意味着可以推迟考虑实际的网络问题。从微服务开发人员的角度来看，这非常强大。其支持一种错误但非常有用的假设，即任何微服务都可以接收和发送任何消息。这非常有用，因为它允许将消息如何传输的问题与微服务的行为分开。

有了传输独立性，就能够以完全灵活的方式将消息从消息语言映射到微服务；就能够自由地创建新的微服务，以新的方式对消息进行分组，而不会影响其他微服务的设计或实现。

这就是为什么在设计阶段就可以处理描述电子商务系统的消息，而无须先行确定要构建什么服务。假设任何服务都可以看到任何消息，就可以在设计过程中自由地将消息分配给服务。当意识到这个假设对生产系统仍然有用时，就会更加确信自己不会陷入窘境。微服务是一次性的，因此将消息重新分配给新服务的成本很低。

摒弃单个微服务具有标识的想法，使用模式匹配来定义从消息到微服务的映射，就能神奇地实现从消息到微服务的路由。然后可以通过列出每个微服务识别和发出的消息模式来全面描述系统的设计。正如在销售税示例中看到的那样，这才是应该采取的方法。

消息的实现和物理传输不容忽视，这是任何系统特别是大型系统必须处理的一个真正的工程问题。但编写微服务时，应该将传输**视为**一个独立的考虑因素。这意味着可以自由地使用从 HTTP 到消息队列的任何传输机制，并可以随时自由地更改传输机制。

还可以自由地更改消息分发的方式。消息可以是请求/响应模式、发布/订阅模式、参与者模式或任何其他模式，而不需要考虑微服务。微服务既不知道也不关心谁与消息交互。

在现实世界中，在部署级别必须考虑消息交互问题。第 5 章讨论实现传输独立性的机制。

3.5 消息模式

微服务架构的两个核心原则模式匹配和传输独立性允许定义一组消息模式，有点类似于面向对象的设计模式。下面使用第 2 章介绍的约定来描述这些模式。

主要从下面两个方面来讨论消息交互。

- **同步/异步（实线/虚线）**——消息期望/不期望响应。
- **观察/消耗（空心箭头/实心箭头）**——消息要么被观察（其他服务也可以看到），要么被消耗（其他服务看不到）。

我们将在服务数量不断增加的背景下讨论这些交互。在所有情况下，除非明确指出，否则均假设系统可扩展并且每个微服务都有多个实例在运行。由部署基础设施或微服务框架提供的负载均衡等功能来帮助实现这一点。

要对消息模式分类，可以从模式的数量和微服务（不是实例！）的数量两个方面来思考。在最简单的情况下，两个微服务之间存在某一模式的单条消息。这是个 1/2 模式，使用 *m*/*n* 形式，其中 *m* 是消息模式的数量，*n* 是微服务的数量。

3.5.1　核心模式：一条消息/两个服务

在这类模式中，可以枚举出同步/异步和观察/消耗的 4 种排列。通常，对消息交互进行枚举，特别是在微服务数量较多的情况下，是发现微服务交互模式可能性的一个好方法。下面先来介绍 4 个最核心的模式。

1/2：请求/响应

此模式描述了公共 HTTP 消息传输模型，如图 3.2 所示。消息是同步的：发出消息的微服务需要响应，监听微服务将消耗消息，其他服务看不到该消息。这种交互模式涵盖了传统 REST 风格的 API 和大量的第一代微服务架构。有相当多的工具可用于这种交互，使这种交互具有高度的健壮性。[1]

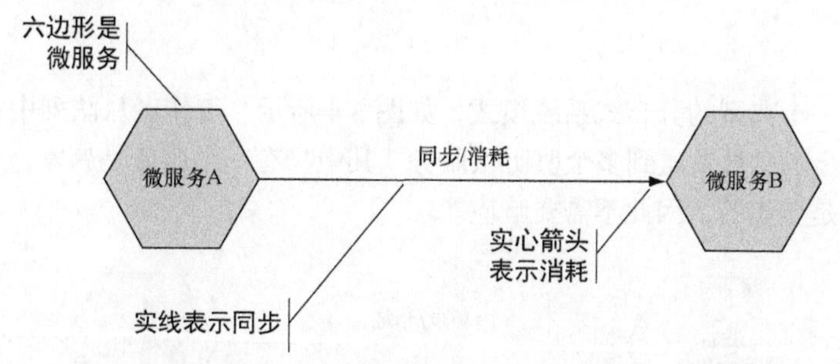

图 3.2　请求/响应模式：销售税的计算，其中微服务 A 是 shopping-cart 服务，微服务 B 是 sales-tax 服务，消息是 calculate-sales-tax。shopping-cart 服务期望立即得到答复，以便可以更新购物车总价

如果监听微服务有多个实例，那么这个模式就是参与者风格。负载均衡器[2]根据某种算法分配工作，监听器依次响应。

在本地开发微服务系统时，为了方便，通常在系统中只运行一组单独的微服务，每种类型只有一个实例。消息传输通过将路由硬编码为对特定端口号的 HTTP 调用来实现，而且大多数消息都是请求/响应形式。**微服务必须与这种本地配置的细节隔离**，其好处是这种简单配置可以让开发和验证消息交互更容易。

1/2：响尾蛇

此模式起初看起来可能很奇怪，如图 3.3 所示。它是一条没有被消耗的同步消息。那么还有谁在观察该消息呢？这是传输独立性的一个很好的示例，不需要关心网络流量

① 网飞公司的开源工具集非常值得探索。

② 负载均衡器不一定是独立服务器。客户端负载均衡的优点是可以通过轻量级库来实现，并从系统的部署配置中删除服务器。

的细节。其他服务如何观察此消息是次要考虑因素。这个模式要**表达**的是该消息可观察。除了对该消息响应的微服务外，其他微服务（如审计服务）也可能对消息感兴趣。这很好地说明了如何通过列举模型提供的元素组合，来生成查看系统的新方法。

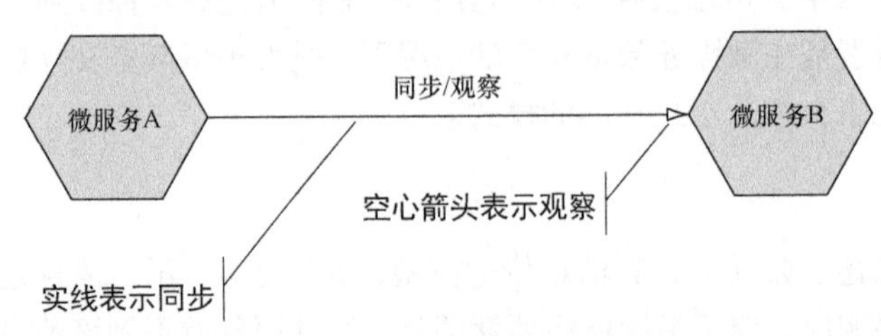

图 3.3 响尾蛇模式：在电子商务系统中，shopping-cart 服务可能会向 delivery 服务发送 checkout 消息。推荐服务可以观察 checkout 消息来了解客户的购买行为，并为他们推荐可能感兴趣的其他商品。但是 shopping-cart 和 delivery 服务并不知道推荐服务的存在，它们认为自己正在参与一个简单的请求/响应交互

1/2：赢家通吃

这是一个典型的分布式系统模式，如图 3.4 所示。工作者从队列中获取任务，并行操作。异步消息被发送到多个监听微服务，其中只有一个服务是赢家，并对消息采取行动。消息是异步的，因此不需要响应。

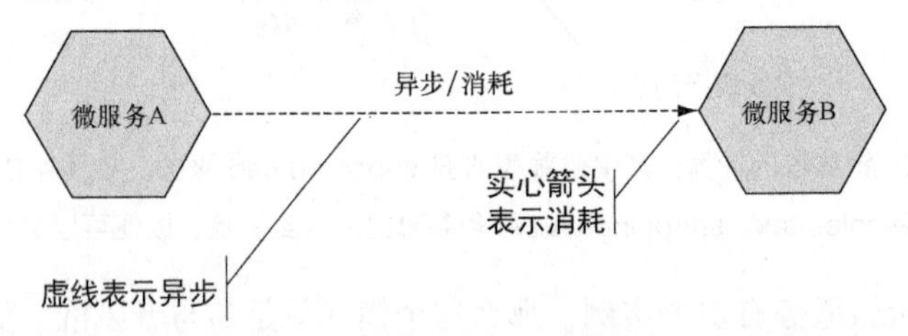

图 3.4 赢家通吃模式：在电子商务系统中，可以将 delivery 服务配置为在此模式下工作。为了冗余和容错，可以运行 delivery 服务的多个实例。实体商品只需交付一次，因此对于任何 checkout 消息，都应该只有一个 delivery 服务实例起作用。在此配置中，消息交互是异步的，因为 shopping-cart 不需要响应（保证配送不是它的责任）。可以使用提供工作队列的消息总线来实现这种交互模式

消息队列是实现此模式的一个很好的机制，但不是唯一的方法，也可以使用分片方法来忽略不想要的消息。作为架构师，只需要提供思路方法，而不需要关注微服务的网络配置。

1/2：即发即弃

这是另一个经典的分布式模式：发布/订阅，如图 3.5 所示。在这种情况下，所有监听微服务实例都会观察消息并以某种方式对其进行操作。

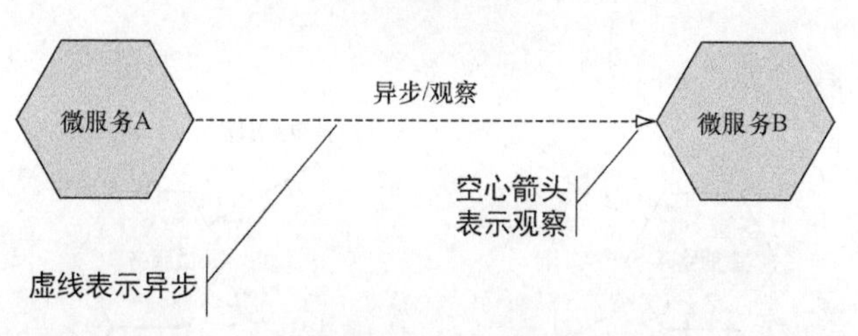

图 3.5 即发即弃模式：这种交互涉及一组不同的微服务，它们都观察消息。shopping-cart 服务发出 checkout 消息，各种其他服务对其作出反应：delivery、checkout-email，可能还有 audit。这是一种常见的模式

从理想的角度来看，这是最纯粹的微服务互动形式。消息被发送到世界上，任何关心其的服务都可以采取行动。所有其他模式都可以看作是这个模型上的约束。

严格来说，图 3.5 展示了一种特殊情况：同一个微服务的多个实例都会收到消息。真实系统的关系图通常包括两个或多个监听服务。这种情况有时很有用，因为它多次执行相同的任务，所以可以使用它来保障服务级别，但前提是执行的必须是幂等任务。[①]

例如，电子商务网站会显示商品照片，照片都是大图像，需要为搜索结果列表生成缩略图。将大图像调整为缩略图总是会产生相同的输出，因此是幂等任务。如果有一个包含数百万个产品的目录，那么一些调整大小的操作将由于磁盘故障或其他随机问题而失败。如果平均 2%的调整失败，那么使用不同的微服务实例执行两次调整意味着在生产中只有 0.04%（2%×2%）的调整失败。添加更多的微服务实例可以提供更强的容错能力。当然，要为多余的工作付出代价。第 5 章详细讨论如何取舍。

3.5.2 核心模式：两条消息/两个服务

这类模式是最简单的消息交互模式，体现了消息之间的因果关系，描述了一种类型的消息如何生成其他类型的消息。从某种意义上说这个模式的视角很奇特，因为在通常情况下会考虑微服务之间的依赖关系，而非消息之间的因果关系。

从消息优先的角度来看，这更有意义。消息之间的因果关系比微服务之间的关系更稳定，因为微服务可以很轻易地重新分组，而更改消息语言则要困难得多。

2/2：请求/反应

这是一个典型的企业模式，如图 3.6 所示。[②]请求微服务支持监听微服务异步响应，方法是：请求微服务接收监听微服务单独发出的响应消息，然后再将初始请求消息与监听微服务的响应消息关联起来。这是传统请求/响应的一个更手动的版本。

---

① 幂等任务可以反复执行，并且始终具有相同的输出：例如给数据字段赋值。无论数据记录更新多少次，数据字段总是得到相同的值，因此结果总是相同。

② 更多信息，请参阅 Arnon Rotem-Gal-Oz 的优秀著作 *SOA Patterns*（Manning, 2012）。

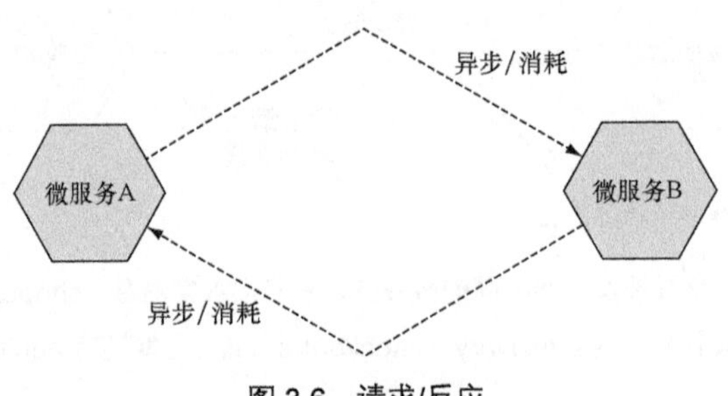

图 3.6 请求/反应

这个模式的优点是可以创建时间解耦。在等待监听器响应时，请求方不会消耗资源。当监听器需要花费大量的时间来完成请求时，非常适合使用这种模式。例如，生成安全密码哈希必然需要消耗大量的CPU时间，在响应用户请求的微服务主线上这样做会极大拖延响应时间，而将该工作转移到一组单独的微服务上就可以解决这个问题，但是如果使用普通的请求/响应模式，仍然会有拖延，请求/反应是一个更好的选择。

2/2：批处理进度报告器

这是请求/反应模式的一个变体，提供了一种将批处理引入微服务的方法，如图 3.7 所示。批处理（如每日数据上传、一致性检查、基于日期的业务规则）通常被各自编写为单独的程序，与主响应系统分开运行。这种做法很不合理，因为这些批处理程序具有不同的控制和监控机制。

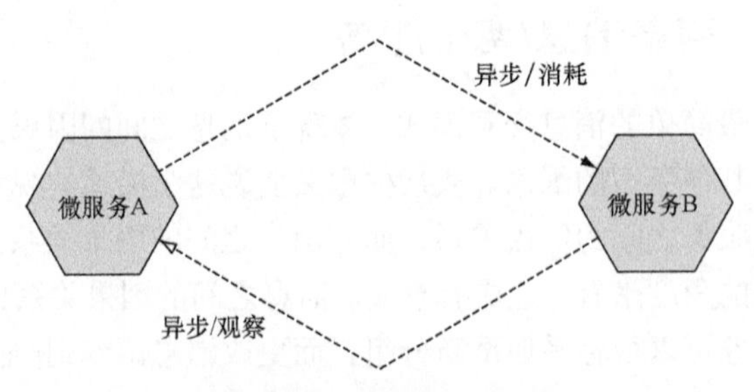

图 3.7 批处理进度报告器

把批处理转换为微服务后，即可用相同的方式控制。从系统管理的角度来看，这要高效得多。应该从微服务角度来思考系统，并时刻牢记下列基本原则：它是响应消息的小服务。

在这个模式下，消息交互类似于请求/反应，但有一系列反应消息会公布批处理的状态。这使得发送请求消息的微服务和其他微服务都可以监控批处理的状态。为了实现这一目标，在这个模式下反应消息应该被观察而非被消耗。

3.5.3 核心模式：一条消息/n 个服务

在这类模式中，可以看到使用微服务的一些核心好处：能够以部分和分阶段的方式将代码部署到生产环境。在单体应用程序中，可以使用功能标志或其他自定义代码来实现其中一些模式，但这些方法难以测量并且会产生技术债务。在微服务情况下，使用相同的部署模式会获得相同的效果。这种级别的同质性使得管理和测量更加容易。

1/n：管弦乐队

在这个模式中，一个编排服务协调一组服务的活动（如图 3.8 所示，在某个工作流 *a* 的上下文中，微服务 A 首先与 B 交互，然后是 C）。对微服务架构的一个批评是很难理解微服务的交互，因此服务编排是非常重要的基础设施。此功能可以由协调工作流的编排微服务直接执行，而不需要专业网络组件来履行这个角色。在大多数大型生产微服务系统中，许多微服务都在不同程度上执行编排角色。

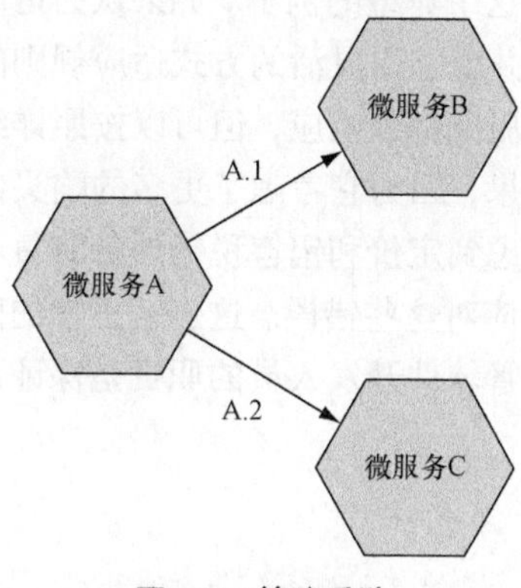

图 3.8 管弦乐队

1/n：分散/收集

这是比较重要的微服务模式之一，如图 3.9 所示。与生成和收集结果的确定性串行过程不同的是，此模式向外界公布需求，然后对返回结果进行收集。假设要为电子商务网站构建一个商品页面，旧实现方式会从商品提供者那里收集所有内容，并且只有在全部内容都就绪时才返回页面。如果其中任何一个商品提供者失败了，整个页面都会失败，除非编写特定的代码来处理这种情况。

然而在微服务世界中，单个微服务生成内容片段，即使其失败也不会影响其他微服务。必须异步地构造结果（商品页面），因为内容异步到达，所以在默认情况下就需要有容错功能。如果某些元素还没有准备好，商品页面仍然可以显示，这些元素可以在它们可用时随时加入。这种灵活性是微服务架构提供的基本能力。

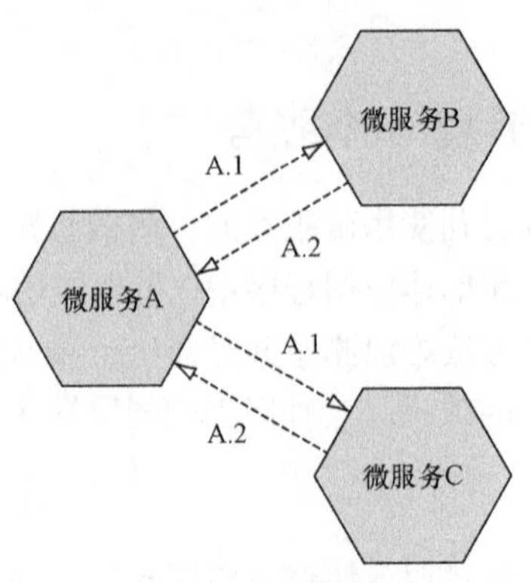

图 3.9 分散/收集

如何协调响应并确定工作已经完成？有很多方法。当公布需求时，可以设置响应的时间限制，只处理在时间限制内收到的响应（这是第 9 章案例研究中采用的方法），也可以设置响应的最小数量，收到的响应达到该数量后就返回结果。

下面来看一下销售税这个典型的例子。如果认为可用性优先级高于一致性，则该模式可以用于销售税计算，并能够以灵活的方式适应规则的变化。首先公布需要计算销售税，然后**全部**的销售税微服务都会响应，但可以按照详细程度对结果进行排序。结果越详细，越有可能是正确结果，因为它考虑了更多的购买信息。也许这种计算方式看起来会导致账单不准确。但考虑到定价和销售税错误每时每刻都在发生，企业可以通过支付补偿款或承担错误成本来应对这些错误。这也是正常的商业惯例。为什么？因为公司更愿意敞开大门做生意。尽管软件开发人员的职责是保证系统准确，但也要看企业是否愿意为此买单。

1/n：多版本部署

这是在前面的销售税微服务内容中讨论过的场景，如图 3.10 所示。要对微服务功能进行升级，希望部署新实例，同时保持旧实例运行。可以使用参与者风格的模式（赢家通吃、即发即弃），但不是将消息全部分发给相同版本的实例，而是分发给不同版本的实例。图中显示了部分交互，其中消息被发送到微服务 A 的 1.0 版本和 2.0 版本。

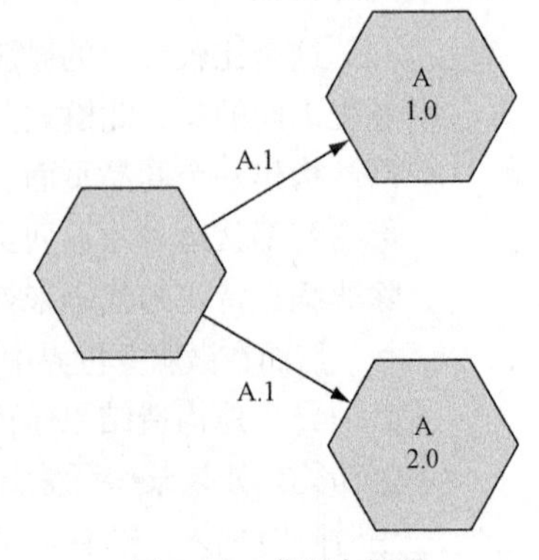

图 3.10 多版本部署

事实上，这种部署配置是对现有模式的扩展，通过更改部署的细节很容易实现，这再次显示了微服务的威力。可以方便地将一个功能从用代码自定义实现转换为明确的声明式配置。

当这个模式与在第5章和第6章讨论的部署和测量技术结合起来时，会变得更加强大。为了降低部署新版本的风险，可以完全不考虑新版本的输出。相反，可以通过复制流量，让旧版本像以前一样正常工作。这样就有了来自新版本和旧版本的输出，比较它们的输出，检查是否正确。通过这种方式，能够使用生产流量检测系统是否有新的漏洞或错误，而且不会引起问题。系统可以在这种流量复制模式下迭代新版本的部署，直到确信生产环境没有问题为止。这是实现高速连续交付的绝佳方式。

1/n：多实现部署

多版本部署成为可能后，还可以进行多实现部署，如图 3.11 所示。这意味着可以尝试不同的方法来解决相同的问题。尤其是不需要额外的基础设施就可以进行 A/B 测试。不需要构建或集成任何其他东西，A/B 测试便成为系统的一项功能。该图显示了微服务 A 和 B 在消息交互 *a* 中扮演着相同的角色。

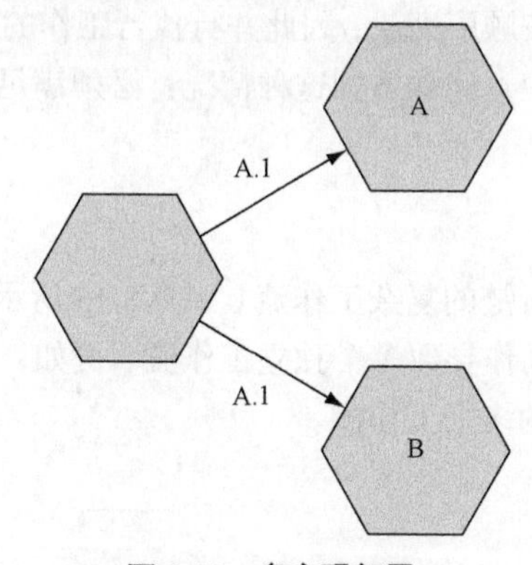

图 3.11 多实现部署

除了用户界面 A/B 测试之外，还可以对系统的所有方面进行 A/B 测试，试验新的算法或功能，而无须承担大规模部署风险。

3.5.4 核心模式：m 条消息/n 个服务

服务和消息越多，配置的可能性就越多，它们的关系呈指数级增长。请记住，所有消息模式都可以分解为 4 个核心 1/2 模式。这通常是理解大型微服务系统的好方法，下面进行探讨。

3.5.5 m/n：链

链表示一个串行工作流。这通常使用编排微服务实现（3.5.3 小节已讨论），但也可以在图 3.12 所示的配置中实现，其中工作流的消息经过了编排，[1]工作流的串行性是遵

① *Building Microservices*（O'Reilly, 2011）的作者 Sam Newman 引入了术语**编制**（orchestration）和**编排**（choreography）来描述微服务配置。

循局部规则的单个微服务的涌现特性。

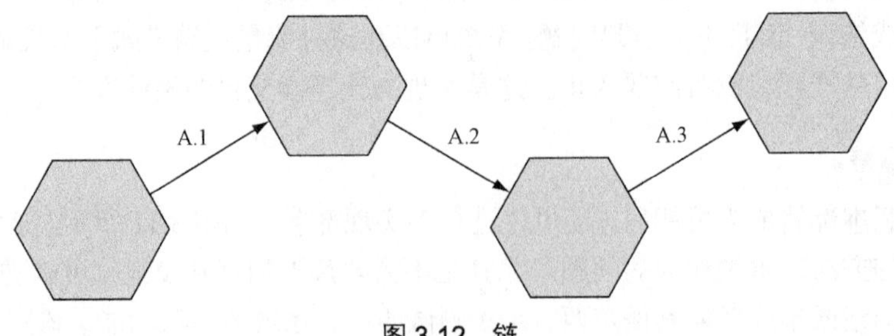

图 3.12 链

由于某些工作必须按顺序完成，因此并行执行工作的分布式系统通常会被这类工作限制。在企业软件环境中，经常遇到这种情况：必须满足某些条件，工作才能继续。

3.5.6 m/n：树

树表示具有多个并行链的复杂工作流（如图 3.13 所示，其中显示了消息流子序列）。它使用的场景是：触发动作导致多个独立工作流。例如，电子商务网站的结账流程需要从客户沟通到订单履行的多个工作流。

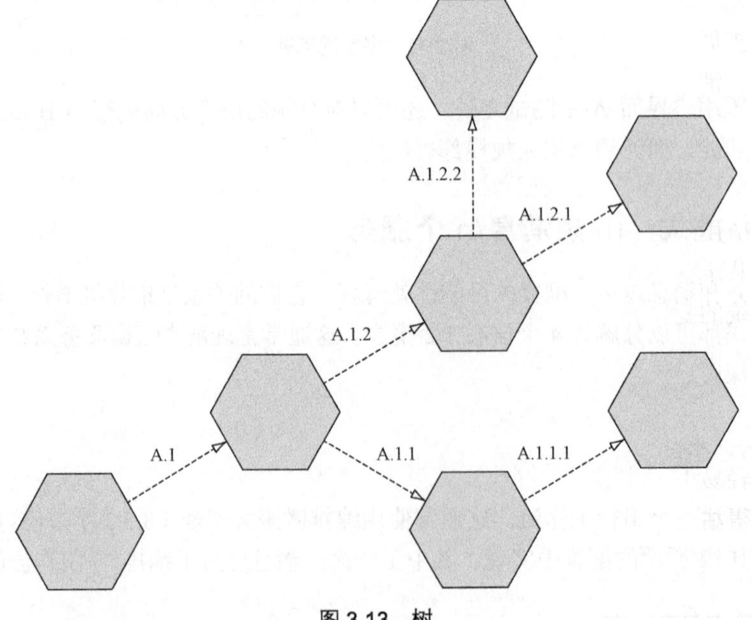

图 3.13 树

3.5.7 扩展消息

毫无疑问，微服务架构会给网络带来额外的负载，从而降低整体性能。解决这个问题的首要方法是询问性能降低是否真的带来了影响。在许多情况下，微服务的性能成本都被其广泛的好处所抵消。在第 5 章～第 7 章中，将更深入地了解如何进行取舍，以及如何调整。

为了进一步讨论，先明确几个术语。

- **延迟**——系统完成一个操作所花费的时间。可以通过测量入站请求的平均响应时间来测量延迟，但这不是一个好的测量标准，因为它不能体现响应时间的巨大差异。最好使用百分位数来测量延迟：在第 90 个百分位处 100 毫秒的延迟意味着 90%的请求在 100 毫秒内响应，这种测量方法能够捕捉到响应的峰值。延迟越低越好。
- **吞吐量**——系统可以承受的负载量，以速率表示：每秒的请求数。最好将吞吐量和延迟一起使用：某个百分位数下的吞吐量。

高吞吐量和低延迟是理想的情况，但这常常难以实现。就像系统工程中的很多东西一样，鱼和熊掌不可兼得，必须牺牲其中一个来换取另一个，或者花费大量的成本来弥补。

选择微服务架构意味着要做出明确的取舍：更高的吞吐量，意味着更高的延迟。在微服务架构下很容易获得更高的吞吐量，因为微服务架构易于水平扩展，只需添加更多服务实例。由于不同的微服务处理不同级别的负载，因此可以精确地仅扩展那些需要更有效地扩展和分配资源的微服务。但是延迟也会更大，因为有更多的网络流量和更多的网络跳。消息需要在不同服务之间传递，这也需要时间。

降低延迟

当使用消息优先的方法构建微服务系统时，会发现某些消息交互要求低延迟，例如必须响应用户输入的消息交互、必须及时提供数据的消息交互、使用竞争资源的消息交互。如果异步实现，这类消息交互的延迟会很高。为了减少延迟，必须进行另一个妥协：增加系统的复杂性。可以通过引入同步消息来实现这一点，尤其是各种请求/响应消息。还可以将微服务合并为较大的单一进程，但规模的增加也带来了单体架构的相关缺点。

这些都是合理的取舍。与所有性能优化一样，在进行适当测量之前提前解决这些问题通常是白费力气。微服务架构以更低的成本提供测量服务，可以在任何情况下监控消息流，轻易识别性能瓶颈，让工作更轻松。

值得注意的是，代码级的低级别优化在微服务环境中几乎毫无用处。网络跳带来的延迟比其他任何因素都要大好几个数量级。

提高吞吐量

提高消息吞吐量要容易得多，因为它需要更少的妥协并且可以通过花钱来实现。可以增加服务实例的数量，或者使用性能更好的消息队列，[1]或者在更强劲的CPU上运行。

除了在系统层级发力外，还可以在架构层级想办法。消息要尽量简短，不要用它们来传输太多数据或大量二进制数据（如图像），而应该更改为对原始数据的引用。微服务能够以最高效的方式直接从系统的数据存储层检索原始数据。

请将与CPU绑定的活动分离到单独的进程中，这样就不会影响整个工作流程。在基于事件的平台（如Node.js）中CPU活动是重大风险，因为它会阻塞输入/输出活动。对于基于线程的平台，这不是什么大问题，但是资源仍然会被消耗并受到限制。在销售税的例子中，随着规则复杂性的增加，计算时间也会增加，最好在单独的微服务中执行计算。对于CPU密集型活动（如图像大小调整和密码哈希），这一点更为重要。

3.6 当消息出问题时

微服务系统很复杂，因为从一开始就需要自动化部署，以应对消息和微服务的不断更改和实例的频繁更替。系统还会表现出很多突发行为，其内部复杂性很难作为一个整体来理解。不仅如此，由于内部交互太多，还会形成微妙的反馈环，从而导致无法解释的行为。

Black Swan（《黑天鹅》）（Penguin, 2008）和*Antifragile*（《反脆弱》）（Random House, 2014）的作者Nassim Nicholas Taleb讨论了这类系统。他的概念模型是理解微服务架构的有用框架。他将系统分为脆弱系统、健壮系统和反脆弱系统。

- **脆弱**系统在混乱和压力下会降级。大多数软件都属于这一类，无法处理高负载所产生的混乱。
- **健壮**系统可以在一定程度上抵抗混乱，因为它们在设计之初就实行严格的规范。问题是，它们会遭遇灾难性的故障形式——持续工作直至崩溃。大多数大型软件都是这种类型：在调试、测试和过程控制方面进行了大量投资，并且系统能够承受压力，直到遇到边界条件（如模式变更）导致系统崩溃。
- **反脆弱**系统从混乱中受益并变得更强大。人体免疫系统就是一个例子。微服务架构在设计上具有一定反脆弱性，且通过网络进行通信，而网络都很混乱，因此其更具反脆弱性。

反脆弱性的关键是接受大量的小故障，以避免大故障。让故障频率高，后果轻。传统软件（如单体应用）质量和部署实践通常趋向低频率、严重后果的故障。单个微服务出故障（可以根据需要重新启动）要比整个系统出故障好得多。

处理内部错误时，微服务的最佳策略是快速发现故障并重置。微服务是崩溃优先的软件。实例小而丰富，因此总有实例来填补空缺。

---

① Kafka性能很好，详细信息请浏览其官网。

处理外部故障更具挑战性。从单个微服务的角度来看，外部故障表现为行为不当的消息。当消息出现问题时，它们很容易消耗资源并导致系统降级。因此，消息传输基础设施和微服务要采用这样的观点：外部参与者可能出现故障。任何微服务都不应该指望网络的其他部分表现良好。幸运的是，许多故障形式可以使用一套通用的策略来处理。

3.6.1 常见故障场景及如何应对

消息交互最容易出故障，故本节按消息交互对故障分类。任何消息交互都有可能出故障，所有消息交互最终都可以分解为 4 个核心 1/2 交互，因此可使用核心交互对故障形式进行分类。

接下来会对每种故障形式给出缓解方案。没有任何故障形式可以完全消除——反脆弱性原则也是这样提示的。反而，应该采取缓解策略来保持整体健康，即使必须有所牺牲。

注意 在以下场景中，微服务 A 是发送服务，微服务 B 是监听服务。

3.6.2 请求/响应交互故障

请求/响应交互很容易受到高延迟的影响，这可能会导致在等待响应时过度消耗资源。

下游缓慢

微服务 A 正在为微服务 B 生成工作。例如，A 可能是一个编排器，B 执行资源密集型工作。如果 B 出于某种原因变慢，可能是因为它的某个依赖项变慢了，那么 A 中的资源将被消耗来等待 B 的响应。在基于事件的平台中，这将消耗内存；在基于线程的平台中，则会消耗线程。后者更糟糕，因为最终所有线程都会阻塞等待 B，这意味着无法进行新的工作。

缓解措施：使用断路器。当 B 慢到吞吐量的触发阈值时，将 B 视为已死，并将其从与 A 的交互中删除。B 要么是出现无法挽回的故障，将在适当的时候死亡并被替换；要么是过载，并在负载降低后恢复。无论哪种情况，最终 B 都会恢复。断路器逻辑可以在 A 中运行，也可以在 B 前面的智能负载均衡器中运行。最终结果是吞吐量和延迟保持正常，但性能不如往常。

上游过载

与前面的场景类似，微服务 A 正在为微服务 B 生成工作。但是在这个场景中，A 表现不佳并且没有使用断路器，B 必须自力更生。随着负载的增加，B 受到的压力越来越大，性能受到影响。即使假设系统已经实现了某种形式的自动扩展，负载的增长速度也可能比 B 的新实例部署速度更快。而添加新的 B 实例总归存在成本限制。简单地盲目增加系统大小会造成拒绝服务攻击的严重负面影响。

缓解措施:对于那些来自微服务A并且会导致B过载的消息,B必须选择性地丢弃,这称为**减载**。尽管看起来很激进，但重要的是能够让系统为尽可能多的用户提供服务。在高负载情况下，所有用户的体验都会全面下降，通过减载，一些用户将无法获得服务，但那些获得服务的用户将得到正常的服务水平。

如果系统具有监控微服务（用来控制负载过大时新实例的部署），那么就可以使用来自B的信号缓解这种故障形式。B通常通过异步消息向系统公布其负载过大，此时系统就可以进一步减少A的入站请求，这称为**施加背压**。

3.6.3 响尾蛇交互的故障

这种交互中的故障有一定隐秘性，可能在很多天内都不会被察觉，从而导致数据损坏。

丢失动作

在此场景中，微服务A和B进行主要交互，但C也在观察并执行自己的操作。这些微服务中的任何一个都可以独立于其他服务进行升级。如果引入了消息内容的更改或不同的消息行为，那么B或C可能会出现故障。因为微服务的主要好处之一是能够执行独立更新，而且支持持续交付，所以这种故障形式完全在意料之中。它经常被用作对微服务架构的批评，因为最初的缓解措施是尝试协调部署，但这是一种失败的策略，在实践中很难做到可靠。

缓解措施：测量系统。当A发送消息时，B和C都应该能收到。因此该消息的出站和入站流量比例必须是1:2。该比例可用作运行状况指示器。在生产系统中有很多A、B和C的实例。更新不会替换所有的A，而是按照微服务最佳实践，分阶段、一次更新一个实例。更新后可以监控消息流量比例，查看它是否符合预期值。如果不符合，可以回滚并检查。第6章进行更全面的讨论。

3.6.4 赢家通吃交互的故障

这种故障会让系统瘫痪，简单的重启并不能解决问题，因为问题在消息本身。

有害消息

这是参与者风格的分布式系统的常见故障形式。微服务A生成它认为完全正确的消息，但是微服务B中的漏洞导致每次收到该消息时B都崩溃，消息返回队列，B的下一个实例尝试再次处理它时也会崩溃。最终B的所有实例都陷入崩溃重启循环，无法处理新消息。

缓解措施：微服务 B 需要跟踪最近收到的消息并将重复的消息彻底丢弃。这要求消息具有某种标识或签名。为了帮助调试，消息副本应该被消耗，但不会被处理。相反它会被发送到死信队列。[1]这种缓解措施应该发生在传输层，因为它在大多数消息交互中都很常见。

保证传递

异步消息最好使用消息队列来传递。一些消息队列解决方案声称可保证消息最多一次、恰好一次或至少一次传递给监听器。这些保证在实践中都无法兑现，因为根本不可能实现。一般来说，消息传递存在拜占庭将军问题：无法确定消息是否已成功传递。

缓解措施：让消息传递倾向于"至少一次"。那么，就必须处理重复消息的问题。让行为尽可能地幂等可以减少重复项的影响，因为幂等行为不会带来影响。本章前面已经讲过，幂等性指的是一种系统特性，可以多次安全地执行相同的操作，并以相同的状态结束。例如，销售税计算具有幂等性，因为对于相同的输入它总是返回相同的结果。

3.6.5 即发即弃交互的故障

这些故障形式提醒我们：人类的大脑真是神奇，总是充满奇思妙想，以至于自己制造出来的东西都无法完全理解。

突发行为

随着系统的增长和微服务交互的增多，将会发生突发行为。这可能表现为出现不应该出现的消息、微服务采取意外操作或消息量出现无法解释的激增。

缓解措施：微服务系统不是神经网络，不管这个类比多么吸引人，它只是一个以特定方式运行的系统，具有明确的相互作用。突发行为难以诊断和解决，缘于它来自微服务行为的相互影响，而不是来自于微服务的错误行为，因此每种情况都必须分别调试。要实现这一点，需要使用标识。因为消息要在微服务之间不停传递，所以每个消息都应该包含用来标识消息的元数据，以便跟踪消息流。还应该包含始发消息的标识，这样就可以跟踪因果关系，查看哪些消息生成了其他消息。

灾难性崩溃

有时，突发行为会受到反馈环的影响。在这种情况下，越来越多的无用消息触发了更多的消息，系统会进入恶性循环。回滚最近的微服务部署在这种情况下不起任何作用，系统已经进入混乱状态，出故障的微服务甚至可能不是该问题行为的参与者。

缓解措施：最后的办法是完全关闭系统，重新启动，每次只启动一组服务。这是一

---

① **死信队列**是接收有害消息副本以供以后分析的地方。它可以像微服务一样简单，不执行任何操作，只记录发送给它的每条消息。

个灾难性的情况，但是可以缓解。也许只关闭系统的一部分就能够切断反馈环，但所有的微服务都应该包含切断开关，以便能关闭系统的任意子集。切断开关可以在紧急情况下用于逐步降级功能，直到系统恢复正常为止。

3.7 总结

- 避免分布式单体诅咒的最重要策略之一是将消息置于微服务思维的核心。通过消息优先的方法，微服务架构变得更易于确定、设计、运行和思考。
- 最好从消息的角度考虑业务需求。这是一种面向动作的思维，而不是面向数据的思维。它的强大之处在于，可以自由地定义消息语言，而无须预先确定处理这些消息的微服务。
- 同步/异步二分法是消息交互方式的基础。重要的是要理解这些交互模型所施加的约束，以及这些模型提供的可能性。
- 模式匹配是确定哪个微服务对哪个消息进行操作的基本机制。模式匹配（而不是服务发现和寻址）为定义消息行为提供了一个灵活且可理解的模型。
- 传输独立性是让服务与具体网络拓扑完全解耦的基本机制。微服务可以完全独立地编写，只查看入站和出站消息，消息传输和路由成为实现和配置问题。
- 可以从两个维度了解消息交互：同步/异步和观察/消耗。该模型生成4个核心消息交互模式，可用于定义很多消息和微服务之间的交互。
- 消息交互的故障形式也可以在同步/异步和观察/消耗模型的背景下进行分类和理解。

第4章　数据

本章内容

- 数据并非神圣不可更改，也可能不准确
- 用微服务消息构建存储解决方案
- 用微服务消息表示数据操作
- 探索传统数据管理策略的替代方案
- 存储不同类型的数据

大多数软件项目通常使用中央数据库。绝大部分数据都存储在其中，系统直接访问数据库中的数据。数据模式用构建系统的编程语言表示。

中央数据库的优点是几乎所有数据都以相同的模式存储在同一个地方，只需要管理一种数据库。扩容问题通常可以通过增加投入来解决。在一代代软件开发人员的共同努力下，这项技术已经非常成熟。

中央数据库的缺点是它为技术债务提供了肥沃的土壤。它的模式和存储过程都非常复杂；还经常被用作系统不同部分的通信层；而且不考虑数据的业务价值，所有数据都一视同仁。

微服务架构打破了这种传统思维方式。中央数据库并非不可替代，微服务让我们能够使用更广泛的数据持久性策略，并可根据存储的数据类型对策略进行调整。下面使用第2章中的数字报纸案例来了解微服务架构提供的新方法。

4.1 数据与想象不同

为了了解如何在实践中使用微服务方法，有必要重新认识什么是数据。描述数据的数据模型不计其数，传统系统使用的抽象模型只是沧海一粟。让我们对实践中的数据做一些断言来质疑某些隐含假定。

4.1.1 数据同质而非异质

系统中的某些数据至关重要。例如，数字报纸订阅者的支付记录必须保证准确无误。有些数据也很有用，但并非不可或缺（如网站哪些文章昨日阅读量最高）。如果所有数据都使用同一数据库，那么就必须对所有数据施加相同的约束，因此无法根据数据的价值调整数据持久性策略。

系统中每个数据实体的约束并不相同。认识到这一事实有助于在数据存储方面做出正确的决策。举几个与报纸案例相关的例子。

- **用户订阅**——详细描述了用户付费订阅了什么以及他们可以阅读哪些文章。这些数据需要很高的准确性，对客户满意度有很大影响。这些数据修改需要保持一致，最好使用事务来完成。所有服务都应该使用同一数据库，以实现上述行为目标。这里需要一个性能良好的关系数据库。[①]
- **用户偏好**——文章字体大小；在主页上显示的新闻类别；是否隐藏文章评论。这些功能改善了用户的体验但并不重要，因为它们基本不会影响用户阅读。因此应该尽可能降低对这些数据的运营成本，为此牺牲一些准确性也可以理解。如果字体大小与读者的首选设置不同，这只会让读者不耐烦但并不致命。这里可以使用对格式要求不太严格的文档存储系统。[②]
- **文章阅读计数**——分析系统使用该数据，用来深入了解读者喜欢哪些内容。具体数字并不重要，重要的是如何将数据聚合起来并找到数据之间的关系。无论如何，系统只是在猜测用户的行为：打开一个文章页面，并不代表一定会阅读文章。这里需要的是高吞吐量，并且不会造成系统其他地方的延迟。在这种情况下，简单的键值存储就能满足要求。[③]

微服务架构使得在实践中对数据的观察变得更加容易。不同的微服务可以使用不同的数据处理方式和不同的数据存储解决方案。随着时间的推移，如果数据约束发生变化，还可以将数据迁移到更适合的存储解决方案，而且只需要改变个别微服务。

---

① MySQL、Postgres、SQL Server、Oracle 等。

② MongoDB、CouchDB 等。

③ Redis、LevelDB 等。

图 4.1 列出了推荐的持久性策略，仅绘制了相关的微服务。user-profile、subs、tracker 是新引入的微服务，分别用于用户偏好、订阅支付和跟踪文章浏览量。

微服务架构的优势并不在于可以提前决定使用哪些数据库。在项目早期，最好对所有内容都使用无模式的文档存储，这样做可以提供最大的灵活性。其优点是在以后的生产中可以根据需要迁移到更适合的数据库。

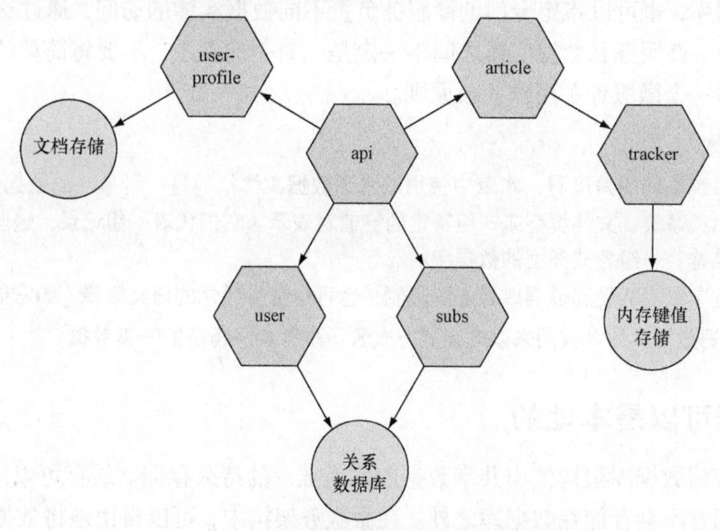

图 4.1 为不同的微服务选择不同的数据库

4.1.2 数据可以私有

关系数据库的目的是让数据访问更容易。在实践中，这意味着应用程序代码通常可以访问所有数据库表。随着应用程序的扩展和变更，代码越来越多，对数据库的访问也越来越多，依赖关系不断增加，技术债务也随之增长。

所谓物极必反，很快便会出现令人讨厌的反面模式。数据库被用作软件组件之间的通信机制：不同的组件向一组共享的表读/写数据。这种隐式通信通道存在于许多单体代码中，是一种反面模式。此通信发生在预期的通道之外，没有明确定义的语义，而且通常没有任何明确的设计。由于没有控制机制来限制复杂性的增长，因此技术债务很快就会显现出来。

为了防止这种情况，最好限制对数据实体的访问，仅让与实体相关的业务逻辑修改该实体的存储表。这种策略在微服务中很容易实现。相关的数据实体仅与有限的微服务相关联，只能通过这些微服务才能访问，其他微服务无法直接访问，这确保了业务规则的一致性。数据访问甚至可以完全隐藏在业务逻辑操作背后。有时候，微服务也会为个别实体实例提供传统的读/写操作。所有对数据实体的访问都通过消息表示，而不是数据模式。这些消息与微服务系统中的其他消息没有什么不同，因此可以采用与其他消息相同的工作方式处理数据操作。

在报纸示例中，User 数据实体为 user 服务私有，UserProfile 数据实体为 user-profile 服务私有，这是恰当的做法，因为需要将用户名、密码哈希、电子邮件地址等敏感信息与字体大小、收藏文章等用户偏好设置分开。即使这些实体在系统的初始版本中存储在同一数据库，也可以指定专门的微服务负责不同数据实体的访问，通过这种方式将它们强制区分。微服务和数据实体之间不一定是一对一的关系，不要将简单的经验法则（如每个实体一个微服务）用作一般原则。

数据实体

从系统领域的角度看，本章中使用的术语**数据实体**指的是一种单一的数据类型。[①]数据实体通常由关系表、文档类型或一组特定的键值对表示。它们代表一组记录，这些记录具有共同的内部结构：一组各式类型的数据字段。

这些字段可能受到数据库强加的限制，也可能需要额外的语义解释（如它们可能是国家代码）。术语**数据实体**常被用来以非正式方式表示具有共同特征的一类数据。

4.1.3　数据可以是本地的

传统的数据库架构使用共享数据库作为唯一的持久存储。缓存可以用于临时存储，但数据通常不会存储在数据库之外。在微服务架构中，可以自由地将数据存储在不同的位置。通过限制对数据库表的访问、为微服务分配专用数据库、将数据存储在微服务内部，可以让数据成为微服务的本地数据。

通过使用 SQLite 或 LevelDB 等嵌入式数据库引擎，微服务实例可以具有本地存储功能。数据可以在微服务的生命周期（可能是几小时、几天或几周）内一直存在。数据还可以单独持久化到虚拟数据卷上，让微服务实例随时连接。

以用户信息数据为例，要扩展到数百万用户，可以使用一组用户信息服务，然后将用户信息平均分配给它们。通过对用户的键值空间进行分片，并使用**消息转换**对系统的其他部分隐藏分片，可以实现这种均匀分布。[②]每个用户信息服务都在本地存储用户信息数据。为了容错，可以为每个分片服务运行多个实例。当需要读取用户信息数据时，分片服务将挑选一个分片实例来获取数据，如图 4.2 所示。当需要写入用户信息数据时，可以向相关分片的所有实例发布一条消息。要添加新的分片实例，让它查找旧的其他兄

---

① 大型系统可能包含多个**领域**。每个领域都是一个内部一致的世界观。领域之间的通信必然涉及某种形式的实体转换。以这种方式设计系统称为**领域驱动设计**（DDD）。微服务架构可以使 DDD 更容易实现，但应该在比 DDD 更低的抽象级别上思考。更多信息请阅读 Eric Evans 的 *Domain-Driven Design*（Addison-Wesley, 2003）。

② 这种扩展能力很好地诠释了微服务的灵活性。系统可以从一个服务开始，**完全**不用担心如何扩展。通过操纵消息可以随时迁移到不同的数据持久性解决方案。

弟分片上丢失的数据，可以立即执行，也可以作为批处理作业执行。因为添加新的分片实例很容易，所以任何分片实例都是一次性的，如果在分片中检测到数据损坏，可以随时将其丢弃。

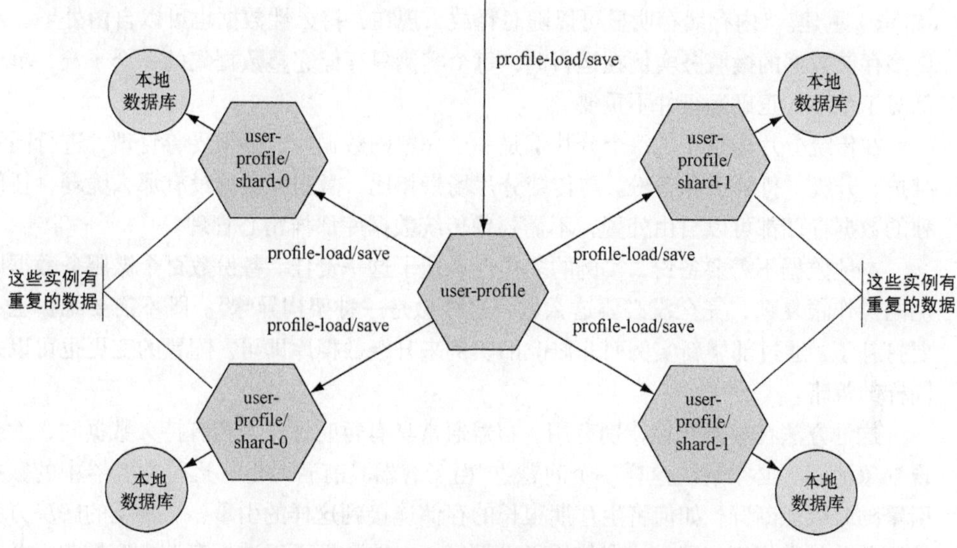

图 4.2　本地用户信息数据仅存储在分片实例上

这种持久性策略容易造成数据的不准确。如果发布的更新消息没有到达所有分片实例，那么用户信息数据将不一致。这个后果取决于业务目标，达到 99%的一致性水平可能就完全可以接受。[①]如果字体大小不对会怎样呢？只需再次设置它，也许就能保存成功。项目早期阶段，在拥有大量用户之前，这种妥协可以让你将精力集中在更有价值的功能上。

但这个问题总有一天需要解决。每周 1 个用户不满意与每周 100 个用户不满意相比有质的不同，即使这两个数字都只代表 1%的用户。

解决方案是通过以下方式之一对数据进行去本地化：使用所有微服务都可以访问的单一传统数据库；使用版本化缓存策略；使用带有冲突解决算法的分布式数据存储；迁移到满足要求的云数据库；或读写分离[②]。

所有这些解决方案都比本地存储**复杂**，如果项目初期就使用它们，会拖慢开发速度。

微服务可以让快速但略有瑕疵的本地存储更安全，因为可以在必要时才迁移，而且迁移非常容易——新数据库只是另一个兄弟分片实例。本章后面讨论这种分片迁移。有关本地数据策略的实际例子，参见第 9 章。

① **一致性水平**定义为读取的数据有百分之多少与最近写入的数据一致。

② 这种方法有个名字叫命令查询职责分离（CQRS），它是一系列异步数据流模式。模式匹配和传输独立性原则使 CQRS 更像是消息路由配置而非基础架构，因此不要害怕在微服务中尝试。

4.1.4 数据可以自由处置

本地数据的一个好处是可以自由处置。本地数据库总是可以相互重建或从记录系统（SOR）重建。[①]内存缓存明显可以随时释放，现在，持久性数据也可以自由处置。当有许多存储数据的微服务实例在运行时，每个实例只存储完整数据集的一个子集，单个实例对于系统的正确运行并不重要。

在传统分片场景中，每个分片都是一个完整的数据库，必须妥善管理，进行同等的维护、升级、打补丁和备份。与传统分片场景相比，微服务实例没有那么脆弱，任何单独的数据存储都可以自由处置，不需要像传统数据库那样精心管理。

本地数据不需要备份，实例的多样性承担了这一责任。备份数百个微服务数据库实例的操作很复杂，完全没必要这么做，这样做是一种架构异味[②]。既不需要维护也不需要打补丁，通过部署新实例而非修改旧实例来升级数据库即可。配置的变更也可以采用同样的策略。

这种方法在容器领域特别有用。容器通常具有暂时性，当拥有持久数据时，就会出现抽象泄漏。必须解决这样一个问题："由于容器具有暂时性，运行在容器中的数据库引擎随时可能断开，如何将生存期很长的存储连接到这样的引擎？"常见的解决方案是使用单独的数据库集群，或者使用云数据库。本地数据可以选择存储在容器中，并在容器失效时随之失效。容器非常适合存放本地数据。

与系统架构一样，必须对可能存在的问题防患于未然。当运行大量使用本地数据的微服务时，需要从缓慢的 SOR 中刷新数据，过多的请求很容易拖垮 SOR。记住基本的最佳实践：微服务系统一次只能更改一个实例。必须控制新的微服务的进入速度，以防止 SOR 被请求淹没。如果没有实现自动化，则微服务会很不实用。

4.1.5 数据不一定要准确

在大多数企业软件开发中有个隐含的假设——数据在任何时候都必须 100%准确。对这种假设的无条件接受形成了企业数据库解决方案的功能和成本。使用微服务架构最有用的结果之一是它迫使你质疑这个假设。作为架构师和开发人员，必须充分了解数据，必须考虑存储解决方案的成本。微服务是分布式的，这使得其可以轻松扩展，代价是不能使用过于简单的关系模型来保证准确性。

如何处理不准确的数据？首先询问企业实际需要什么级别的准确性。业务目标是什么？它们如何受数据准确性的影响？是否核算了高准确性下的成本与收益？这些问题

① 任何微服务数据策略都无法替代 SOR，SOR 里记录的才是最权威的数据。微服务数据策略能够减少 SOR 的负载问题和性能问题。

② 译者注：**架构异味**是指对架构质量有消极影响的架构设计决策。

的答案决定了选取什么样的技术方案。答案不需要针对整个数据集——不同的数据有不同的约束。答案也不必一成不变——它们可以随着时间而改变。微服务架构的细粒度特性使其成为可能。

4.2 微服务的数据策略

在数据持久性方面，微服务架构提供了很多选择。这就出现了一个重要问题：必须选择最有效的策略来处理微服务环境中的数据。本节提供了一个决策框架。

4.2.1 使用消息公开数据

微服务架构的一个基本原则是将服务之间的通信限制为消息。这个限制保留了架构的一个理想特性：服务彼此独立。如果使用数据库进行通信，这个原则就被打破了。这一点可以轻易做到：某个服务将数据写入一个表，另一个服务从同一个表读取数据，这就是个通信通道。

这样做会在服务之间创建耦合，从而产生技术债务。为避免这种情况，需要将数据实体放在微服务后面。这并不表示微服务和数据实体之间存在一对一的映射，或者每个表都有自己的微服务，或者一个微服务处理数据库的所有操作。这些做法可能存在，但它们不是架构的基本属性。

将数据实体放在微服务后面意味着只能通过消息公开它们。这遵循了第 3 章讨论的**消息优先**原则。要执行数据操作，必须发送消息。如果是同步消息，会期望得到结果；如果是异步消息，就不需要结果。数据操作可以是传统的创建、读取、更新、删除操作，也可以是由业务逻辑定义的高级操作。

数据操作消息为数据提供了统一的接口，但并不要求数据只在一个地方存储或管理。这为选择数据持久性方法提供了相当大的自由度，并允许根据性能和准确性需求选择持久性解决方案。

不同类型的数据实体可以自由地使用不同的数据库。在数字报纸示例中，文章适合面向文档的数据库，用户信息适合本地存储，而支付记录适合支持事务的关系数据库。在所有情况下都通过消息公开数据，业务逻辑微服务并不知道底层的数据存储。

还可以自由地切换数据库。只需要一个微服务，将其作为数据库解决方案和数据操作消息之间的桥梁。这并不是支持 SQL 公共子集的关系数据库提供的弱灵活性。理论上，这种弱灵活性也支持切换关系数据库，[①]但它不支持迁移到 NoSQL 数据库，因为应用程序还要依赖 SQL 语言本身提供的功能。使用消息的情况与之有所不同，这是因为消息是与数据存储通信的唯一方式，所以会事先定义一组与数据库交互的简单操作，而

① 在实践中，每个数据库的 SQL 语言的语法和语义都有差异，这些可能会带来麻烦。

且为新数据库实现这些操作所需要的工作量不会很大，完全可以接受。

让数据库模式浮现

轻松变更数据库的能力开启了一种高效的快速开发策略。即使因为外部约束（如管理层的决策），项目最终必须使用关系数据库，仍然可以在项目的早期阶段使用 NoSQL 数据库作为“开发工具”。这样做的好处是：不必过早地进行数据库设计，避免了数据库迁移，并且不会试图在数据实体之间创建依赖关系（也称为 JOIN 查询）。

一旦完成了大量的迭代，明白了客户的深层次需求，并对正在建模的业务问题有了更清晰的理解，就可以转移到关系数据库了。可以使用 NoSQL 文档集中浮现的隐式模式，来构建 SQL 数据库中的显式模式。

4.2.2 使用组合操作数据

通过将数据操作表示为消息，可以将它们组件化。毕竟这是微服务架构的核心优势之一。使用第 2 章中的 article-page 和 article 服务，以图 4.3 所示的场景为例。article 服务使用 get、add、remove、list-article 消息公开文章数据，[①]这些消息由 article-page 服务发送。article-page 服务执行业务逻辑操作（格式化和显示文章），article 服务公开文章数据。

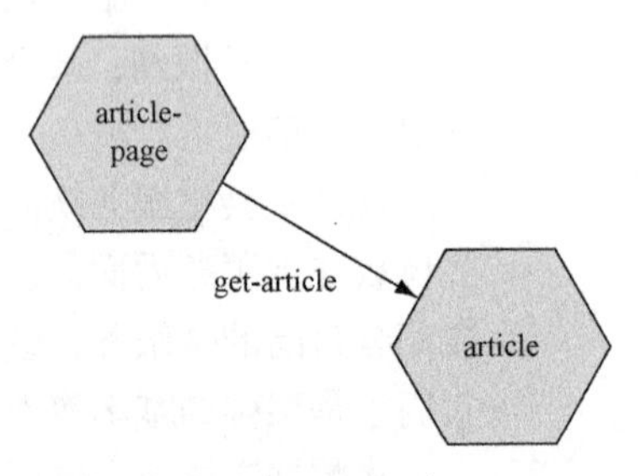

图 4.3 article-page 与 article 服务之间的交互

第 2 章已简要讨论了如何使用组件化来扩展这个结构。可以通过引入新的微服务来拦截数据操作消息。例如可以引入 Cache 微服务，它在查询 article 服务之前首先检查缓存，如图 4.4 所示。

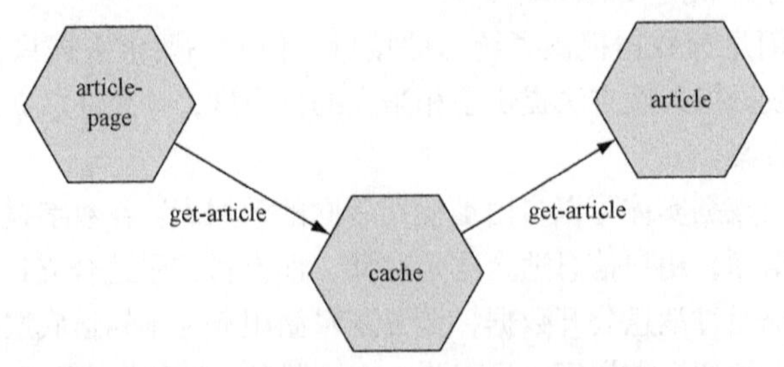

图 4.4 将 article-page 与 article 服务组合在一起

这里的关键原则是 article-page 和 article 服务不知道这种拦截，它们的行为没有任何变化。这种消息拦截策略并不局限于缓存。可以对消息执行验证、访问控制、节流、修

① 这些名称不是消息类型。严格来说，它们指的是匹配特定模式的消息。这些名称是模式的缩写。模式会因实现而异，因此本次讨论不指定具体模式。

改或任何其他操作。拦截策略是消息优先方法提供的一种通用能力，通过将数据操作限制在消息中，可以使用定义明确的组件模型扩展数据操作。

这种方法还支持使用其他数据流模型。例如，数据写入与读取时的路径不必相同，可以在写操作时采用异步，读操作时采用同步。当需要较高的读写性能时常常使用这种架构，它在实现时通常采取最终一致性策略。如前所述，这一系列数据流模型被称为命令查询职责分离（CQRS）；它增加了系统的复杂性，只有对性能有较高需求时才会使用。在面向消息的微服务世界中，不必担心增加复杂性，因为通过修改消息路由配置即可实现异步写入和同步读取，这是微服务系统与生俱来的功能。数据流模型没有特殊之处，如图 4.5 所示。从业务逻辑微服务的角度来看，使用哪个模型并无差别，而且对实现也没有影响。正如在项目中期可以方便地变更数据库一样，如果有出乎预期的性能需求，也可以轻松更改数据流。

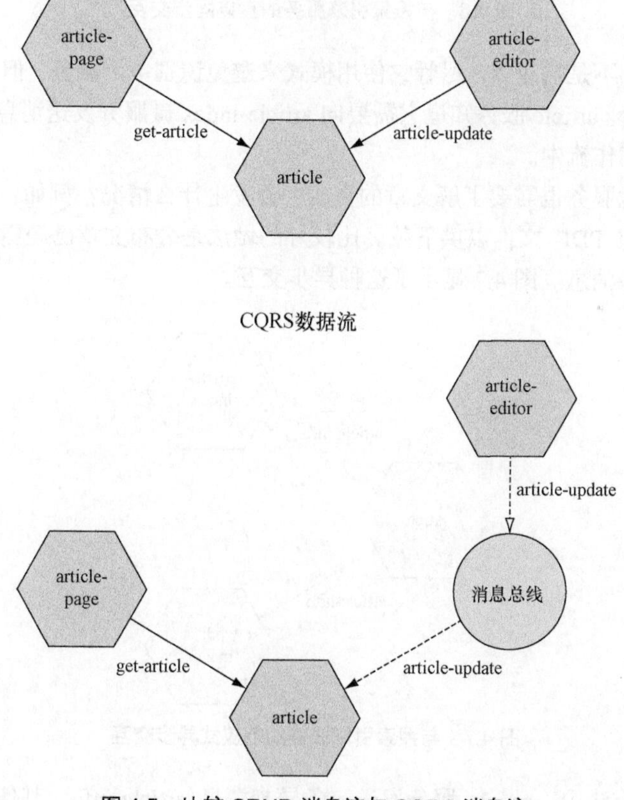

图 4.5 比较 CRUD 消息流与 CQRS 消息流

将数据操作公开为消息还带来了其他好处。例如，可以轻松地采用响应式方法：多个微服务可以监听数据操作消息；还可以引入数据修改公告消息：如果数据以某种方式发生了更改，则向外界公布该更改，外界可以根据自身需要做出反应。

假设数字报纸的案例需要提供搜索功能，允许读者检索文章。可以使用专业的搜索引擎解决方案来实现这个功能，①并通过微服务将其公开。当保存文章时，也要确保搜索引擎对它进行了索引。一种简单的方法是定义一条 index-article 消息，让搜索引擎服务监听该消息；article 服务在保存文章时发送该消息，如图 4.6 所示。

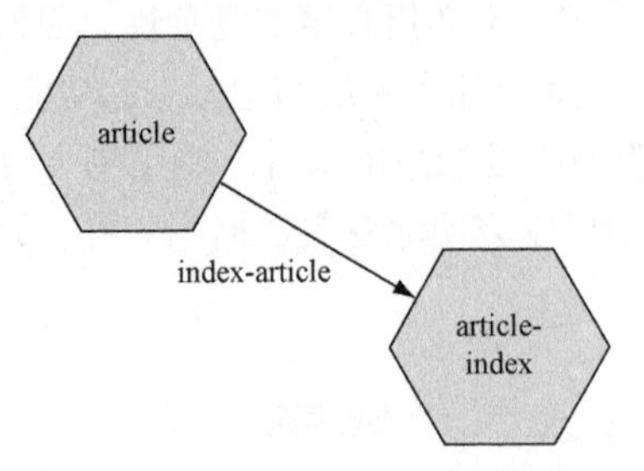

图 4.6 与搜索引擎服务的直接同步交互

这种方法不是响应式。尽管它使用模式来避免识别单个服务，但它对微服务架构来说是高度耦合。article 服务知道它需要向 article-index 微服务发送消息，并且要将这些消息包含在其工作流中。

如果其他服务也需要了解文章的更改，会发生什么情况？例如，也许有个微服务为每篇文章创建 PDF 文件以供下载。比较好的做法是公布文章已经更改，让感兴趣的微服务订阅这些消息。图 4.7 显示了这种异步交互。

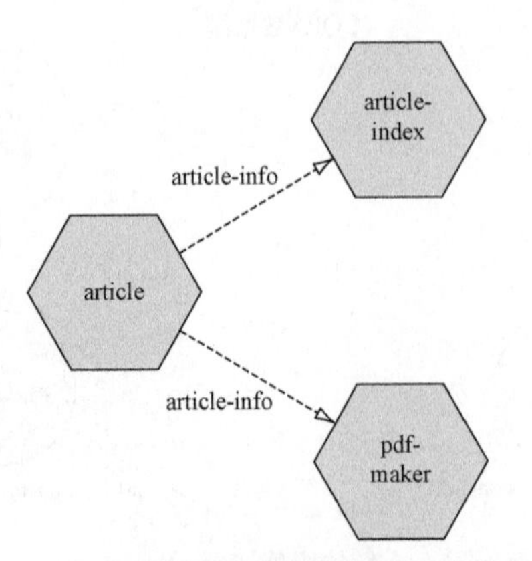

图 4.7 与搜索引擎服务的响应式异步交互

在这种方法中，article 服务发送一条异步消息 article-info，其他微服务可以观察这

① Elasticsearch 是个不错的选择。

条消息。这样就可以在文章更改时执行其他操作，而不会影响处理文章业务逻辑的微服务。

处理丢失的更新

在响应式数据更新场景中，你可能会问如果消息丢失会发生什么？答案是数据会慢慢变得过时。有些文章永远不会被索引，有些 PDF 永远不会生成。那么如何处理这些问题？

必须首先承认数据可能不准确，这无法避免。于是问题就变成了如何处理数据冲突。在某些情况下，可以按需生成正确的数据。例如，如果收到请求时缺少 PDF，则即时生成 PDF。这样做会造成性能损失，但这仅是少数情况，大多数消息不会丢失。

如果文章已更改但 PDF 没更新怎么办？这种情况下，请使用版本控制策略来确保提供正确的版本。做些简单操作就能解决问题，例如将版本号附加到 PDF 文件名，或者使用文章内容的哈希作为文件名的一部分。

在其他情况下，需要通过不断验证数据集来主动纠正错误。对于搜索引擎，不能仅通过搜索来检测是否缺少文章，还需要运行批处理进程来系统地验证每篇文章是否都在搜索引擎中。确切的机制因搜索引擎而异，它们通常会公开数据的键值视图，在验证数据准确性时可以充分利用这些信息。更通用的解决方案是使用分布式事件日志，如 Kafka 或 DL。它们维护所有消息的历史记录，可以使用这些历史记录来核对数据存储，以确保所有数据更新操作都已完成。毋庸置疑，在实践中还需要冲突解决策略。让数据更新操作具有幂等性也会使事情极大简化。

此外，测试微服务也很轻松。业务逻辑微服务仅通过消息与数据基础设施交互，不需要安装数据存储及相关微服务就可以模拟数据交互，从而可以在没有任何开销或依赖的情况下定义单元测试，单元测试变得快速且简单。第 9 章有具体例子。

一种常见的技术是在本地开发时使用微服务作为主要数据存储，由微服务提供一个简单的内存数据库。每次测试都可以针对一个干净的数据集进行操作。由于不依赖于真实的数据库，因此这加快了开发和调试的速度。等功能基本完成后，再在测试版本、阶段版本，甚至偶尔在本地机器上，使用真实的数据库执行更完整的集成测试。[①]

可以轻松调试和测量数据修改。所有数据操作都表示为消息，因此可以使用与微服务系统的其他部分一样的调试和测量工具。

面向消息的方法并不适用于所有数据。不要在消息中嵌入大量二进制数据，可以提供对二进制数据的引用，然后直接从专业数据存储中读取这些数据。

4.2.3 通过系统配置控制数据

通过将数据操作表示为消息，只需根据处理消息的微服务的系统配置即可控制数据。这允许系统选择最终一致性，这种选择不是绝对的，而是为了细粒度调整才这么做。

① 使用容器引擎（如 Docker）运行数据库的临时实例进行测试非常方便。

再次以报纸的用户信息数据为例。用户需要查看自己的个人资料并进行更新，前面已经介绍了用于这些目的的 profile-load 和 profile-save 消息的一种配置。user-profile 服务会响应这些消息，但消息是同步的还是异步的取决于系统的一致性配置。

用户信息对系统来说并非关键数据，因此满足最终一致性即可。这使得架构师可以使用支持最终一致性的存储来降低成本、提高性能。另一方面，也可能会出现其他业务需求，要求用户信息数据保持严格一致性，例如报纸可能开设财经要点栏目，或者要添加“跟踪股票投资组合”功能。

在要求最终一致的情况下，系统可以使用提供最终一致性的底层数据库引擎。[①]这可以通过连接到一个或多个数据库节点的多个 user-profile 服务来实现。在这种架构中，为了提高性能、降低成本，甚至允许系统中存在不一致的数据。这意味着并非每个 profile-load 消息都会返回最新的用户信息数据。例如，profile-save 消息会改变用户信息数据，随后的 profile-load 消息会在短时间内返回旧数据。这种交互如图 4.8 所示。接受这种系统行为是一个业务决策。

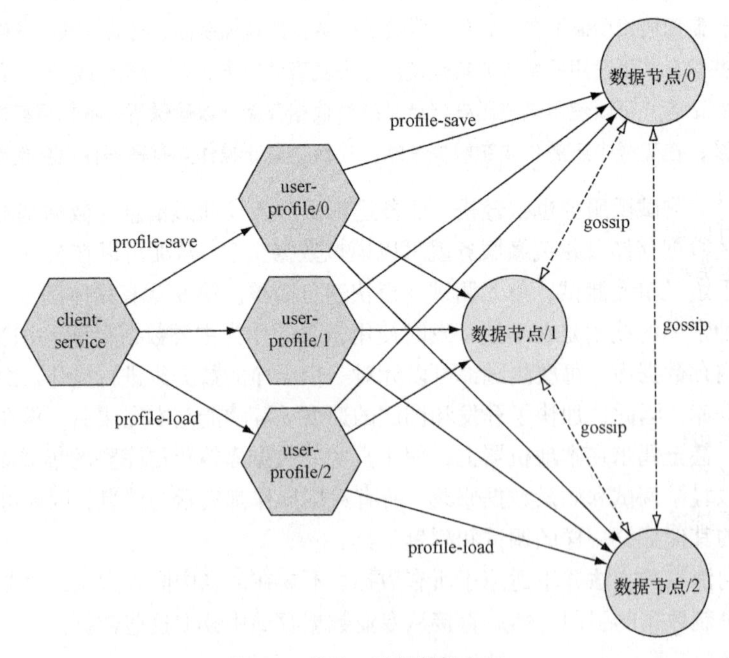

图 4.8　最终一致的数据交互

另外，财经类报纸因为包含股票投资组合等重要信息，所以可能要使用集中式关系型数据库来存储用户信息数据。在本例中，user-profile 服务的多个实例以与传统单体系统相同的方式连接到集中式关系型数据库，如图 4.9 所示。这确保了一致性，代价是引

① 数据库的各个节点通常使用 gossip 协议来通信，以建立一致的数据。

入了与传统系统相同的扩展问题。但是毕竟隔离了技术债务，因此也可以接受。

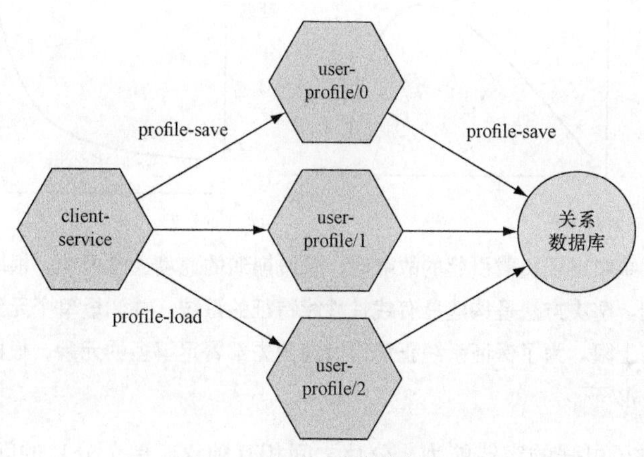

图 4.9　实时一致的数据交互

面向消息的方法在这种情况下如何提供帮助？它支持在模型之间切换，不需要将模型选择作为基本的架构决策。在投资组合需求出现之前，财经类报纸网站的第一个版本在最终一致的模型上运行良好。当业务需求要求更严格的一致性时，可以通过更改消息路由配置轻松地切换到其他模型。从客户服务的角度看，profile-load 和 profile-save 消息的行为看起来没有变化。

还可以使用这种方法实现灵活的扩展，而不用考虑底层数据库。回到用户信息的分片方法。作为架构师，需要确定这种方法是否适合解决自己的问题。它的优点是易于扩展，可以线性增加吞吐量（每秒可以处理的请求数）；添加新的 user-profile-shard 服务总是会增加相同数量的额外容量，这是因为分片之间没有依赖关系。在有依赖关系的系统中，增加元素的数量往往会导致边际收益递减——每个新元素提供的容量都会逐渐减少。

虽然可以通过添加分片提高吞吐量，但不能以同样的方式降低延迟。每条消息的路径相同并且花费的时间大致相同，因此延迟有一个下限。[①]由于有额外的消息跳数，因此分片系统的延迟比非分片系统要高。如果是因为数据量太大导致分片出现性能问题造成延迟，则可以通过添加新服务来防止延迟增加。这种架构将吞吐量的优先级置于延迟之上。

性能特征

理解系统负载、吞吐量和延迟之间的基本关系很重要。通常情况下，吞吐量和延迟以线性的方式恶化，达到临界点后开始以指数形式崩溃：吞吐量急剧下降，延迟急剧上升。此时，抢救系统需要相当大的工作量，因为要处理大量失败的操作和不一致的数据。

① 延迟受限于网速，网速不会比光速还快——光纤中的光速仅为真空中光速的 66%。

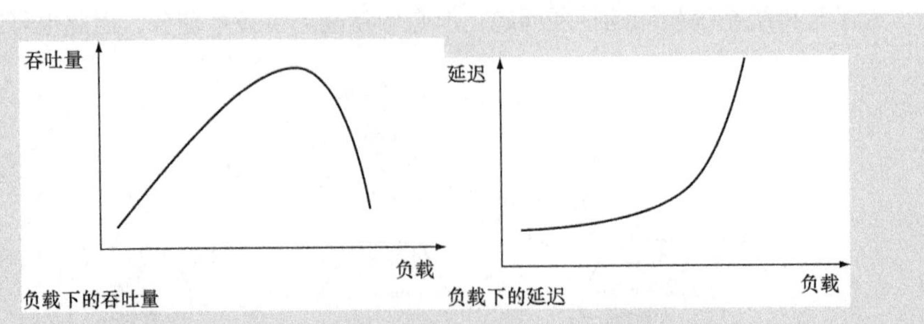

在生产系统中出现负载引起的故障时，系统崩溃的速度通常很快，根本没有足够的时间进行检查和预测。解决方法是构建具有线性性能特征的系统，并测量单个元素的故障点。这种系统的容量具有上限。为了保证系统正常运行请预先部署足够多的元素，根据经验最好让系统容量保持在50%以下。

分片提供了更强的容错能力。分片之间相互独立，单个分片的问题只会影响它拥有的数据。因此确保分片拥有一个均匀分布的键值空间至关重要（这就是使用哈希创建分片键的原因）。如果一个分片出现故障，仅会失去对部分数据的访问。分片不一定是单个数据库或实例。每个分片都可以作为容错配置的一部分运行，例如单写入器、多读取器。分片的优势在于：当写入器失败时，故障恢复仅限于出问题的分片上的数据，不必调整整个数据集，因此恢复速度很快。

分片确实很复杂。数据必须是面向键值的，因为通过实体键进行检索非常高效。一般查询必须跨所有分片执行，然后再合并结果，这一点必须通过编写代码来实现。因为要运行和维护很多数据库，因此自动化必不可少。这对项目交付时间有直接影响。

必须管理分片迁移的复杂性。假设有这样一种情况，要将全部分片迁移到更强大的机器上。从微服务消息传递的角度看，需要在不停机的情况下为某个分片添加一个新版本的 user-profile-shard 服务，然后将所有相关消息流量（profile-load/save 消息以及所有用户信息相关消息——缩写为 profile-*）和全部现有数据迁移到新的分片。图 4.10 显示了一组可行的部署步骤。

这个部署步骤演示了微服务系统中消息重新配置的标准方法——按部就班地部署每个服务的新版本，一步一步地修改消息流。可以使用微服务的多个阶段版本来执行此操作，这样就可以避免在服务运行时更改服务行为（称为保持**不变性**，在第 5 章讨论）。阶段版本策略还可以用来在每个步骤中验证系统是否还在工作。零停机成为可轻松解决的消息流小难题，而非复杂的工程挑战。

要在生产环境中使用此部署步骤，需要将其自动化，并在每个步骤进行验证。它可逆、可测量，因此很安全。更重要的是它可以轻松实现，而且与传统的数据库迁移相比，它需要的工作量更少，风险也更小。

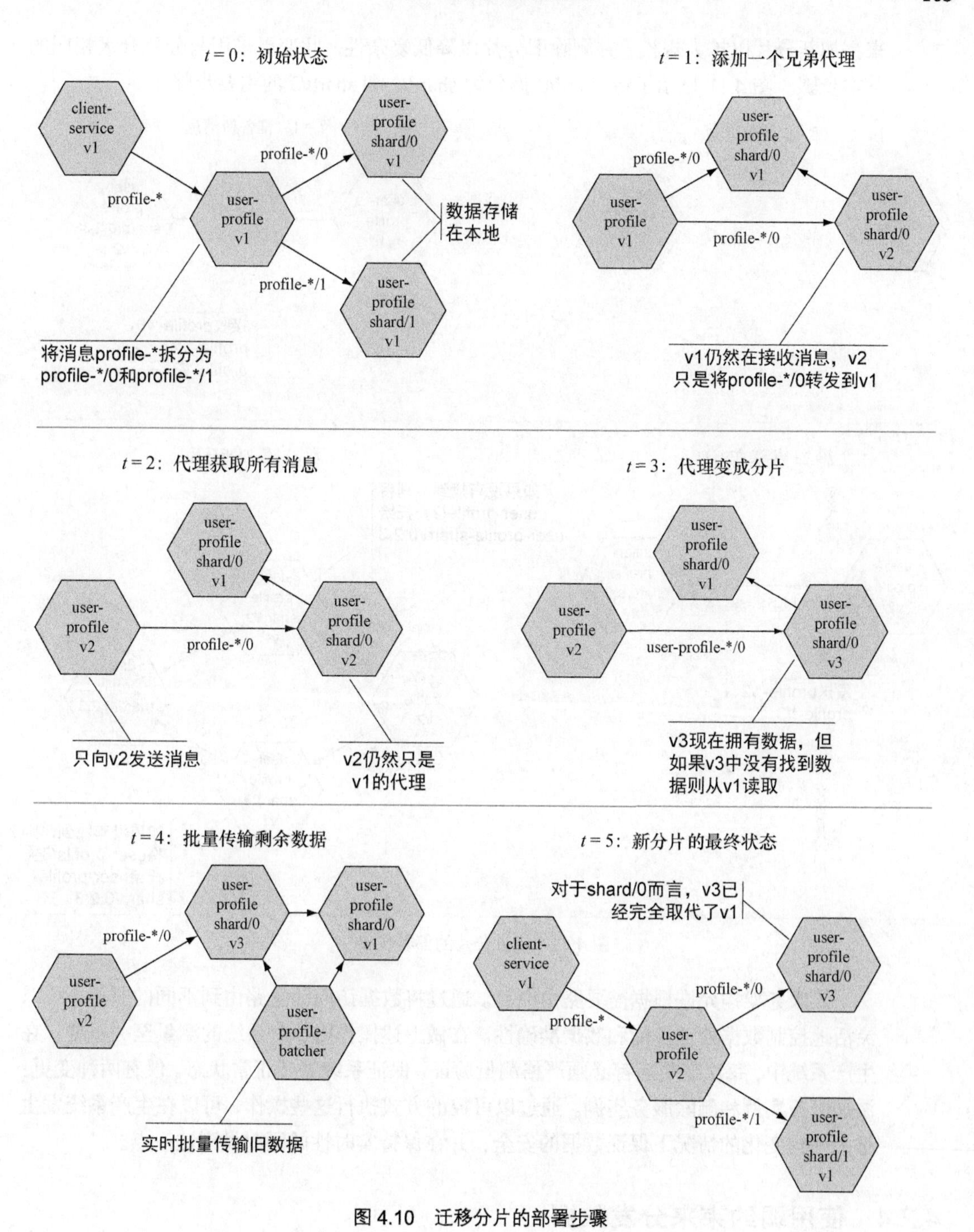

图 4.10　迁移分片的部署步骤

其他比较重要的部署步骤还有添加和删除分片。可以通过使用具有更多容量的实例来添加新分片以扩大规模，并删除旧分片以降低复杂性。此变更采用与分片升级相同的基本步骤。图 4.11 显示了将 shard/0 拆分为 shard/2 和 shard/3 的主要步骤。

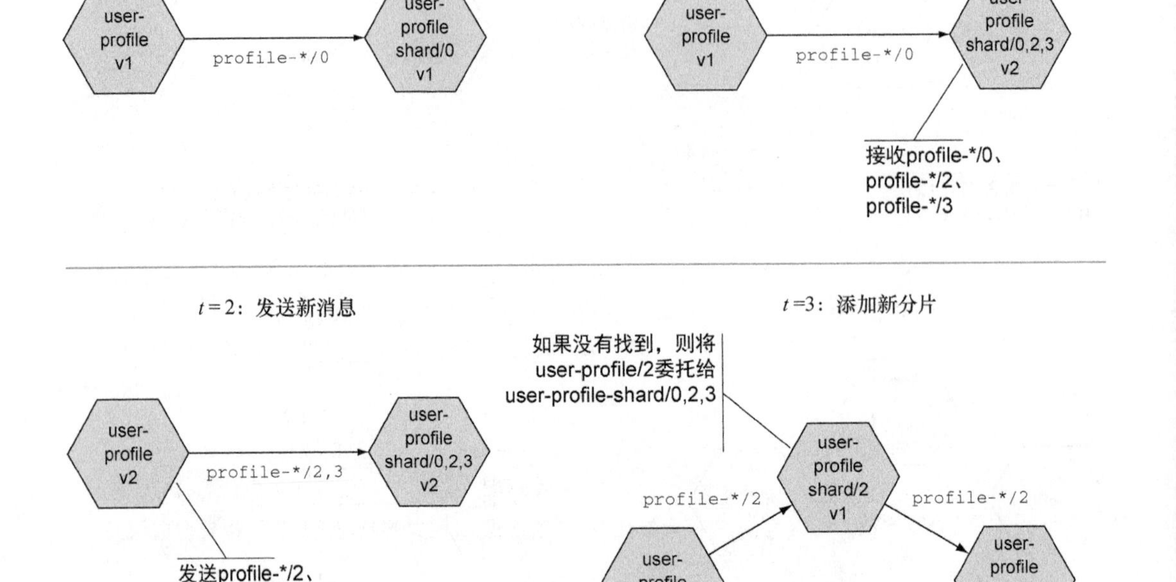

图 4.11 拆分分片的部署步骤

微服务架构允许根据需要路由消息。通过将数据访问消息路由到不同的服务，可以灵活地控制数据处理性能和数据准确性。在做上述操作时，对系统的测量至关重要：在生产系统中，每次变更后都必须严格测量验证，保证系统处于正常状态。仅有两种变更：添加服务实例和删除服务实例。通过以可控的方式执行这些操作，可以在生产系统发生重大结构变化的情况下保证数据的安全，并在保持实时性的同时做到这一点。

4.2.4 使用弱约束来分发数据

保证分布式数据准确的代价高昂。通常，准确性的成本高于收益。需要明确地向业务决策者反馈这些问题，以便设计适当的系统。为了能够与决策者进行理性的讨论，必须明确说明数据完全准确或更高数据准确性的成本。[①]如果可以定量定义系统的预期准确性，则可以对数据使用弱约束，以牺牲准确性来达到可接受的成本水平。

弱约束最简单、破坏性最小、最普遍的一种形式是**反规范化**。数据模式设计的传统最佳实践建议以**规范型**保存数据，也就是说不应该在表之间不必要地复制数据，要使用单独的表和外键。复制的数据可能出现的问题是它与数据的权威版本不一致。在生产系统中，某些原因可能会导致这种不一致的情况，因为数据一直在不断修改。

反规范化表示获取的数据来自本地，而非数据的权威版本。通过将相关数据的副本与主要实体一起保存，可以显著提高性能，并避免额外的数据库查找。例如报纸系统的每篇文章都有作者，可以将作者标识符存储在文章实体中，再从作者实体中查找作者的详细信息。或者在首次创建文章时，将作者当时的详细信息复制到文章实体中。这样在需要的时候就可以随时获取，从而省去了数据库查询，因为已经将它们反规范化到文章实体中了。

这样做的代价是：对作者详细信息的后续更改需要传导到文章实体（如果必要的话）。这种传导可以用批处理实现（批处理运行期间数据会出现不准确性）；也可以通过公布更改消息实现，文章服务可以监听这些消息（其中一些消息可能会被遗漏）。使用这些更新机制，无法保证文章和作者数据保持完全一致。对于报纸系统，需要定义一个可接受的准确性水平（如 99%），并不定期对数据进行抽样[②]，验证情况是否属实（如果这样做必不可少，那么还可以采取更简单的方法——在发现任何错误时根据具体情况逐一纠正）。

更常规的解决方法是：**事后**解决冲突（如修复坏数据），而非**事前**解决冲突（如严格的事务），反规范化只是其中的一个示例。[③]如果可以定义冲突解决规则，就可以削弱数据处理中的许多约束。冲突解决不必完全准确，只要足够准确即可。例如可以使用最后修改日期来定义一个规则，当存在冲突时，数据实体的最新版本“获胜”。这是基于一个假设，即计算机有正确的同步时钟；尽管时钟永远不会完全同步，但是可以加入同步协议使假设可行。尽管如此，旧版本仍然会偶尔胜出。可接受的频率取决于可接受的错误率。

4.3　重新思考传统数据模式

传统的数据结构很大程度上源于关系模型。一旦脱离了这种模型，标准的数据设计

---

① 第 8 章讨论这些问题。

② 随机抽样是一种强大但常常被忽视的方法。只要认为低于 100%的准确性也可以接受，就可以使用抽样来测量和解决许多数据准确性问题。

③ 这不是一本关于分布式数据理论的书，而且分布式数据是一个广阔的领域。作为一名软件架构师，需要知道事后解决冲突是一种可行的策略，至于项目应该采用什么方法必须深入研究才能确定。

方法就不再可靠。本节研究替代方案。

4.3.1 主键

如何在微服务环境为数据实体选择正确的主键？传统的企业数据可以基于现有选项来选择主键。既可以使用自然键（如用户的电子邮件地址），也可以使用合成键（如递增整数）。关系数据库使用的索引和数据存储算法[①]专门针对这类键进行了优化。在微服务环境中，选择主键时要摆脱集中式关系型数据库的思维，不要忘记系统的分布式特性。要以非集中化的方式生成主键，而这种方式面对的困难是如何保证主键的唯一性。

主键的唯一性可以依靠自然键（如用户的电子邮件地址）的唯一性来保证。乍看这似乎是个很棒的方式，但键的空间分布并不均匀，即电子邮件地址中的字符分布并不均匀。因此不能直接使用电子邮件地址来决定数据的空间分布。其他自然键（如用户名和电话号码）也有同样的问题。为了在键空间上获得均匀的分布，可以对自然键进行哈希，从而实现键的空间分布随着数据量的增长均匀扩展。

还有个问题，即自然键发生了变化（如用户更改了自己的电子邮件地址或用户名），键的哈希值也会随之变化，这会导致产生孤立数据。需要通过迁移数据来解决这个问题。

作为一种替代方法，可以为数据实体使用合成键。在这种方法中，仍然可以通过自然键来查询、搜索数据实体，但数据实体还有个合成的唯一键，它不依赖于任何东西，分布均匀，而且永久。符合标准并且可定制的 GUID 常被用作合成键。

不过 GUID 有两个问题。首先，它们是长串的随机字符，人眼和大脑很难快速识别。这使得开发、调试和日志分析变得困难。其次，GUID 在索引方面表现不佳，尤其是在传统数据库中。它的优点是值空间分布均匀，然而这也是导致许多索引算法表现不佳的主要原因之一。新生成的 GUID 可能出现在键空间的任何位置，因此数据会失去局部性；新条目可能出现在索引数据结构的任何位置，这需要移动索引子树。使用递增整数的优点是插入新记录的效率相对较高，因为键保留了索引树的局部性。

可以使用分布式、唯一、递增的整数键，但是需要自己构建解决方案。这样能够两全其美，但也并非没有妥协。为了获得可接受的性能，不能保证键单调增加：键不会以完全线性的顺序生成。按键排序与按实体的创建时间排序结果差不多，这在分布式系统中是不争的事实。

在微服务架构中没有唯一正确的键生成方法，但可以应用以下决策原则。

- 首选合成键，因为它们具有永久性，并且无须修改对它们的引用。

① B+树结构常用于数据库实现。每个节点都有许多条目，这减少了维护树所需的 I/O 操作的数量。

- GUID 不是必然选择。虽然非常适合分布式系统，但它们对性能有负面影响，尤其是与传统数据库索引相关的性能。
- 可以使用整数键。它们可以保证唯一性，但是比传统数据库的自动递增键弱。

4.3.2　外键

JOIN（连接）操作是关系模型最有用的功能之一，允许根据数据的关联方式以声明方式提取数据的不同视图。在分布式微服务世界中，没有提供 JOIN 操作，必须自己学习如何实施。分布式情况下无法保证所需的数据实体都存储在同一个数据库中，因此没有连接它们的方法。一般来说，如果要执行 JOIN 操作，必须手动实现。

这似乎是对微服务模型的沉重打击，但在实践中并非无法解决。下面提供几个很好的替代方案。

- **反规范化**——在主实体中嵌入子实体。当使用面向文档的数据存储时，尤其容易。子实体可以完全存在于主实体中，但是当需要单独处理子实体时，这会很不方便，也可以把它们复制到单独的数据存储中，但会导致一致性问题。至于选择哪种方式，要根据自己的需求进行权衡取舍。
- **面向文档的设计**——设计数据模式，减少实体之间的引用。对小实体直接使用文本值而非外键引用。在实体中使用内部结构（如将商品列表存储在 shopping-cart 实体中）。
- **使用更新事件来生成报表**——公布对数据的更改，让系统的其他部分可以进行与其相关的操作。报表系统不能访问主存储，它的数据应该来自更新事件。这样做可以将报表用的数据结构与生产用的数据结构解耦。
- **编写自定义视图**——使用微服务提供数据的自定义视图。微服务可以从各自的存储中提取所需的各种实体，然后将数据合并在一起。这种方法非常灵活，但是只有在少量使用时才实用。如果正在使用消息级的分片，那么该方案更容易实现。
- **积极缓存**——使用这种方法，实体仍旧包含对其他实体的引用。这些引用是外键，必须为每个引用的实体执行单独的查找操作。使用缓存可以极大地提高查找的性能。
- **使用内存数据结构**——尽可能将数据保存在内存中。很多数据集都可以完全存储在内存中。通过分片，还可以将其扩展到多台机器。
- **采用键值思维**——从键值模型的角度思考数据。这为选择数据库提供了最大的灵活性，减少了实体之间的相互关系。

4.3.3 事务

传统的关系数据库支持事务，因此可以确保数据一致。当业务操作修改多个数据实体时，事务可以根据业务规则保证所有内容的一致性。事务确保操作**线性串行化**：所有事务都可以按时间一个接一个地确定执行顺序。这让开发人员的工作更轻松，因为在每个操作开始和结束时，数据库都处于一致的状态。下面详细探讨如何保证数据一致性。

回到数字报纸的例子，假设管理层认为小额支付是未来的潮流。那么请忘掉订阅吧，每篇文章卖一毛钱才是新的商业策略。

小额支付功能的工作原理如下：用户批量购买文章，例如 10 篇文章 1 美元，每篇文章花费 10 美分。用户每读一篇文章，余额就会减少 10 美分，读过的文章数就会加 1。这和传统交易类似。图 4.12 显示了阅读文章的工作流。

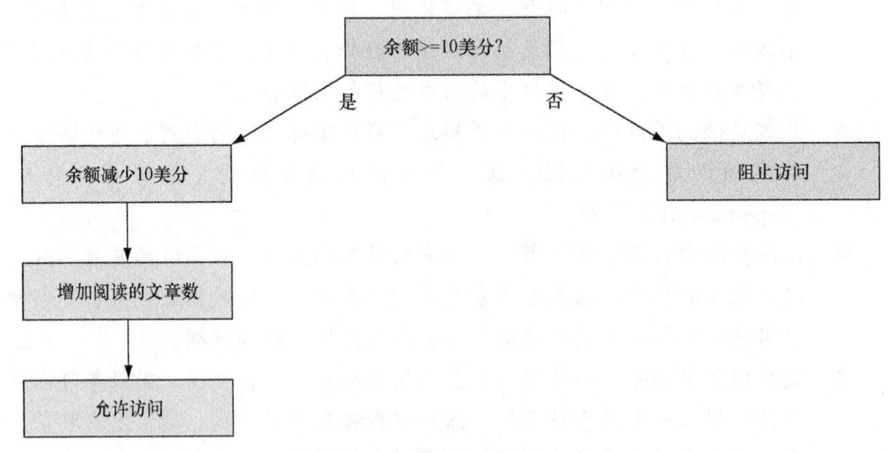

图 4.12 用户阅读文章的操作

为了确保数据一致性，需要将其封装到事务中。如果在执行过程中出现故障，事务将撤销所做的所有更改，回到已知的良好状态。更重要的是，数据库确保事务独立执行，这表示数据库创建了一个虚构的时间线。在这个时间线中，事务一个接一个地执行。如果用户只剩下 10 美分，那么他们应该只能再读一篇文章；如果没有事务，用户就有可能免费阅读文章。

表 4.1 显示了这种不良情况如何发生。在这个时间线上，用户同时在自己的笔记本和手机上阅读文章。已经读了 9 篇文章，还剩下 10 美分，应该只能在某个设备上阅读一篇文章。时间线说明如果对数据访问采取过于简单的直接方法，就可能产生数据不一致。

表 4.1 造成数据不一致的时间线

时间	余额	文 章	笔 记 本	手 机
0	10 美分	9	检查余额 >= 10 美分	
1	10 美分	9		检查余额 >= 10 美分
2	0¢	9	余额减少 10 美分	
3	−10 美分	9		余额减少 10 美分（<0!）
4	−10 美分	10	已阅读的文章数加 1	
5	−10 美分	11		已阅读的文章数加 1

如果允许数据操作交错，则可能得到不一致的数据。在示例时间线的末尾，用户的余额为−10 美分，其执行了不应该执行的操作。文章计数没有错误（11 次阅读）。

数据库事务确保这些操作序列相互独立，如表 4.2 所示。笔记本操作流先全部完成，然后手机操作流开始，由于用户余额不足导致失败。事务通过在时间上强制执行线性操作流，来实现操作彼此隔离。[1]

表 4.2 带有事务的时间线

时间	余额	文 章	笔 记 本	手 机
0	10 美分	9	检查余额 >= 10 美分	
1	0¢	9	余额减少 10 美分	
2	0¢	10	已阅读的文章数加 1	
3	0¢	10		检查余额 >= 10 美分，停止

但事务不是免费的午餐，要求将所有相关数据都保存在同一个数据库，这让用户受制于数据库施加的约束。使用事务通常离不开关系模式和 SQL，并将数据一致性置于用户响应之上。在负载较重的情况下，例如重大突发新闻报道，事务会降低文章交付 API 的速度。[2]正确地编写事务代码也并非易事，定义事务并确保它们不会死锁是很琐碎的事情。[3]

下面考虑一个替代方案，可以通过预留来实现许多目标。预留就像它们听起来的样子：保留一个资源以备将来使用（就像餐位或机票一样），如果不使用则稍后释放。[4]无须检

① 线性串行化的概念是对现实世界的一种强大简化。它虚构了一个通用时钟，发生的所有事情都可以与这个时钟同步。这种世界模型让编写业务逻辑代码变得简单。遗憾的是这个模型完全不适用于分布式系统。

② 如果通过增加数据库实例的数量来减轻负载，那么在实例达到一定数量后就不再起作用。实例必须相互通信以实现分布式事务，这种通信会随着实例数量的增加而呈指数增长。这是错误的扩展方式。

③ 如果事务要互相等待对方完成才能继续，就会发生**死锁**。因为没有事务可以完成，所以系统会锁定。

④ 第 1 章的示例代码包含一个预留系统的示例。

查用户的余额，而是直接预留 10 美分。如果用户没有足够的余额，则预留失败。无须等待其他交易，马上就知道不能继续了。这样就可以安全地交错操作，如表 4.3 所示。

表 4.3　预留的时间线

时间	余额	文章	笔　记　本	手　　机
0	10 美分	9	预留 10 美分，成功	
1	0	9		预留 10 美分，失败
2	0	10	已阅读的文章数加 1	
3	0	10	确认预留	

因为需要协调的更少，所以预留操作更快。但是有一个妥协：牺牲了数据一致性。例如，如果由于系统出错导致交付文章失败，这种情况下不太可能正确恢复用户的余额；[①]如果在操作流中出现故障，已阅读文章计数器可能会漏掉一些文章。这些不准确之处重要吗？这是企业该考虑的问题。系统架构师的任务是确定可接受的错误率，它决定了使用的工具。事务可能必不可少，但即使有些货架已空，大多数企业仍倾向于继续开门营业。

实现预留

预留并不难实现，但需要小心谨慎。一种简单的方法是使用单个服务在内存中维护预留，但这并不是特别安全。在生产环境中，更合适的方法是使用内存存储提供的原子操作，例如 memcached 和 Redis。甚至可以使用关系数据库：执行 UPDATE...WHERE...语句。在所有情况下，都需要定期运行批处理进程来检查未完成的预留列表，并取消那些太久没有完成的预留。有关预留模式的更深入讨论，请阅读 Arnon Rotem-Gal-Oz 的优秀著作 *SOA Patterns*（Manning, 2012）。

这里的关键点是存在不同级别的数据准确性，可以根据业务需求进行权衡取舍。比较这些方法的一个简单思路是将性能与准确性相比较，如图 4.13 所示。在这个权衡图上移动某个方法的位置在逻辑上不可能或代价高昂。[②]

预留方法还有一个比性能更重要的好处：可以灵活地响应不断变化的需求。可以将预留逻辑放在 reservations 微服务中，将文章阅读计数放在 analytics 服务中。现在可以自由地分别修改这些数据，并为不同类型的数据选择适合的数据存储。

预留相对容易实现，因为大多数数据存储都提供原子更新。预留策略只是事务众多替代方案中的一个，它在许多场景中都适用。

① 必须处理孤立的预留，否则所有的资源都将被保留。每个预留都应该有一个时间限制，需要定期检查未完成的预留列表，查看是否有过期的预留。

② 例如，如果想要更快的事务，那么需要更强大的机器来保持较低的实例数。图 4.13 显示了在资源合理情况下的标准权衡。工程学的重点不在于能建造一座不会倒塌的桥——只要有足够的资金任何人都能做到，而是可以在合理的时间内以合理的成本做到这一点。

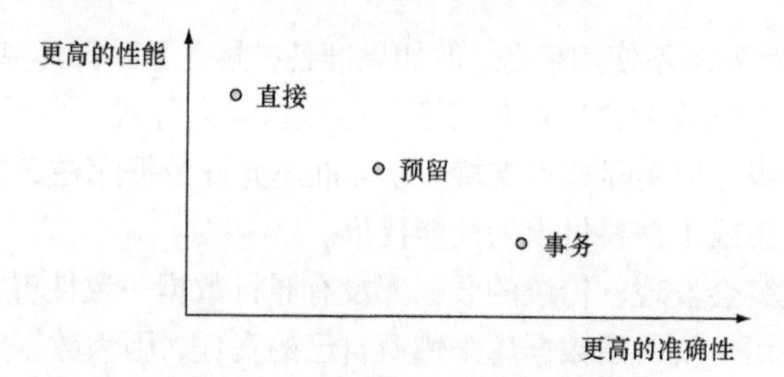

图 4.13 选择冲突解决策略时的权衡

4.3.4 事务并不像想象的那么好

使用数据库事务并不能消除脏数据的问题。不能想当然地认为只要使用事务就能保证数据一致性。事务有很多优点，需要阅读细则才能了解细节。传统数据库做出的承诺是它们的事务满足 ACID 属性。[1]

- **原子性**——事务要么被完整地执行，要么丝毫未执行。
- **一致性**——事务完成后数据符合所有约束条件，例如唯一性。
- **隔离性**——事务是线性串行化的。
- **持久性**——事务完成后对数据的修改是永久的，即使数据库出现故障对数据的修改也不会丢失。

尽管这些属性很重要，但不应该将它们视为绝对要求。通过放宽这些属性，可以打开更多数据持久性策略和权衡的闸门。[2]除非有专门要求，否则传统数据库通常不会提供完整的 ACID 属性集。特别是隔离性要求事务是线性串行化的，这种需求可能会带来严重的性能损失，因此数据库提供了不同的隔离级别来减轻完全隔离的影响。

隔离等级的概念已经标准化，[3]分 4 种，从强到弱依次为：

- **可串行化**——这是完全隔离，所有事务都可以按时间线性排序，每个事务看到的数据都是事务开始时数据的冻结快照；
- **可重复读**——数据实体（行）在事务内多次读取时数据保持不变，但如果其他并发事务插入或删除实体，事务内的查询可能会返回不同的结果集；
- **读取提交内容**——在事务中多次读取时，数据实体可能会发生更改，但只会看到其他并发事务已提交的修改数据；
- **读取未提交内容**——可以看到来自其他并发事务的未提交数据。

在小额支付示例的上下文中，直接方法对应读取未提交内容等级。事务方法对应可

① 这部分内容在大多数本科计算机科学课程中都有详细的介绍。我们现在略过细节，就像在初学时所做的那样。

② 例如 Redis 数据库将自己定位为内存中的数据结构服务器，仅定期与磁盘同步数据。

③ 更多信息请参见 SQL 标准：ISO/IEC 9075-1。

重复读等级。预留方法不使用事务，但如果准备扩展，可以将其视为读取提交内容等级。

SQL标准允许数据库供应商拥有不同的默认隔离等级。[1]你可能会认为某个数据库支持可串行化等级，但实际却不支持。该标准还允许数据库在必要时提升隔离等级，因此可能要付出不想或不需要付出的性能代价。

如果仔细观察会发现，传统的数据库没有履行数据一致性誓言。作为软件架构师，不能通过默认使用传统关系数据库来逃避自己的责任，因为数据库替你做的决定，可能不是业务需要的结果。在构建单体应用时可以选择单一数据库解决方案，这种方法可以降低代码复杂性并提供统一的数据访问层。微服务架构可让你摆脱选择数据存储解决方案的烦恼，轻松地选择合适的数据存储解决方案，并可以随时切换到其他解决方案。

4.3.5 模式引起技术债务

关系数据库最糟糕的影响是它们鼓励使用规范数据模型。这是对技术债务的公然助长。定义规范数据模型通常需要使用严格模式，而此模式带来的优点往往被缺点所抵消。本书的观点是应该明确而有意识地进行取舍。通常情况下，使用严格模式的决定是由约定驱动的，而非对业务和系统需求的分析。[2]

规范数据模型（通过严格模式实施）确保系统的所有部分对数据实体及其关系有相同的理解。这意味着可以一致地应用业务规则。缺点是对模式的更改必然会影响整个系统，而且这些更改往往影响巨大，很难逆转；另一个缺点是模式的细节被硬编码到代码中。

模型以及描述模型的方案必须在项目开始时确定。尽管可以为将来的更改提供一些空间，但都毫无例外无法实现。实体的初始高级结构几乎不可能在以后更改，因为在模式设计时会有隐含假设，这些假设导致系统的很多部分无法更改。[3]

但是新的业务需求必须满足。在实践中，这意味着只能在可能的地方扩展原始模式，才不会破坏系统的其他部分。新模式必然会有缺陷，因为它偏离了新需求的理想结构，新模式包含必须在代码中处理的遗留结构。当前的业务逻辑必须保留旧系统的内容，技术债务就这样形成了。

---

① 例如，Oracle和Postgres默认是读取提交内容，而MySQL是可重复读。

② 与“怎么做都行”相比，编程语言更偏好严格模式和约定，这也反映了编程语言对强、弱类型之间强类型的偏好。

③ 许多年前，我为一家股票经纪公司构建了一个系统。该系统可以使用来自大型机的价格数据创建历史股价图表。在项目开始时，我得到了一系列指标，如市盈率等。这些数字型数据字段在每只股票中都相同。我适时地设计并构建了一个关系模型，其模式与指标精确匹配。在上线前4周，我们获得了完整的数据集，并将其导入系统，但导入失败率很高。特别是金融机构的数据无法导入。经检查发现来自大型机的数据似乎有错误，它们与模式不匹配。我被告知，“金融股的指标当然不同——每个人都知道！”这真是一场灾难——濒临最后期限，根本没有时间重构。我唯一能做的就是：将数据放入命名错误的列，然后在代码中添加注释。

要想加快开发速度，最好减少限制。新功能的新代码不应受到旧代码的约束。处理向前和向后的兼容性不应影响代码。微服务架构将这个问题作为一个配置问题来处理，将针对旧假设的消息定向到旧微服务，将针对新假设的消息定向到新微服务。这些微服务中的代码不需要了解其他版本，因此可以避免建立技术债务。

4.4 微服务数据实用决策指南

微服务的主要好处是它们可以实现快速开发而不会产生大量技术债务。在这种情况下，数据存储的选择偏向于灵活性，而非准确性。微服务的扩展优势很重要，但在项目开始阶段只是次要考虑因素。如何在项目生命周期的关键点选择适当的数据存储解决方案？下面的决策树给出了粗略的指南。

针对不同场景推荐的数据库大致分类如下。

- **内存型**——全部数据以实用的数据结构存储在内存中。数据可以不定期序列化到磁盘；或者提供强大的安全保证。这个存储解决方案不仅包括专门的面向内存的解决方案（如 Redis 和 memcached），还包括定制的微服务。
- **文档型**——数据被组织为文档。在最简单的情况下，可简化为键值存储，例如 LevelDB 或 Berkeley DB。复杂一些的存储解决方案提供了关系模型（如 MongoDB、CouchDB 和 CockroachDB）的许多查询功能。
- **关系型**——诸如 Postgres、MySQL、Oracle 等提供的传统数据库模型。
- **专家型**——该解决方案面向具有特定特征的数据，例如时间序列（InfluxDB）、搜索（Elasticsearch），或提供强大的扩展能力（Cassandra、DynamoDB）。

这些分类并不相互排斥，许多解决方案适用于多个场景。

比选择数据库类型更重要的决策是使用本地数据库还是远程数据库。这种选择要慎重，有些存储解决方案更容易在本地运行。缓存是影响数据库选择的重要因素，因为缓存能够提高性能，减少由数据库选择带来的影响。

无论选择哪种数据库，都必须防止数据库成为一种通信机制。在任何时候都要严格限制微服务的数据访问边界，尤其是多个微服务访问同一数据库时。

下面从全新项目和改造项目两个角度来学习数据持久性决策。

4.4.1 全新项目

可以自由决定项目的结构、技术和部署，而且拥有几乎全新的代码。

开发伊始

在项目的早期阶段，会不断发现实质性需求，要能够快速更改设计和数据结构。

- **本地环境**——开发机器。需要灵活性和快速的单元测试。数据访问完全通过消息进行，因此可以使用内存数据存储。这提供了完全的灵活性、快速的单元测试和每次运行时的干净数据。只有在需要使用特定于数据库的功能时，方才在本地安装小型文档或关系数据库。要始终能够运行系统的子集并模拟数据操作消息。

- **测试版本和阶段版本**——这些是共享的环境，通常会预留一些测试数据和验证数据，大部分数据在每次运行时都被擦除，但这些数据会保留。为了处理由于需求不确定而出现的模式变化，需要保有灵活性。面向文档的存储在这里最适用。

生产阶段

系统的范围在这个阶段已经明确定义。系统要么已上线，要么正要上线，必须对其进行维护。维护不仅意味着保持系统正常运行，还要保证错误率在可接受的范围，而且要处理新需求。

- **快速开发**——系统的业务重点是快速开发。在这种情况下，可以通过使用面向文档的存储来提高开发速度，即使这意味着较低的准确性。还可以考虑将某些独立于其他服务的数据保留在本地。专家型数据库在这个场景中也有一席之地，它们能够提供针对特殊数据的功能。
- **数据完整性**——如果业务重点是数据的准确性，则可以依赖关系数据库的成熟功能。因为所有数据操作都表示为消息，所以迁移到关系模型相对容易。

4.4.2 改造项目

生产环境中也会存在一些遗留的旧系统，它们部署周期缓慢且技术债务严重，数据模式很复杂并且有很多内部依赖。

开发伊始

必须确定在项目业务目标的背景下可以采取哪些策略来降低复杂性，还要了解旧系统存在哪些约束。

- **本地环境**——如果幸运的话可能能够在本地运行旧系统的部分功能，否则只能通过网络访问阶段系统甚至生产系统。在最糟糕的情况下，无法访问系统，而只能查看系统文档。这里仍然可以使用消息表示旧系统，这样做能够针对这些消息开发自己的微服务。如果正在开发新功能，则可以新开一个项目，在新项目中做出更好的数据存储选择。
- **测试版本和阶段版本**——面向文档的存储在这些环境中提供了最大的灵活性。可能还有机会根据生产数据库的阶段版本验证消息层。

生产阶段

新系统和旧系统同时在生产环境中运行。新的数据存储也已上线。使用消息包装旧系统可以在新系统中享受微服务带来的好处。

- **快速开发**——数据存储解决方案使用旧的记录系统作为最后一招，并且要快速将数据迁移到新数据库。即使旧数据库作为 SOR 保留在生产环境中，也可以选择使用更灵活的数据库，虽然这会降低数据准确性。一种常见的架构是将旧关系数据复制到文档存储中。
- **数据完整性**——旧系统仍然保留，作为 SOR 使用。荒谬的是，这可以让系统更自由地选择数据存储解决方案，因为始终可以使用 SOR 更正新数据存储中的数据。尽管如此，还是要付出高频查询 SOR 的代价。一种可能的缓解策略是由 SOR 生成数据更新事件。

4.5 总结

- 关系模型和事务并非适合每一个企业应用程序。这些传统的解决方案具有隐性的成本，并且不像预期的那样有效。
- 数据不必完全准确。准确性可能会延迟，数据最终会保持一致。可以明确选择企业可以接受的错误率。回报是更快的开发周期和更好的用户体验。
- 微服务消息、模式匹配和传输独立性的关键原则可以应用于数据操作，将业务逻辑从扩展和性能技术（如分片和缓存）引入的复杂性中解放出来。这些技术隐藏在业务逻辑后面，可以随时使用。
- 数据规范化和表连接等传统技术在微服务环境无用武之地，可以使用数据复制代替。

第5章 部署

本章内容

- 理解复杂系统中故障的本质
- 建立简单的故障数学模型
- 利用频繁的低成本故障来避免少见的高成本故障
- 使用持续交付测量和管理风险
- 了解微服务的部署模式

如果公司决定采用微服务架构，通常表示接受这样的事实：更改不可避免，但是当前的工作实务无法支持。应用新构架不仅能让公司使用更强大的技术，还能为架构引入一组新的工作实务。

微服务提供了一套科学的方法来管理风险。微服务的控制单元很小，可以便利地测量和控制风险。生产系统的可靠性变得可量化，从而能够摆脱低效、手工签核为主的风险降低策略。由于传统流程将软件视为一组已损坏或已修复的功能，没有故障阈值和故障率的概念，因此对故障的防护要弱得多。[①]

5.1 事物的崩溃

事物的凋零一般不是渐进式的，而是灾难式的。当然刚开始会有预兆，但毁灭来得

① 传统做法更多的是为了自我防御和避免指责，而不是构建有效的软件。

极快。建筑物通常要保持最低限度的完整性才能确保不会坍塌，跨过这个最低限度倒塌就不可避免。

这不仅仅是富有想象力的象征。系统中的混乱程度会持续增加。[①]系统可以容忍某些混乱，甚至可以在短期内将混乱转化为有序；但从长远来看，崩溃在所难免，因为混乱不可避免地会迫使系统越过完整性的阈值从而发生故障。

什么是**故障**？从企业软件的角度来看，这个问题有很多答案。最明显的是技术故障，例如系统无法满足正常运行时间要求和功能要求，出现了不可接受的性能问题和系统缺陷。更严重但不太明显的故障是未能实现业务目标。

公司往往沉迷于技术故障，结果常常导致业务失败。本章的观点是，为了防止大规模的灾难性故障，最好接受许多小故障。5%的用户看到不完整的网页总比企业业务无法上线而破产要好。

企业中普遍存在一种观点，认为软件系统可以完美无缺，并且可以通过纯粹的专业精神做到这点。这里有个隐含的假设——能够以合理的成本构建完美软件。这种观点忽略了边际收益递减规律：修复下个错误的成本越来越高，而且没有上限。在实践中，所有系统投入生产时都存在已知缺陷。灾难性危机来自一种制度共识，即最好假装事实并非如此。

微服务架构能解决这个问题吗？是的，因为它允许进行影响很小的小更改，从而有效降低灾难性故障的风险。微服务的引入为架构师提供了重新讨论可接受故障率和风险管理的机会。遗憾的是这不是架构师必须履行的职责，微服务部署很容易陷入传统风险管理方法的泥潭。因此理解架构如何降低风险至关重要。

5.2 从历史中吸取教训

要理解软件系统如何发生故障及如何改进部署，就需要了解其他复杂系统如何发生故障。大型软件系统与大型工程系统一样，有很多组件以多种方式进行交互。而且软件系统还有额外的部署复杂性——要不断地改进系统。像核电站就没有这种烦恼，建造只需一次。下面探讨一个运行中的复杂系统。

5.2.1 三英里岛

1979 年 3 月 28 日，位于美国宾夕法尼亚州哈里斯堡附近的三英里岛上的核电站第二台机组发生部分熔毁，向大气中释放了放射性物质。[②]

---

① 系统中混乱产生的方式比有序多。任何微小的变化都有可能让系统陷入混乱。

② 有关详细信息，请参阅 John G. Kemeny 等人的“Report of the President’s Commission on the Accident at Three Mile Island”（U.S. Government Printing Office, 1979）。

事故归咎于操作失误。从复杂系统的角度看，这个结论既不公平也不实用。对于复杂系统，故障不可避免。问题不在于“核能安全吗？”而是“可以忍受什么程度的事故和污染？”这也是应该对软件系统提出的问题。

要了解三英里岛发生了什么，需要知道反应堆在不同状况下如何工作。作为软件架构师，你的专业技能将有助于更好地理解下面的解释。反应堆将水加热，让其变成蒸汽，蒸汽驱动涡轮机旋转发电。反应堆利用受控裂变反应将水加热。核燃料铀释放出的中子与其他铀原子碰撞，释放出更多的中子。这种链式反应必须通过吸收过量的中子加以控制，否则就会发生事故。

铀燃料储存在一个密封的大型不锈钢容器中，大约有三层楼高。燃料以垂直燃料棒的形式储存，大约有一层楼高，中间散布着许多由石墨制成的控制棒，用来吸收中子。可以通过升高和降低控制棒来控制反应。完全放下所有控制棒，反应就会停止，这被称为**紧急停堆**。这是个显而易见的安全功能：如果有问题，就放下所有控制棒！[①]核反应堆有许多这样的自动安全装置（ASD），它们根据传感器的输入信号在没有人为干预的情况下启动。相信你已经发现在 ASD 中可能会发生意外的级联行为。

来自堆芯（安全壳内的所有物质，包括燃料棒）的热量需要用水提取。这种冷却水具有放射性，因此不能直接用来驱动涡轮机。必须使用热交换器将热量传递到一组完全独立的水管——这里的水没有放射性，可用于驱动涡轮机。这里有一个使用放射性水的主冷却系统和一个使用“正常”水的辅助冷却系统。一切都处于高压和高温下，包括由辅助系统冷却的涡轮机。辅助冷却系统的水非常纯净，几乎不含任何微粒，不会损伤精密设计的涡轮叶片。下面来看一下复杂性如何存在于细节中：水驱动涡轮机这一简单事实掩盖了它必须是“特殊”纯净水的复杂性。高级图表如图 5.1 所示。

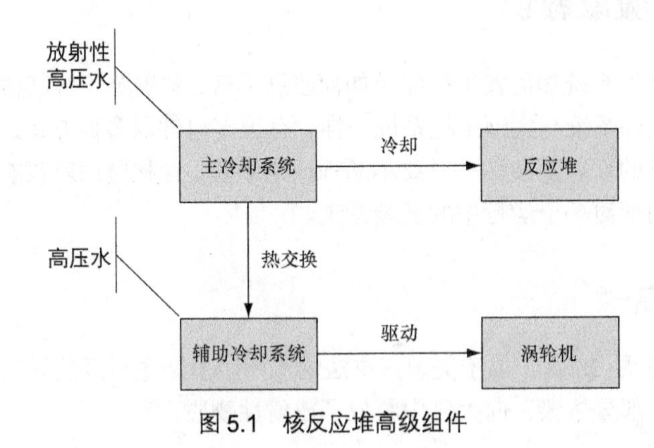

图 5.1　核反应堆高级组件

① 技术术语**紧急停堆**（scram）来自早期的反应堆研究。如果发现有什么不对劲，操作员就会放下控制棒，大喊“快跑！”，然后快速离开。

下面再深入一点探讨。用于辅助冷却系统的特殊纯净水并不能凭空产生：它需要一种叫作**冷凝水净化器**的设备使用过滤器来净化水。与系统的许多部分一样，冷凝水净化器的阀门由压缩空气驱动，阀门控制水的进出。这意味着核电站除了为主、副冷却系统配备水管外，还为气动系统配备了压缩空气管。这种特殊的纯净水从哪里来呢？来自当地的萨斯奎哈纳河，由给水泵将河水抽入冷却系统。另外，为了应对主水泵故障，还配备了应急水箱、应急水泵，它们的阀门也由气动系统驱动。

这里还必须考虑堆芯，堆芯内充满了高压、高温的放射性水。高压水极其危险，会损坏安全壳和相关管道，导致可怕的安全壳泄漏事故（LOCA），因此安全壳上不应有洞。为了缓解堆芯中的水压，还使用了**稳压器**。这是一个连接到堆芯的大型水箱，里面装了大约一半水和一半蒸汽。稳压器有个排水管，可以将水从堆芯中排出。稳压器水箱顶部的蒸汽可压缩，起到减震器的作用。可以通过控制稳压器下半部分的水量来控制核心压力。但绝不能让水量达到 100%（称为**凝固**）：如果全是水，就没有了蒸汽，丧失了减震器功能，就会因为管道破裂而导致 LOCA。这些事项从第一天起就被灌输给了操作员。展开图如图 5.2 所示。

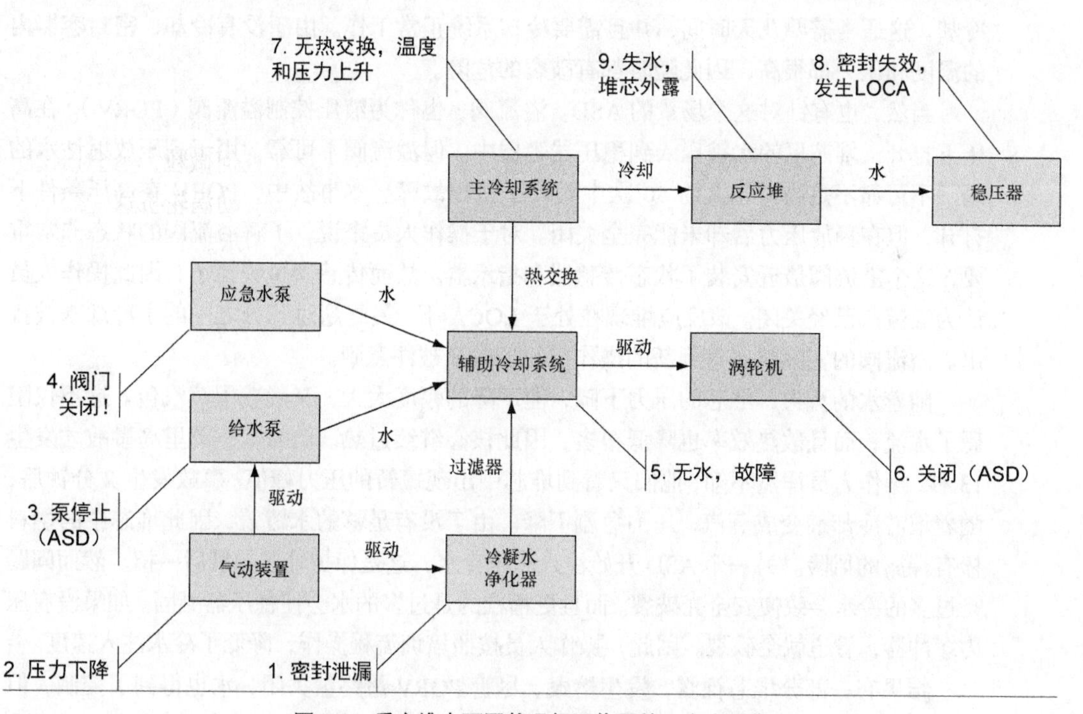

图 5.2　反应堆中不同状况相互作用的一个小子集

事故发生的时间线

凌晨4:00，涡轮机**跳闸**：其自动停止是因为用于冷却涡轮机的辅助冷却系统的给水泵停止了。由于没有水进入涡轮机，因此涡轮机处于过热的危险中。在这种情况下，程序会停止涡轮机。给水泵停止是因为驱动泵阀门的气动系统被来自冷凝水净化器的水污染了——冷凝水净化器的密封件有泄漏，导致一些水进入气动系统。最终的结果是，一系列按设计运行的ASD引发了一系列更大的故障。接下来还会导致更多连锁反应。

由于涡轮机停机并且辅助冷却系统中缺水，因此无法从主冷却系统吸收热量，导致堆芯无法冷却。这种情况极其危险，如果不加干预，堆芯将会以熔毁告终。

这种情况下有个ASD：应急给水泵从应急水箱中取水。应急泵本该自动启动，遗憾的是因为维修期间两个阀门意外关闭，应急泵的管道被堵塞了，无法供水。整个系统的复杂性及其相互依赖性在这里显而易见。不仅是机器，而且其管理和维护都是依赖关系的一部分。

系统现在进入了级联故障形式。涡轮机烧干了。反应堆自动停堆，所有控制棒落下，裂变反应停止。然而，这并没有将热量降低到安全水平，因为反应的衰变产物仍然需要冷却。这通常需要几天时间，并且需要冷却系统正常工作。由于没有冷却，密封容器内的温度和压力都很高，因此随时都有破裂的危险。

当然，也有针对这个场景的ASD。溢流阀，也称为液压控制溢流阀（PORV），在高压下打开，堆芯里的水被压入到稳压器容器中。但溢流阀不可靠，用于高压放射性水的阀门不可靠不足为奇，大约50次中就有1次出故障。本事故中，PORV在高压条件下打开，但在释放压力后却未能完全关闭。对于操作人员来说，了解溢流阀的状态非常重要，这个溢流阀最近安装了状态传感器和指示器。然而传感器也失灵了，因此操作人员认为溢流阀已经关闭。该反应堆现在处于LOCA下，最终超过三分之一的主冷却水被排出。溢流阀的实际状态直到新的操作员轮班时才被注意到。

随着水的流失，堆芯的压力下降，但下降的幅度太大，又形成了蒸汽包。这不仅阻碍了水流，而且散热效率也降低很多，因此核心继续过热。此时，三英里岛事故才发生13秒，操作人员浑然不知，他们只看到堆芯中出现短暂的压力峰值。事故发生2分钟后，随着堆芯冷却剂变成蒸汽，压力急剧下降。由于没有足够的水覆盖，因此堆芯中的燃料棒有裸露的风险。另一个ASD开始注入高压冷水，这是保护堆芯的最后一招。然而问题是过多的冷水会致使安全壳破裂。而且更糟糕的是过多的水会使稳压器凝固。如果没有压力缓冲器，管道就会破裂。因此，操作人员按照培训流程操作，降低了冷水注入速度。①

结果有一部分堆芯裸露，发生熔毁。尽管PORV最终被关闭，水也得到了控制，但堆芯还是严重受损。堆芯内部的化学反应导致氢气释放，引发了一系列爆炸；最终，放

① 注意，现实情况与操作人员的预测偏离。软件系统在高负载下运行也会发生类似的情况。

射性物质被释放到大气中。[①]

从事故中吸取教训

三英里岛事故是被研究最多的复杂系统事故之一。有人指责操作人员，他们“应该”知道发生了什么，“应该”在维护后关闭阀门，“应该”持续注入高压冷水。[②]很多人都有离开家而忘了锁门的经历。想象一下，有500个门，在任何一天，在任何反应器中，都会有一小部分阀门处于错误状态。

还有人将事故归咎于敷衍了事的管理文化，称阀门“应该”有锁具。但从那以后，增加了更多的文件来跟踪工作实务，也只是**减少**了反应堆的阀门错误，并没有根除它们。还有一些人指责反应堆的设计：过于复杂、耦合和相互依赖。设计越简单，故障越少。但是系统总是隐藏着复杂性，不管最初的设计多么简单，最终版本都会变复杂，这是系统工程的本质。

这些评判毫无益处，因为它们在某种程度上是那么地显而易见而又正确。真正的教训是，复杂的系统都很脆弱，肯定会出故障。再多的安全装置和程序也解决不了这个问题，因为安全装置和程序也是问题的**一部分**。三英里岛事故清楚地表明了这一点：系统所有组件（包括人）的相互作用导致了故障。

这与软件系统有个明显的类比，构建的系统具有相似的复杂性、相同类型的交互和紧密耦合。尽管可以尝试添加冗余和故障保护，但最终都会以失败而告终，因为它们未经充分的测试。人们甚至还尝试通过详细的发布流程和严格的质量保证来控制风险。据说这可以提供可预测且安全的部署；但实际上，最终还是不得不在周末发布，因为严格的流程并没有那么有效。在某种程度上，比核反应堆更糟糕，每次发布，都会改变基础核心组件！

试图通过控制复杂性来消除风险终究劳而无功，最终导致LOCA。

5.2.2　软件系统故障模型

下面尝试使用一个简单的模型来理解软件系统中故障的本质。风险需要量化，才能了解不同级别的复杂性和变化如何影响系统。

软件系统可以看作是一组存在依赖关系的组件。最简单的软件系统只有一个组件。在什么情况下组件甚至整个系统会发生故障?

为了回答这个问题，首先应该阐明**故障**这个术语。在这个模型中，故障不是一个绝对的二元条件，而是个可以测量的量。**成功**可能是在给定时间段内100%的正常运行时

① Charles Perrow所著的*Normal Accidents*（Princeton University Press, 1999）一书对这次事故以及许多其他事故进行了出色的分析。该书还为与软件系统相关的复杂系统开发了一个故障模型。

② 他们应该这样做吗？这样做可能会使安全壳破裂，造成更严重的事故。专家在这一点上意见并不一致。

间，而**故障**可能是任何低于 100%的正常运行时间。人们可能会对 1%的故障率感到满意，将 99%的正常运行时间作为成功的阈值。还可以统计具有正确响应的请求数：每 1 000 个请求中，可能有 10 个失败，故障率为 1%，这个结果也可能让人很满意。粗略地说，可以将**故障率**定义为不满足阈值的数量（连续的或离散的）占总数的比率。记住，这里要构建的是一个尽可能简单的模型，因此模型不深究具体故障，只关心比率是否达到阈值。**故障**是指故障率达到了阈值，而非操作失败。

对于单组件系统，如果组件的故障率为 1%，那么整个系统的故障率就是 1%（见图 5.3）。系统有故障吗？

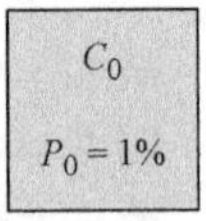

如果可接受的故障阈值为 0.5%，则系统有故障。如果可接受的故障阈值为 2%，那么系统没有故障：它成功了，你的工作也完成了。

图 5.3 单组件系统，P_0 为组件 C_0 的故障率

这个模型反映了一个重要的观念变化：接受软件系统处于持续的低水平故障状态，故障始终存在。阈值的阀门处于关闭状态，只有超过了阈值，整体系统才会失灵。这种新的观点不同于传统的假设——软件可以完美无瑕地运行。从这个角度看，痴迷于统计系统功能缺陷就显得很奇怪了。一旦接受了这一观点就可以理解，风险管理带来的好处如何抵消微服务架构的运营成本。

双组件系统

下面来看一个双组件系统（见图 5.4）。一个组件依赖另一个组件，因此两个组件都必须正常工作，系统才能成功。将故障阈值设置为 1%，这可能表示购买失败的比例，也可能表示其他任何类型的错误；表示什么与模型无关。再做个简化的假设，即两个组件都独立地发生故障。[1]一个出故障不会导致另一个更容易出故障，每个组件都有自己的故障率。在这个系统中，某个具体功能只有在两个组件**都**成功的情况下才能成功。

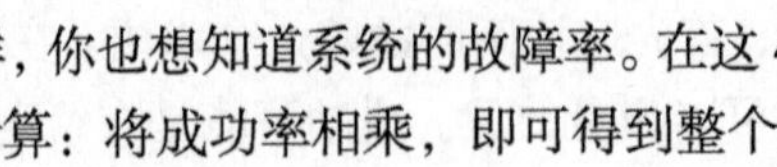

图 5.4 双组件系统，其中 P_i 为组件 C_i 的故障率

因为各组件独立发生故障，所以根据概率规则，可以将概率相乘。有 4 种情况：都故障；都成功；第一个故障，第二个成功；第一个成功，第二个故障。正如你想知道某个事务的失败概率一样，你也想知道系统的故障率。在这 4 种情况中，有 3 个出故障了，1 个成功了。很容易计算：将成功率相乘，即可得到整个系统的成功率。故障率等于 1

① 这个假设对于内化很重要。组件就像骰子：它们互不影响，也没有记忆。即使一个组件发生故障，也不会使另一个组件更有可能发生故障。它可能会导致其他组件发生故障，但这不会影响其他组件自己出故障的概率，因为这个故障是由外部原因导致。我们关心的是独立于其他组件的内部故障。

减去成功率。[①]为了保持数字简单，假设每个组件的故障概率相同，均为 1%。总故障概率为 1−(99%×99%) = 1−98.01% = 1.99%。

尽管这两个组件的可靠性都达到了 99%，但是整个系统的可靠性只有 98%，没有达到 99%的成功阈值。在系统由组件组成的情况下，所有组件对操作都至关重要，满足系统可靠性的总体水平比看起来要难。每个组件都必须比整个系统更可靠。

多个组件

可以将此模型扩展到任意数量的组件，只要组件在串行链中相互依赖即可。这是对真实软件架构的简化，可使用这个简单的模型来建立对故障概率的一些理解。使用故障独立假设，可以将任意数量的组件串联，将它们的概率相乘得到下面的公式，这就是系统的整体故障概率。

$$P_F = 1 - \prod_{i=1}^{n}(1 - P_i)$$

其中，P_F是系统的故障概率，n是组件的数量，P_i是组件 i 发生故障的概率。

如果将上式基于系统中的组件数量作图，可以看到故障概率随着组件数量的增加而快速增长，如图 5.5 所示。即使每个组件的可靠性都达到了 99%（为了简单起见，假设每个组件都有相同的可靠性），系统仍然不可靠。例如，从图中可以看出，一个 10 组件系统的故障率将近 10%，与理想的 1%相差甚远。

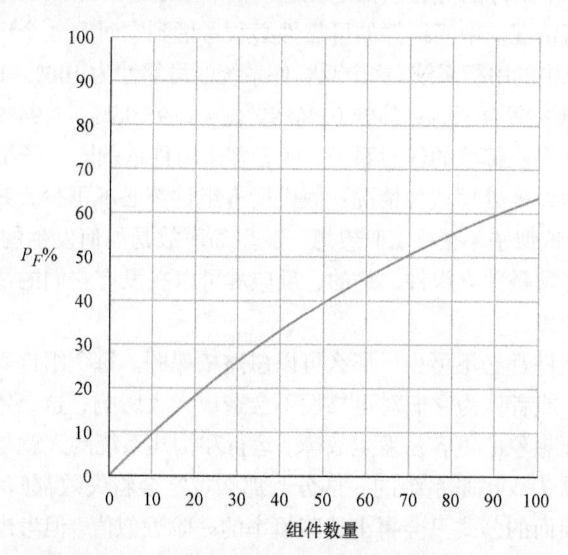

图 5.5 系统故障概率与组件数量的关系，其中所有组件的可靠性均为 99%

① 系统只能处于两种状态：成功或故障。两者的概率之和必须为 1。知道一种状态概率，就可以得出另一种状态概率，因此可以用简单的公式计算状态概率。

该模型表明，关于可靠性的直觉往往是错误的。一个船队的速度取决于船队中最慢的船，但是软件系统不一样，它的可靠性不等于最不可靠的组件——它**更不可靠**，因为其他组件也可能出现故障。

三英里岛反应堆中的系统绝对不是线性的。它由一组具有许多相互依赖关系的复杂组件组成。真正的软件很像三英里岛，软件组件往往耦合得更紧密，不允许出现错误。扩展这个模型，看一下它如何影响可靠性。假设有一个4组件系统，其中1个组件不在主线上，如图5.6所示。3个组件有串行依赖性，且中间的组件也依赖于第4个组件。

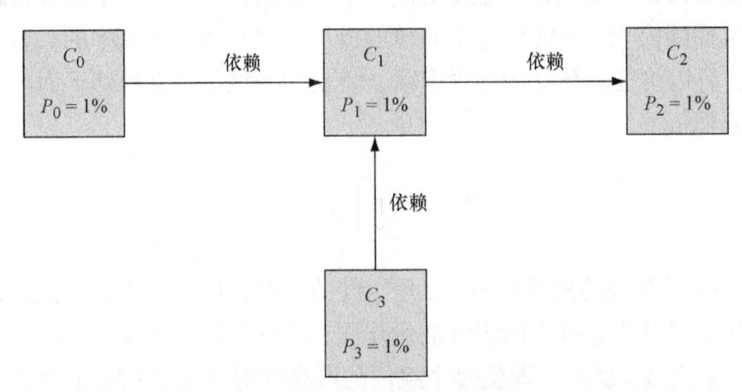

图5.6 非线性4组件系统

同样，这4个组件的可靠性都是99%。整个系统的可靠性如何？可以使用前面介绍的公式解决串行情况。中间组件的可靠性必须考虑到它对第4个组件的依赖。这也是一个包含在主系统中的串行系统。这个双组件系统的可靠性为100%−1.99% = 98.01%。因此，整个系统的故障概率为1−(99%×98.01%×99%) = 1−96.06% = 3.94%。

那么具有许多依赖项的任意系统，或者多个组件依赖同一子组件的系统呢？可以进行另一个简化假设来处理这种情况：假设所有组件都必不可少，并且没有冗余，每个组件都必须工作。这似乎不公平，但想想三英里岛事故是如何发生的。据称，冗余系统（如应急给水泵）必须是独立组件。是的，反应堆可以在没有它们的情况下工作，但它们确实也是事故的隐患。

如果所有组件都必不可少，那么可以**忽略**依赖图。每个组件都在主线上。人们很容易忽视子组件，或者认为它们对可靠性不会造成太大影响，这是错误的观点。子组件会导致互联系统比想象的更容易发生故障。运行和构建系统的人就是这种很容易被忽视的子组件，如果认为人也是系统的一部分，那么肯定会将失败都归咎于“人为错误”。忽略依赖图使用前面的公式只会得出故障概率的一阶近似值，但考虑到独立概率经过复合计算后变化极快，这个估算也足够了。

5.2.3 冗余并不像想象的那样

系统可以通过添加冗余变得更可靠。与其让某个组件的一个实例失败，不如让它拥有多个实例。保持模型简单、故障独立会让系统更加可靠。要计算一组冗余组件的故障概率，需要将各个故障概率相乘，因为所有组件必须都发生故障才能使整个组件发生故障。[①]现在，概率论是我们的朋友。在单组件系统中，添加第二个冗余组件后故障率为1%×1% = 0.01%。

似乎只需要添加大量冗余，问题就迎刃而解了。遗憾的是，这正是简单模型不足的地方。在软件系统中，某个组件实例独立于其他同类组件的故障形式很少。是的，会出现单主机故障，[②]但是大多数故障对所有软件组件都有相同的影响。例如数据中心故障、网络故障、组件的程序漏洞、高负载导致的故障（高负载会让实例像多米诺骨牌一样倒下，或抖动）[③]、生产环境中新版本部署导致的故障。

简单模型即使在表现不佳时也很有用，因为它们可以揭示隐性的假设。多个实例的负载均衡不会提供强大的冗余，只会提供容量。它几乎不会改变系统的可靠性，因为同一组件的多个实例**并非**互不影响。[④]

自动安全装置不可靠

另一种降低组件故障风险的方法是使用自动安全装置。但正如在三英里岛故事中看到的那样，这也有其自身的风险。在模型中，自动安全装置是额外组件，本身可能会发生故障。

许多年前，我在一个内容驱动的网站工作。该网站每天增加 30 到 40 条新闻报道。这不是个突发新闻网站，因此在发布报道时稍微延迟一下也可以接受。这让我想到了个绝妙的主意，创建一个 60 秒的缓存。大多数页面都可以生成一次然后缓存 60 秒。过期之后就重新生成新页面显示更新的新闻，开始下个 60 秒的缓存周期。

这似乎是一种为高负载构建有效自动安全装置的廉价方法。无须大量增加服务器容量，站点就能够处理诸如选举日结果之类的事情。

---

① 在这种情况下，故障概率公式是

$$P_F = \prod_{i=1}^{n} P_i$$

② 物理电源总是会出故障，硬盘也一样；网络工程师永远在维修电缆的路上；永远无法解决停机问题（数学上无法证明任何程序都会停止而不是永远执行——要感谢艾伦·图灵先生），因此总有输入会触发无限循环。

③ 如果服务不断被监控系统杀死并重启，就会发生**抖动**。在高负载下，新启动的服务处于**预热期**（缓存为空），响应请求的延迟被系统认为是故障，因此会被终止。接着系统会启动更多服务。最终，服务不是正在启动就是正在停止，工作也随即停止。

④ 同一软件组件的多个实例不会各自独立地出现故障，这种说法是通过观察实际系统得出的经验事实，而不是数学事实。

> 60 秒缓存在每个 Web 服务器上以内存缓存实现。负载测试很顺利，一切似乎都很好。但在生产环境中，服务器不断崩溃。显而易见有内存泄漏，除非让服务器运行至少一天，并在内存中为每篇文章存储超过 1 440 份页面副本，否则内存泄漏很难显现出来。上线的第一周简直就是一场噩梦——每天要 24 小时轮流照看垂死的机器。

5.2.4 更改很可怕

暂时保留这个模型。软件系统并非静态不变，它们会遭遇称为**部署**的灾难性事件。在部署过程中，会同时更改许多组件。对很多系统来说，如果不停机就无法做到这一点。对同时更改一组随机组件进行建模，看一下这对系统的可靠性有何影响。

根据定义，组件的可靠性是在生产中测得的故障率。如果一个组件在 100 项工作中只失败 1 项，那么它的可靠性为 99%。部署完成并运行一段时间后，就可以测量生产环境来获得可靠性。但这对事前并没有多大帮助，我们希望在进行更改**之前**就知道新系统的故障率。

模型还不够强大，无法为这种情况提供公式。但是可以使用另一种技术：蒙特卡洛模拟。可以运行大量的模拟部署，并将这些数字加起来，看看会发生什么。举个具体的例子。假设有个 4 组件系统，新部署包含对所有 4 个组件的更新。在静态状态下，部署前系统的可靠性由标准公式给出：$0.99^4 = 0.9605 \approx 96.1\%$。

为了计算部署后的可靠性，需要预估各组件的**实际**可靠性。因为不知道它们是多少，所以只能猜，然后将这些猜测代入公式计算结果。

如果重复多次这样做，就能得出系统可靠性的分布。可能出现下列情况，“在 95%的模拟中，系统可靠性都高于 99%。部署！”或者，“仅在 1%的模拟中，系统可靠性高于 99%。计划外停机吧！”记住，这些数字仅供讨论，它们需要根据组织的风险承受能力确定。

如何猜测组件的可靠性？需要以一种使模拟有用的方式来实现这点。可靠性不像人的身高那样正态分布。[①]可靠性是偏态分布，大部分组件都很可靠——大多数组件都在 99%左右，并且很难再提高。低于 99%时会有很多可能出故障的地方。开发团队会进行单元测试、构建阶段版本、代码审查等。QA 部门必须签字才能发行，并且 QA 主管也非常严格。因此组件很可能非常可靠；但是无法做到对所有内容都进行充分测试，而且生产环境比开发人员的笔记本电脑或阶段系统的环境更严酷。

可以使用偏态概率分布[②]来模拟“最可靠”。图 5.7 显示了故障概率的分布情况。要进行猜测，请在 0 和 1 之间选择一个随机数，并绘制其对应的概率。可以看到对于大多数猜测，故障概率都较低。

---

① 正态分布假设任何给定的实例都接近平均值，且高于平均值的概率与低于平均值的概率相同。

② 本例中使用了帕累托分布，它是估计故障事件的一个很好的模型。

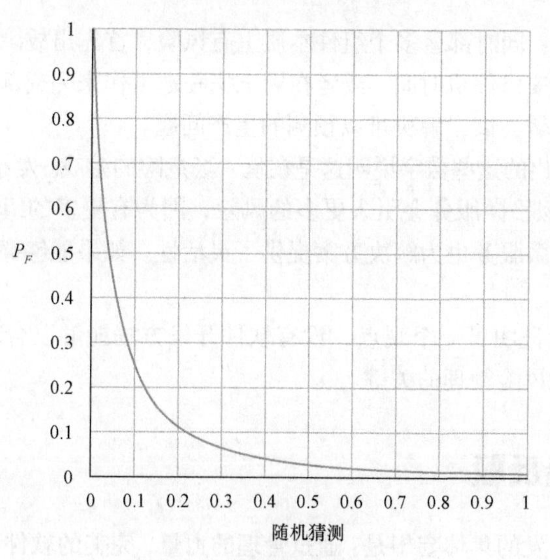

图 5.7 故障率的偏态估计

4 个组件中的每个都会得到一个可靠性估计。按通常的方法将这些相乘。重复这些操作，通过多次模拟，可以绘制出系统的可靠性图。图 5.8 显示了一个示例。①虽然系统通常相当可靠，但与静态系统相比，它的可靠性还有差距。只有在 15%②的模拟中，系统的可靠性达到 95%或以上。

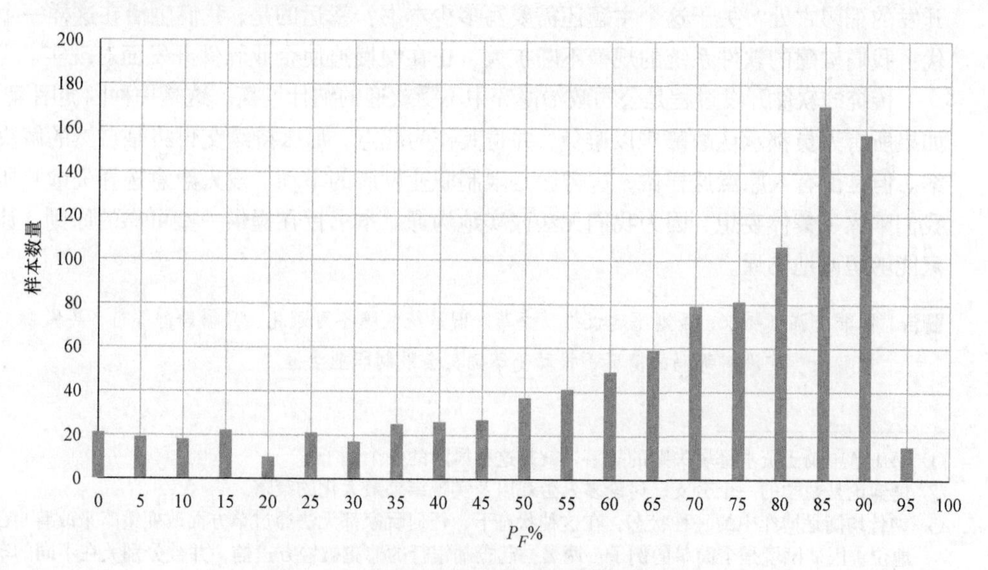

图 5.8 4 个组件同时更改时系统可靠性的估计

① 在示例中，执行了 1 000 次，然后按 5%的间隔进行分类。

② 原文为 0.15%，正确结果应该是 15%。

该模型表明，同时部署多个组件本质上有风险，首先出故障的总是它们。这就是为什么在实践中会**安排**停机时间，或者在周末疯狂地工作来完成部署。这实际上是试图通过多次重复的部署尝试，解决难以预测的生产问题。

上述模拟得出的这些数字说明这是在玩一场危险的游戏。发布的频率可能很低，但风险很高。[①]而且似乎微服务会引入更多的风险，因为有更多的组件。然而正如将在本章中看到的那样，微服务也为解决方案提供了灵活性。如果能够高频发布单个组件，那么风险将会降低。

这里用数学证明了一个观点：没有软件开发方法能够以合理的成本违反概率论。工程而非政治是风险管理的关键。

5.3 妄想经不起反驳

企业软件开发的集体妄想是：通过管理的力量，完美的软件可以完整、及时地交付，并能毫无错误地部署到生产环境中，软件的任何缺陷都可归咎于团队的专业能力。所有人都相信这种妄想。为什么？

本书**没有**采取老套、放任的立场，认为这都是管理的错。我不会在指责不良行为时出言不逊，但我们必须仔细观察公司行为的本质：理性。

我们可以用博弈论分析公司政治。[②]为什么即使有大量证据，也没人指出企业软件开发的荒谬之处？关于这个主题还需要写多少本书？幸运的是，我们生活在这样一个时代：我们构建的软件系统的规模不断扩大，正在慢慢迫使企业软件开发面对现实。

传统的软件开发过程是公司政治博弈中不受欢迎的纳什均衡。这是一种囚徒困境。[③]如果所有人员都承认故障难以避免，并将其作为起点，那么持续交付将是自然的解决方案。但是没有人愿意这样做，这样做是限制职业发展的举动。没人愿意选择失败！所以我们陷入了集体妄想，因为我们无法诚实地沟通。本书旨在提供一些可靠的原则，让大家能够坦诚地沟通。

警告 除非有强制要求，否则不建议推动变革。旧系统故障不可避免，只需静静等待，再做白衣骑士。在没有筹码的情况下推动变革确实会限制职业生涯。

---

① 第1章中骑士资本部署失败的故事，就是这种风险的一个例子。

② 博弈论是数学的一个分支，讨论多人游戏以及实现结果最大化的策略。

③ **纳什均衡**是博弈中的一种状态，在这种状态下，任何玩家都无法通过单方面改变策略来改善自己的地位。囚徒困境是个简单的例子：两名一起抢劫银行的罪犯被警方逮捕，并被分别关在不同的牢房里，他们无法交流。如果他们都保持沉默，那么都将因持有被盗现金而被判处一年监禁，但警方无法证明他们持械抢劫。警方为每个罪犯提供了一份交易：认罪并供出同谋，因为配合警方，所以不会因持械抢劫被判三年，只会被判两年。对每个罪犯来说，唯一合理的策略是背叛对方，接受两年监禁，因为同伙可能会背叛他。因为不能交流，所以他们无法协商保持沉默。

完美软件的成本

控制航天飞机的软件是有史以来编写得最完美的软件之一。这充分说明了完美软件的成本高昂，以及对企业软件完美期望的不切实际。同时也很好地诠释了构建冗余软件组件的艰辛。

航天飞机软件系统预估的初始成本是 2 000 万美元。然而最终的账单却高达 2 亿美元。这是第一个线索，即没有缺陷的软件比软件工程师估算的要贵一个数量级。完整的需求规范有 40 000 页——对应仅仅 420 000 行代码。相比之下，谷歌的 Chrome 浏览器有超过 500 万行代码。航天飞机的软件有多完美？平均每个版本都有一个缺陷。说明它并非绝对完美！

航天飞机软件的开发过程非常严格。这是个传统的流程，有详细的规范、严格的测试和代码审查，发布需要官员签名。企业软件开发过程中的许多利益相关者认为，他们也会获得这种水平的交付。

做出投资回报决策是企业的职责所在。花钱是为了赚钱，必须先有一个商业案例。如果不了解成本模型，系统就会失败。软件架构师的工作是明确这些成本并提供替代方案，使软件开发的成本与项目的预期回报相匹配。

5.4 混乱的系统

软件开发中最重要的问题是，可接受多变的错误率。这是项目开始时要问的第一个问题。它驱动了所有其他问题和决定，还向利益相关者表明，软件开发过程是要控制故障，而非征服故障。

以大版本发布永远无法达到可接受的错误率。可靠性因大版本的不确定性而受到严重影响，因此在发布时要避免使用大版本。这是数学问题，多少 QA 都无法解决。

以小版本发布的风险较小，版本越小越好。小版本的不确定性很小，可以保持在故障阈值以下。小版本也意味着频繁发布，有助于企业软件满足不断变化的市场需求。小版本必须一直延续到生产环境，以充分降低风险；将小版本集中发布会导致前功尽弃。这就是概率的工作原理。

经常出故障的系统并不见得脆弱。在这种系统里，每个组件都假定其他组件可能出现故障，因此具有一定的容错能力。组件的持续故障会触发系统冗余和备份，从而能够知道它们是否正常工作。系统的故障率可以准确测量：这是个可以控制的已知量。随着风险的增加和减少，可以调整部署速度。

简单的故障模型如何在这些情况下工作？也许每次只会更改一个组件，但仍面临很大风险。因为在软件开发过程中交付的新组件，不如那些已经在生产环境中运行了一段时间的组件稳定。

假设更新后的组件在首次部署时有 80%的可靠性，那么系统的可靠性绝对达不到 99%。重新部署单个组件仍然不是足够小的部署。这是接下来要解决的工程和过程问题：如何对生产系统进行更改，同时保持预期的风险承受能力。

5.5 微服务和冗余

软件系统的组件不应作为单个实例运行。单个实例很容易发生故障：组件可能崩溃，运行它的机器可能发生故障，或者与该机器的网络连接可能被意外配置错误。任何组件都不应该成为单点故障。

为避免单点故障，可以运行组件的多个实例。这样不但可以处理负载，还能很好地防止某些类型的故障。组件的缺陷不可避免，它们会影响所有实例，但这种缺陷一般可以通过自动重启来缓解。[①]一旦组件在生产环境中运行一段时间，就会有足够的数据来衡量它的可靠性。

如何部署组件的新版本？在传统模型中，可尝试尽可能快地用一组新实例替换所有旧实例。（蓝绿部署策略就是个众所周知的例子。运行中的系统版本称为**蓝色**版本，部署的新的系统版本称为**绿色**版本。）然后选择一个特定时刻将所有流量从蓝色版本重定向到绿色版本。如果出现问题，可以快速切换回蓝色版本并评估损害情况。这样至少可以保证一直有系统在运行。

有种方法可以降低这种部署方式的风险：起初仅将小部分流量重定向到绿色版本。如果系统运行一切正常，再引入更多的流量，直到绿色版本完全接管。

微服务架构能够轻松采用这种策略并进一步降低风险。在绿色版本中仅启动一个新实例，而非全部新实例。（这个新实例只获得小部分生产流量，大部分流量仍由蓝色版本负责处理。）然后观察单个绿色实例的行为，如果它表现不好，可以将其停用。这样做仅少量流量会受影响，故障率略有增加，但状况仍然可控。通过控制发送到单个新实例的流量可以完全控制风险水平。

微服务部署每次只会添加一个新实例。如果部署失败，回滚只需停用单个实例。微服务为生产系统提供定义明确的原语操作：添加/删除服务实例。[②]不需要更多的东西。这些原语操作可以用来构建想要的任何部署策略。例如，蓝绿部署可分解为具体实例的添加和删除操作列表。

定义原语操作是实现控制的强大方法。如果一切都按照原语定义，并且可以控制原语的组成，那么就可以控制系统。微服务实例是构建系统的原语和单元。下面探讨微服务从开发到生产的过程。

---

① 重启不能解决严重的缺陷，例如有害消息。

② 更正式地说，可以将这些原语操作分别称为**激活**和**停用**，而操作如何进行完全取决于底层部署平台。

5.6 持续交付

随时将一个组件安全部署到生产环境是一种强大的能力，这样可以有效控制风险。微服务上下文中的**持续交付**意味着能够创建特定版本的微服务，并在生产环境中按需运行该版本的一个或多个实例。持续交付管道的基本要素如下。

- **有版本控制功能的本地开发环境**，支持单元测试，能够在本地测试微服务，测试环境能够使用其他微服务的本地子集，必要时可以使用模拟。
- **阶段环境**，用于验证微服务和内部版本，它是部署工件，可随时重置。执行自动化验证，如有必要也允许手动验证。
- **管理系统**，开发团队使用它来对阶段系统和生产系统执行原语组合，以自动化的方式实现所需的部署模式。
- **生产环境**，尽量从部署工件构建，具有原语操作的审计历史记录。该环境具有自我纠错功能，能够采取补救措施，例如重启崩溃的服务。该环境还提供智能负载均衡，允许流量在不同服务之间动态分配。
- **监控和诊断系统**，在执行完每个原语操作之后验证生产系统的运行状况，并允许开发团队检查和跟踪消息行为。警报由这一部分生成。

管道假设有缺陷的工件不可避免而且屡见不鲜，并在每个阶段都尝试将它们过滤掉。这是基于每个工件进行的操作，而不是试图对整个系统更新进行验证。由于消除了混杂因素，因此验证更加准确和可信。

有缺陷的工件进入生产环境也很正常。在部署后，会对生产环境中工件的行为进行不断验证，如果工件的行为不可接受，则将其删除。通过逐步增加新工件的方式，可以达到控制风险的目的。

持续交付要解决的是软件构建和管理的实际问题。它有以下作用。

- **降低故障风险**，采用低影响、高频率、单实例部署，而不是高影响、低频率、多实例部署。
- **加快开发速度**，支持对系统业务逻辑的高频更新，提供更快的反馈环和对业务目标的更快细化。
- **降低开发成本**，因为快速反馈环减少了在没有商业价值的功能上浪费的时间。
- **提高质量**，因为整体编写的代码更少，并且编写的代码可以立即得到验证。

支持持续交付和微服务架构的工具仍处于早期开发阶段。尽管端到端持续交付管道系统对充分获得微服务架构的好处至关重要，但管道方法还有很多不完美的地方。

在撰写本书时，使用这种方法的团队都在利用多种工具来实现管道的各个功能，因为不存在全面的解决方案。微服务架构需要的不仅仅是供应商提供的当前平台即服务

（Platform-as-a-Service，PaaS）。即使出现全面的解决方案，他们也会在实施重点方面进行权衡取舍。[①]

要为每个微服务系统构建一组特定的工具集。本章的后部将重点关注这些工具的理想属性。毋庸置疑，还需要投资开发一些自己的工具，至少要为选择的第三方工具编写集成脚本。

5.6.1 管道

持续交付管道的目的是尽快向开发团队提供反馈。在出现故障时，该反馈应表明故障的性质，必须让人们能够轻松查看到哪里失败、失败时的性能或失败时的综合情况。还应该支持查看每个微服务验证、故障的历史记录。现在还不是使用自己工具的时候，尚有许多功能强大的持续集成工具可用。[②]关键要求是选择的工具能够轻松处理许多项目，因为每个微服务都是单独构建。

持续集成工具只是管道的一个阶段，通常在部署到阶段系统之前运行。必须能够在整个管道中跟踪微服务的生成。部署到生产环境的工件由持续集成服务器生成。在此之前，需要对工件的源代码进行标识和标记，以便工件的产生能够**密封**，要能够根据微服务的历史重现任何版本。工件生成后，必须能够跟踪工件从阶段环境到生产环境的部署情况。主要跟踪实例的运行数量和运行时间，跟踪不仅要在系统级别进行，还要在系统内部进行。在第三方工具解决这个问题之前，要自行构建这部分的管道诊断工具，这是调查故障必要和值得的投资。

部署单元是微服务，因此在管道中移动的单元也是微服务。管道应优先关注代表微服务的工件的生成和验证。微服务的具体版本被实例化为永不更改的固定工件。工件具有不变性：微服务的相同版本总是在二进制编码级别生成相同的工件。为了快速访问，自然要存储这些工件。[③]尽管如此，仍然需要保留以密封方式重建任何版本微服务的能力，因为构建过程也是缺陷调查的重要组成部分。

开发环境要能够自然地将关注点聚焦在单个微服务上。尤其是这会影响源代码存储库的结构（第 7 章将深入研究这一点）。本地验证是对风险的首次测量，也非常重要。一旦开发人员确认某个微服务版本已准备就绪，就会启动部署到生产环境的管道。

阶段环境在可控环境下重复在开发过程中已经做过的验证，这样它就不会受到本地开发人员机器差异的影响。阶段环境还可以执行扩展和性能测试，并可以在有限的范围内使用多台机器来模拟生产。阶段环境的核心职责是生成一个工件，该工件的预估故障风险在定义的容错范围内。

---

① Netflix 套件是那种全面但自行其是的工具链的一个示例。

② 两个简短的提示：如果想自己做一些事情，试试 Hudson；如果想借助外力，试试 Travis CI。

③ Amazon S3 是存储它们的好地方。还有一些更有针对性的解决方案，例如 JFrog Artifactory。

生产环境是管道中最活跃、最能创收的部分。通过接收工件和部署计划，并在风险量化的情况下应用部署计划，可以更新生产环境。为了管理风险，部署计划逐步执行部署原语，激活和停用微服务实例。针对生产环境微服务的工具目前最为成熟，因为它是管道中最关键的部分。有许多编排和监控工具可以提供帮助。①

5.6.2 流程

区分**持续交付**和**持续部署**很重要。持续部署是持续交付的一种形式，其中提交（即便是自动验证）会被直接推送到生产环境。持续交付以更粗粒度的方式运行：提交内容被打包成不可变的工件。在这两种情况下，部署都可以有效地实时进行，并能够每天多次部署。

持续交付很适合企业软件开发环境，因为它能够帮助团队适应在项目生命周期内难以更改的合规性和流程要求。持续交付也很适合微服务架构，因为它将重点放在微服务而非代码上。

如果将“持续交付”视为微服务实例的持续交付，那么这种理解还会带来其他好处。微服务应保持较小的体量，以便在每天多次部署的有限时间内进行验证，尤其是人工验证（如代码审查）。

5.6.3 保护

管道通过在生产的每个阶段提供风险测量，来防止故障超过阈值。没有必要从每个测量中提取故障率预测。②如果清楚地知道要测量系统的哪些方面，那么使用评分方法更有效。

在开发过程中，关键的风险测量工具是代码审查和单元测试。可以使用现代版本控制方法进行分支管理③，这样就能够采用开发工作流，在开发工作流中先将新代码编写到分支上，然后再合并到主线中。只有在代码通过审查后，才会执行合并。代码审查最好由同级开发人员而非高级开发人员执行：项目中同级开发人员了解更多信息，能够更好地评估是否可以合并。这个工作流意味着代码审查是开发过程的正常部分，且遇到的阻力很小。因为微服务审查单元很小、代码很少，所以阻力很小。

单元测试对风险测量至关重要。在合并分支或在主线上提交代码之前，单元测试必须通过。这让主线始终具有可部署性，因为阶段环境中的系统版本更易于通过。微服务世界中单元测试关注的是代码的正确性；单元测试的其他好处（如使重构更安全）

① 常见的选择有 Kubernetes、Mesos、Docker 等。尽管这些工具属于一个宽泛的类别，但它们在堆栈的不同级别上进行操作，并不相互排斥。第 9 章中的案例研究使用了 Docker 和 Kubernetes。

② 可以使用统计技术（如贝叶斯估计）来实现这一点。

③ 分布式版本控制系统（如 Git）必不可少。要学会使用 pull 命令来实现代码审查。

则不太关注。

单元测试不足以进行准确的风险测量，并且在很大程度上受到边际收益递减的影响：测试覆盖率从 50%扩大到 100%，部署风险的降低程度远远小于测试覆盖率从 0%扩大到 50%。不要沉迷于 100%测试覆盖率，这对于开源实用程序组件来说是个华美的荣誉徽章（真的），但对于业务逻辑来说却是华而不实。

在阶段系统中，可以根据微服务对系统消息流的遵从情况来衡量其行为。确保服务发送正确的消息并给出正确的响应，这是一个二元通过/失败测试，可以用 0 或 1 评分。服务必须完全符合预期。尽管在开发过程中通过单元测试对这些消息交互进行了测试，但还需要在阶段系统对它们进行测试，这是更近似生产环境的模拟。

与系统其他部分的集成也可以作为阶段流程的一部分进行测试。对系统中那些非微服务的部分，例如独立数据库、网络服务（如邮件服务器）、外部 Web 服务端点等，只需进行模拟或小规模运行。然后就可以对微服务的行为进行测量。服务的其他方面（如性能、资源消耗和安全性）需要进行统计测量：对行为进行抽样，并利用它们来预测故障风险。

最后，即使在生产环境中也必须持续测量故障风险。甚至在进入生产之前可以建立手动关卡，正式的代码审查、渗透测试、用户验收，等等。这些不但可能在法律上不可避免（有些行业法律要求这样做），还要融入持续交付过程的思维中。

对正在运行的服务进行监控和采样。使用关键指标，特别是与消息流量相关的指标，来确定服务和系统的运行状况。第 6 章对这方面有更多的论述。

5.7 运行微服务系统

支持微服务的工具正在快速发展，新工具层出不穷。对很快就会过时的东西进行详细探讨意义不大，因此本章重点介绍一般原则，以便对工具进行比较和评估，从而选择最适合的工具。也有必要根据需要自建一些工具。本书不是一本讲解常见部署的书，因此除了微服务之外，不再讨论部署其他系统元素（如数据库集群）的最佳实践。但是仍然建议让系统元素的部署自动化，并尽可能由相同的工具控制。本章的重点是部署自己的微服务。与其他元素相比，自己的微服务实现了系统的业务逻辑，可更改程度更高。

5.7.1 不变性

这里介绍的方法有个核心原则：微服务工件不可变。这保留了它们作为原语操作的能力。微服务工件可以是容器、虚拟机映像或其他抽象。[①]工件的本质特征是不能在内部更改，并且只有两种状态：活动和非活动。

---

① 对于非常大的系统，甚至可以将 AWS 自动缩放组视为基本单元。

不变性的力量在于它消除了来自系统的副作用。由于可以确保微服务不会被轻易更改，因此系统和微服务实例的行为更具可预测性。不可变工件包含了微服务在固定版本下运行所需的一切。语言平台版本、库和其他依赖项可以确保完全符合要求。没人可以手动登录到实例并进行未经审核的更改。这种可预测性能够让你更准确地调整风险评估。

运行不可变实例还会迫使微服务成为一次性的。无法“修复”出现的问题或包含错误的实例，只能被停用并由新实例替换。提高负载能力不是通过更强大的机器，而是运行更多工件实例。所有实例都一视同仁。这种方法是在不可靠的基础设施上构建可靠系统的基本构建块。

后续章节提供了微服务部署模式的概览。将这些模式与自己使用的自动化工具进行比较，可能会发现自己的工具功能还不够强大，需要更强大的工具才能完全实现这些部署模式的预期好处。

可以像看菜谱一样随意翻阅这部分内容。不感兴趣的模式可以略过。[1]图 5.9 是对图表约定的回顾。强调一下，活动实例的数量显示在微服务名称上方的大括号（{1}）中，版本显示在下方（1.0.0）。

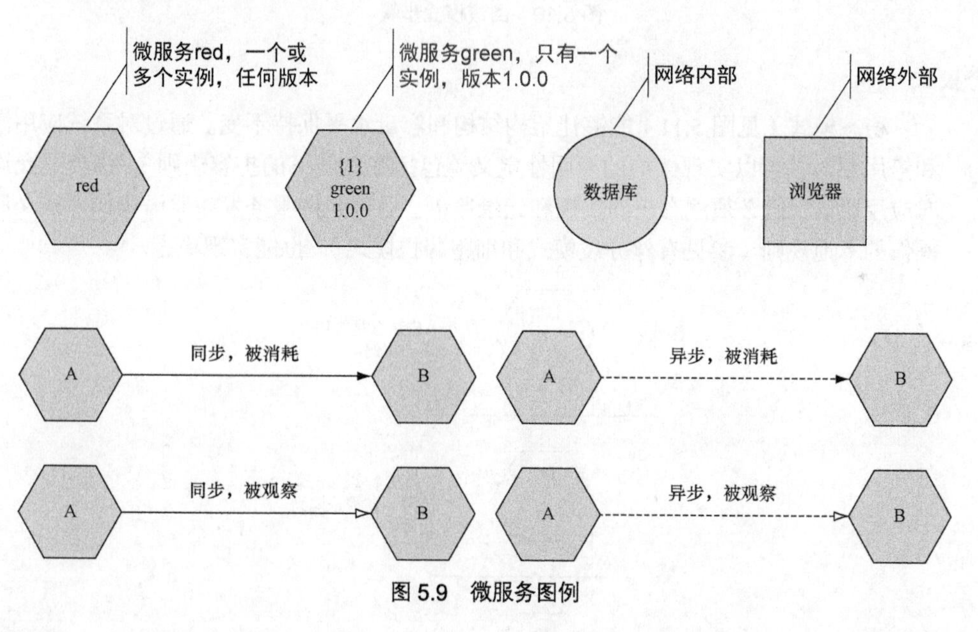

图 5.9 微服务图例

回滚模式

此部署模式用于从导致一个或多个故障指标超过阈值的部署中恢复。它能够实现在估计故障率高于阈值的情况下部署服务的新版本，同时将整体操作保持在阈值内。

要使用回滚模式（见图 5.10），首先应在系统中应用微服务工件的**激活**原语。观察

① 在生产中，我最喜欢渐进式金丝雀模式。

故障警报，然后**停用**相关工件。停用可手动或自动，同时应该保留日志。停用应该会使系统恢复正常，但是在实例把有缺陷的消息注入系统的情况下可能无法恢复（参阅切断开关模式）。

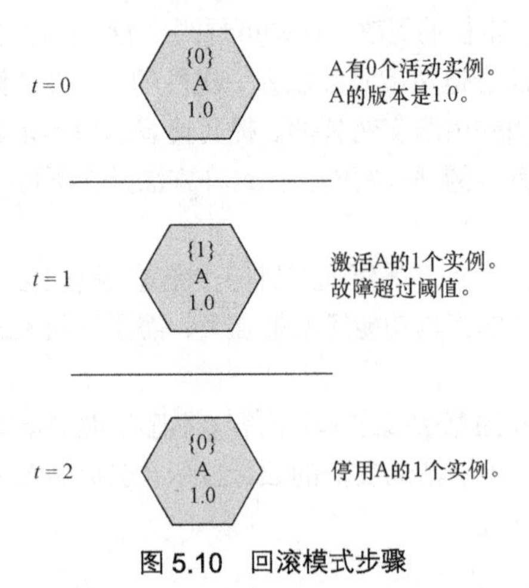

图 5.10 回滚模式步骤

稳态模式

稳态模式（见图 5.11）能够让架构结构和容量水平保持不变。通过对系统应用激活和停用原语，可以实现架构的声明性定义（包括在负载下的扩容规则）。该模式允许同时应用原语，但必须注意正确实现和记录原语。通过允许服务发布原语操作并定义原语操作的本地规则（参见有丝分裂模式和细胞凋亡模式），也能实现稳态。

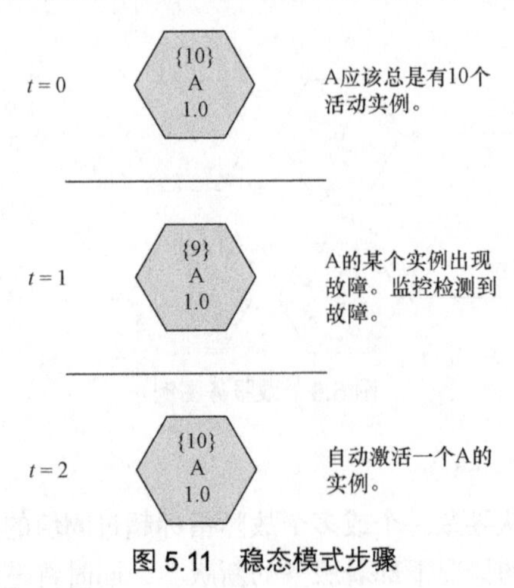

图 5.11 稳态模式步骤

历史模式

历史模式（见图 5.12）能够提供诊断数据，用于了解系统的故障行为和正常行为。

此模式维护了一个审计跟踪记录，里边按时间顺序记录了所有原语操作——激活/停用的内容以及时间。如果系统中允许同时应用多组原语，那么情况会相对复杂。

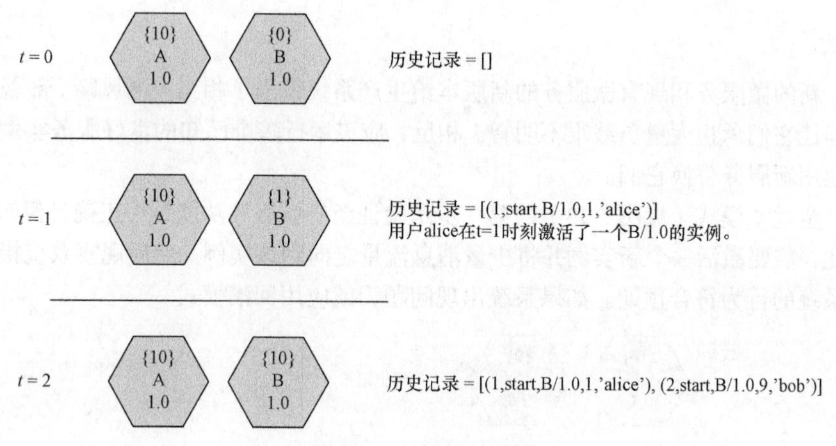

图 5.12 历史模式步骤

审计历史允许通过检查系统先前版本的行为来诊断问题，可以通过将原语应用于模拟系统来重现问题。还可以通过回溯历史来处理已存在但还没有检测到的缺陷。

5.7.2 自动化

生产中的微服务系统有太多移动部件，无法手动管理。这也是架构权衡取舍的一部分。必须致力于使用工具来自动化这些工作，这是一项永无止境的任务。自动化并不能覆盖从第一天开始的所有活动，也不应该覆盖所有活动，因为要将大部分开发时间分配给能够创造业务价值的工作。随着时间的推移，将需要越来越多的自动化。

要确定下一步自动化哪个活动，请首先将操作任务分为两类。第一类是“苦活”[①]，包含那些工作量与系统规模呈线性增长的任务。换句话说，从计算复杂度的角度看，这些任务的人工工作量至少为 O(n)，其中 n 是微服务（而非实例）的数量。例如为新的微服务手动配置日志收集子系统。第二类是“获胜”，包含那些工作量与微服务数量无关的任务，即工作量小于 O(n)的任务，例如为了处理即将增加的数据量，添加新的数据库辅助读取器实例。

下一步要自动化的是“苦活”中最令人烦躁的任务，令人烦躁意味着“对业务目标影响最大”。不要忘记在计算负面影响时把故障风险包含在内。

执行微服务部署模式也需要自动化。大多数模式都需要在计划的时间段内应用大量的原语操作，并检查是否存在故障。这些任务无法大规模手动执行。

自动化工具相对成熟，基本能够满足现代大型企业应用程序的需求。可供选择的工

① 该术语的这种用法源自 Google 站点可靠性工程团队。

具很多，选择哪个取决于是否便于自定义修改或编写脚本，因为可能需要进行一些定制，才能完全执行下面描述的微服务部署模式。[①]

金丝雀模式

新的微服务和现有微服务的新版本给生产系统带来了相当大的风险。部署新实例并立即让它们承担大量负载很不明智。相反，应该运行多个已知的良好服务实例，然后慢慢地用新服务替换它们。

金丝雀模式（见图5.13）的第一步是验证新的微服务功能是否正确且没有破坏性。为此，需要激活一个新实例并将少量消息流量定向到该实例。然后观察系统指标，以确保系统的行为符合预期。如果系统出现问题，就应用回滚模式。

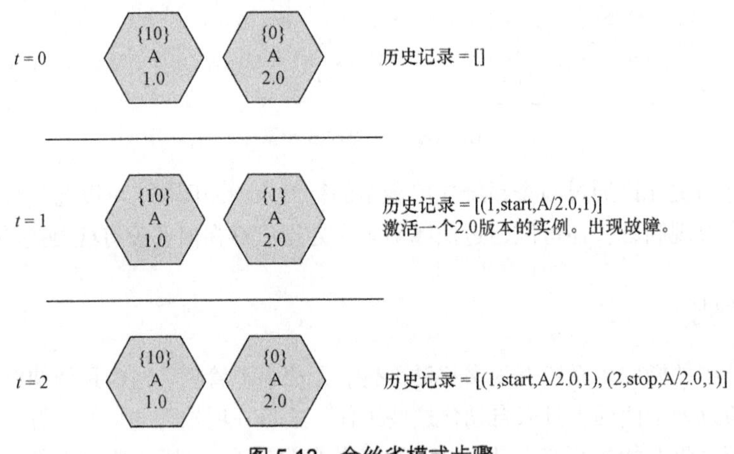

图5.13 金丝雀模式步骤

渐进式金丝雀模式

此模式（见图5.14）能够在大规模更新中通过逐步应用更改来减少整体更新的风险。尽管金丝雀模式可以验证单个新实例的安全性，但不能保证大规模更新时不出问题，特别是对于非预期的破坏性行为。使用渐进式金丝雀模式，可以部署越来越多的新实例以获取越来越多的流量，并在此过程中持续进行验证。既满足了以合理的速度完全部署新实例的需求，也满足了管理变更风险的需求。

此模式在应用原语操作时采用并发形式。如果出现问题，可以扩展回滚模式来停用多个实例。

烘焙模式

烘焙模式（见图5.15）降低了严重故障的风险。它是渐进式金丝雀模式的一种变体，保持了现有实例的完整，只是将入站消息流量的副本发送到新实例。再将新实例的输出

① 可以尝试下列工具，如Puppet、Chef、Ansible、Terraform和AWS CodeDeploy。

与旧实例的输出进行比较，以确保偏差低于期望的阈值。在满足条件之前，新实例的输出将被丢弃。系统可以持续这种配置，使用生产流量进行足够时长的验证，确保达到期望的风险水平。

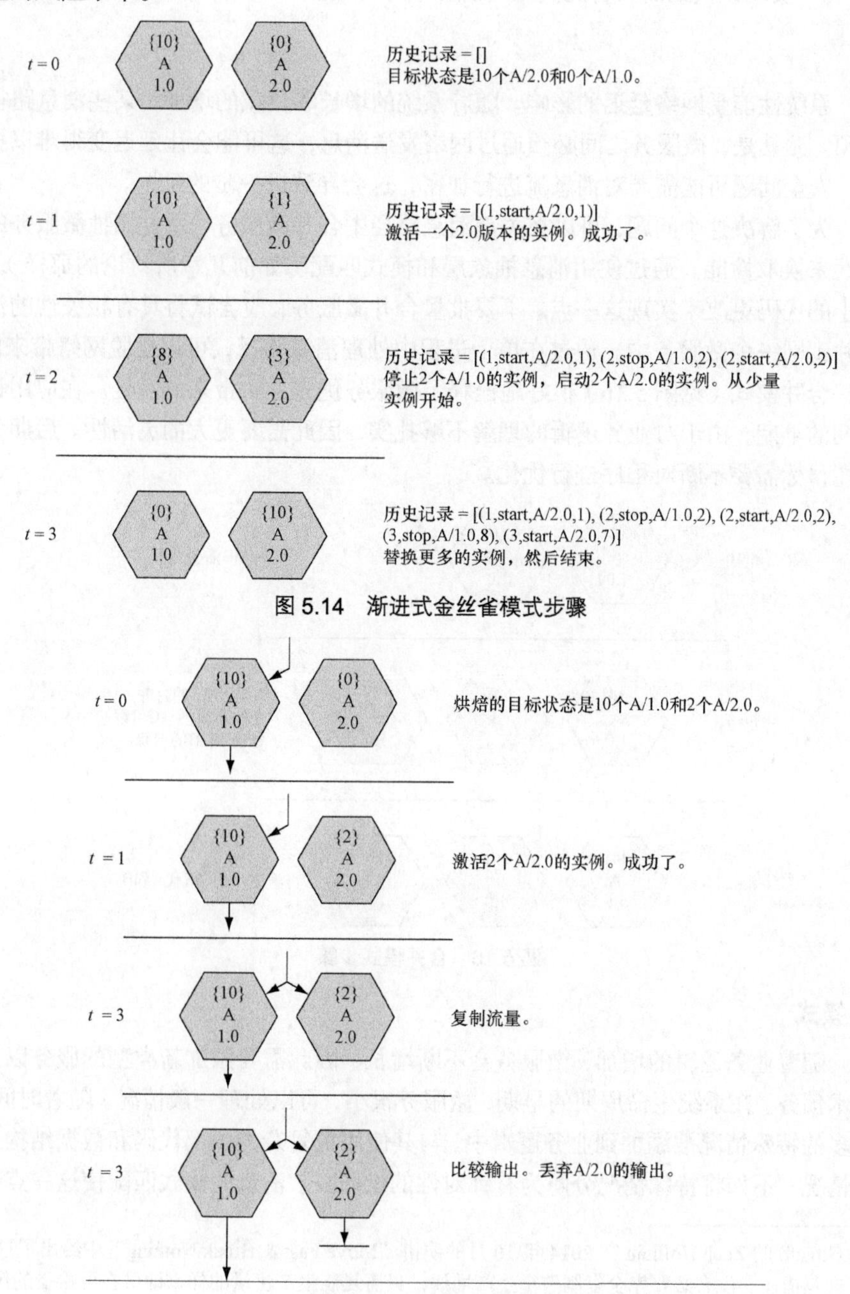

图 5.14 渐进式金丝雀模式步骤

图 5.15 烘焙模式步骤

当对输出的要求比较严格并且故障会使业务面临风险时，烘焙模式最有用。当处理对敏感数据的访问、财务运营和难以逆转的资源密集型活动时，也可以考虑使用该模式。[1]实现该模式需要智能负载均衡和额外的监控。

合并模式

系统性能受网络延迟的影响。随着系统的增长和负载的增加，某些消息路径将成为瓶颈。尤其是，微服务之间必须通过网络发送消息，这可能会让延迟变得难以接受。此外，安全问题可能需要对消息流进行加密，这会导致进一步的延迟。

为了解决这个问题，可以在关键消息路径中合并微服务，通过牺牲微服务的一些灵活性来换取性能。通过使用消息抽象层和模式匹配（如前几章所讨论的那样），可以用最小的代码更改来实现这一点。不要批量合并微服务，应尝试将具有相关性的消息模式合并到同一个微服务中。通过在单个进程中处理消息路径，可以摆脱网络带来的问题。

合并模式（见图 5.16）很好地诠释了微服务优先方法带来的益处。在应用程序生命周期的早期，由于对业务逻辑的理解不够扎实，因此需要更大的灵活性。后期为了满足性能目标需要不断对程序进行优化。

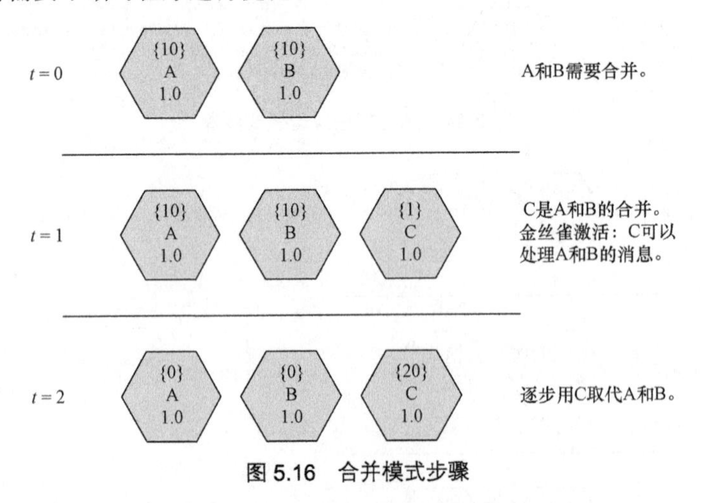

图 5.16 合并模式步骤

有丝分裂模式

随着业务逻辑的增加，微服务会不断增长，因此需要添加新类型的服务以避免产生技术债务。在系统生命周期的早期，微服务很小，可以处理一般情况。随着时间的推移，更多的特殊情况被添加到业务逻辑中。与其使用更复杂的内部代码和数据结构来处理这些情况，不如将特殊情况分解为有针对性的微服务。消息的模式匹配使这一点变得切实

① GitHub 的 Zach Holman 在 2014 年 10 月的演讲"Move Fast & Break Nothing"中给出了这种技术的规范描述。没有必要完全复制整个生产堆栈，只需复制生产流量的样本即可在可接受的风险水平内测量正确性。

可行，并且这是模式匹配方法的核心优势之一。

有丝分裂模式（见图 5.17）抓住了微服务架构的核心优势之一：能够处理频繁变化、不明确的需求。始终寻找分裂的机会，避免得心应手的编程语言的诱惑（如面向对象设计模式），因为它们会随着时间的推移而累积技术债务。

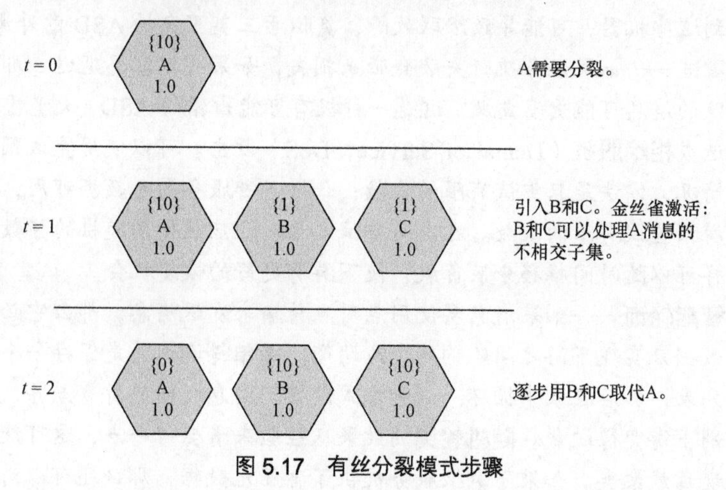

图 5.17 有丝分裂模式步骤

5.7.3 复原能力

第 3 章讨论了微服务系统的一些常见故障形式。微服务的生产部署需要具备复原这些故障的能力。尽管系统永远不可能绝对安全，但应该采取缓解措施。和往常一样，期望的风险水平决定了缓解的程度和成本。

在单体系统中，常常通过重启出问题的实例来处理故障。这种方法简单粗暴，而且通常不是很有效。微服务架构提供了更细粒度的故障处理技术。对消息传递层的抽象很有用处，可以通过扩展该层来提供自动安全设备（Automatic Safety Device，ASD）。记住，ASD 不是灵丹妙药，其本身也可能会导致故障，但其对许多故障形式确实奏效。

下游缓慢

在这种故障形式中，从客户微服务实例（消息发送方）的角度来看，在延迟或吞吐量方面对出站消息的响应超出了可接受的范围。客户微服务可以使用以下动态策略（按复杂性增加的顺序大致排列）。

- **超时**——如果没有在规定时间内响应，则认为消息失败。这可以防止客户微服务上的资源消耗。
- **自适应超时**——使用超时，但不要将其设置为固定的配置参数，而是根据观察到的行为动态调整超时。例如，如果响应延迟与观察到的平均响应时间相差超过 3 个标准差，则视为超时。自适应超时可在整个系统运行缓慢时减少误报的发生，并在系统运行较快时避免故障检测延迟。

- **断路器**——持续缓慢的下游服务应被视为已出故障。断路器需要在消息传递层维护关于下游服务的元数据。这种策略避免了不必要的资源消耗和对整体性能的不必要降低。它确实增加了正常机器过载的风险，因为过多的流量被重定向到这些机器，可能导致级联故障，类似于三英里岛的ASD意外影响。
- **重试**——如果任务执行失败会带来损失，如果可以容忍延迟，那么重新发送失败的消息可能更有意义。这是一种极有可能出错的ASD，大量重试可能会自行造成**拒绝服务**（Denial of Service，DoS）攻击。可以使用重试预算来避免这种情况，方法是只重试有限的次数；如果下游服务的元数据可用，则针对每个下游只重试有限的次数。在发送重试之前，还应该使用随机的指数退避延迟，这样可以随时间推移分散负载，使下游有更好的恢复机会。
- **智能轮询**——如果消息层使用点对点传输来发送消息，那么它必须有足够的元数据来实现下游之间轮询的负载均衡。**简单轮询**方式是保存一个下游微服务的列表，然后在表中循环。这种方式忽略了消息之间的负载差异，可能会导致个别下游变得过载。**随机轮询**的效果从经验来看会好一点，这可能是因为可以实现负载聚类。如果下游微服务提供了背压元数据，那么还可以对轮询算法进行优化：可以选择负载最小的下游，根据其容量对该下游进行引流，还要将下游分组，以避免过于频繁地启动断路器产生多米诺效应。

上游过载

这是另一种过载场景：下游微服务收到过多的入站消息。可以采用的一些策略如下。

- **自适应节流**——不要试图在工作伊始就完成所有的工作。而是将工作排到可以安全处理的限度内。这可以防止服务**抖动**。资源严重受限的服务会把几乎所有的时间都花在任务之间的切换而非在处理任务上。在基于线程的语言平台上，这会消耗内存；在事件驱动的平台上，这表现为单个任务抢占CPU并暂停所有其他任务。与超时一样，最好让节流自适应以优化资源消耗。
- **背压**——为客户微服务提供描述当前负载水平的元数据。此元数据可以嵌入到消息响应中。下游服务不主动处理负载，而是依赖客户微服务的自觉性。元数据让客户微服务的下游缓慢策略更加有效。
- **减载**——一旦达到危险的负载水平，就拒绝执行任务，故意让一定比例的消息失败。这种策略让大多数消息具有合理的延迟但部分失败，而非让大多数消息具有高延迟但鲜少失败。应该将适当的元数据返回给客户服务，这样它们就不会错误地解释减载并触发断路器。要向队列删除、添加哪些服务或立即执行哪些任务可以根据上下文由算法决定。即使是简单的减载器也可以防止多种毁灭性破坏。

除了这些动态策略外，还可以通过应用合并部署模式在更长的时间内减少上游过载。

丢失的操作

要解决此故障形式，请应用渐进式金丝雀部署模式，测量消息流量以确保正确性。第 6 章将更详细地讨论测量。

有害消息

在这种故障形式下，微服务会生成有害消息，触发其他微服务的缺陷，从而导致某种程度的故障。如果针对不同的下游服务不断重发消息，它们将全部失败。可以通过以下方式之一做出回应。

- **丢弃重复项**——下游微服务应跟踪消息标识符，并保留最近的入站消息记录。应该忽略重复的消息。
- **验证**——放弃无模式消息的灵活性，对入站消息数据进行更严格的验证。在项目后期，当需求变更的速度放缓时，这种方式产生的不利影响较小。

还可以考虑构建死信服务。有问题的消息被转发到此服务以进行存储和稍后的诊断。这还有助于监控整个系统的消息运行状况。

保证交付

消息传递失败的方式很多。消息可能没有到达，也可能多次到达。单个微服务可以丢弃收到的重复消息，但这种方法对发送到多个服务的重复消息不太适用。如果此类故障的风险太高，请分配额外的开发工作来实现幂等消息交互。[①]

突发行为

微服务系统有很多活动部件。消息行为可能会产生意想不到的后果，例如触发额外的工作流。可以使用标识符进行事后诊断，但不要主动阻止异常行为。

- **生存时间**——使用递减计数器，每次入站消息触发生成出站消息时，该计数器递减。这样可以防止异常行为在没有任何约束的情况下持续进行。尤其是可以避免无限的消息循环。它不会完全防止所有的异常行为，但会限制它们的影响。计数器的值要根据自己的系统环境确定，但是应该选择较低的值，微服务系统越简单越好。

毁灭性破坏

某些突发行为可能破坏性很强，会使系统进入不可恢复的状态，甚至原始消息这时也可能已不存在。在这种故障形式下，即使采用稳态模式重启服务也无法使系统恢复正常。

---

① 注意不要在项目的早期过度揣摩系统。为了更快地进入市场，最好接受数据损坏的风险。要诚信敬业，与利益相关者开诚布公地做这个决定。第 8 章介绍如何做这样的决定。

例如，某个缺陷可能会使大量服务连续、快速地崩溃。作为替换启动的新服务缓存为空，因此无法处理当前的负载水平。这些新服务很快也崩溃了，并且也被替换。由于系统不能建立足够的容量，因此无法恢复正常。这就是所谓的**惊群效应**。以下是一些解决方法。

- **静态响应**——使用占用资源少的紧急微服务，返回硬编码的响应来临时承担负载。
- **切断开关**——建立一种机制，有选择地停止大型服务子集。这样能够隔离问题，然后可以重启到已知的良好状态。

除了使用这些动态策略外，还可以通过主动测试具有高负载的单个服务来确定其故障点，从而防患于未然。软件系统倾向于快速而非逐渐地出故障，因此需要提前建立安全措施。

以下小节描述提供复原能力的微服务部署模式。

细胞凋亡模式

细胞凋亡[①]模式能够快速删除故障服务，从而自然地减少容量。微服务可以执行自我诊断并在健康状况不佳时自行关闭。例如，消息任务可能因为本地存储已满而失败；微服务能够通过维护内部统计信息来计算运行状况。这种方法还可以通过使用元数据（表明自己出现故障需要关闭）来响应消息，实现主动正常关闭，而不是因为超时被强制关闭。

细胞凋亡模式（见图5.18）对协调容量与负载也很有用。保持活动资源远远超过当前负载所需水平的成本很高。为了降低成本，可以先让服务自行停止（使用概率算法来避免大规模关闭）。再让负载重新分配到剩余的服务上。

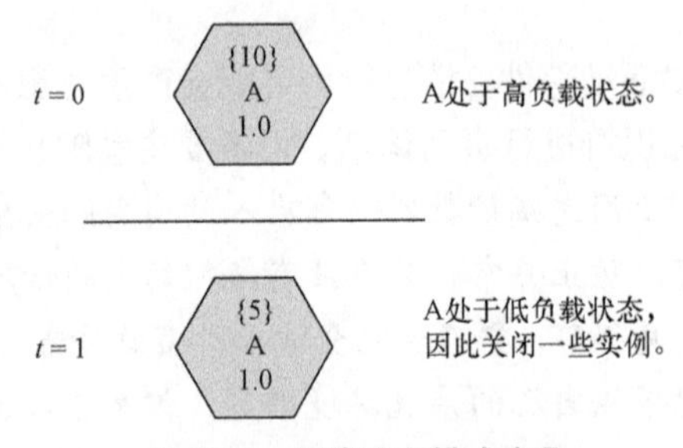

图5.18 细胞凋亡模式步骤

有丝分裂模式

有丝分裂[②]模式自发响应负载的增加，不需要集中控制。单个微服务可以准确地测量自身的负载水平。如果本身负载水平过高，就会触发启动新实例。为了避免新实例大

---

① 如果活细胞受损太严重，就会自杀：细胞凋亡。这可以防止细胞累积损伤导致癌症。

② 活细胞通过一分为二进行复制。有丝分裂是这个过程的名字。

量同时启动，需要使用概率方法。新服务将承担部分负载，让负载水平恢复到可接受的范围。

有丝分裂（见图 5.19）和细胞凋亡应谨慎使用，并且要有内置限制。微服务不能无限增长也不能全部关闭。启动和关闭应该通过基础设施工具执行的原语操作进行，而非通过微服务。

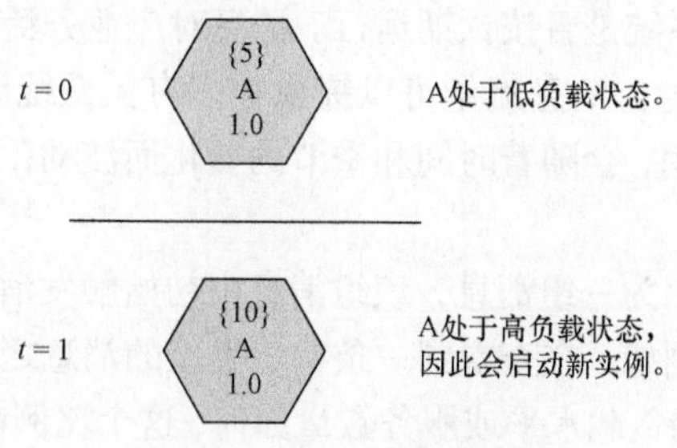

图 5.19　有丝分裂模式步骤

切断开关模式

使用这种模式（见图 5.20），可以通过禁用系统的大部分功能来减少损害。微服务系统就像三英里岛的反应堆一样复杂。各种规模的故障事件都有可能发生。根据经验，这些事件的发生遵循幂律。最终将发生可能造成重大损害的事故。

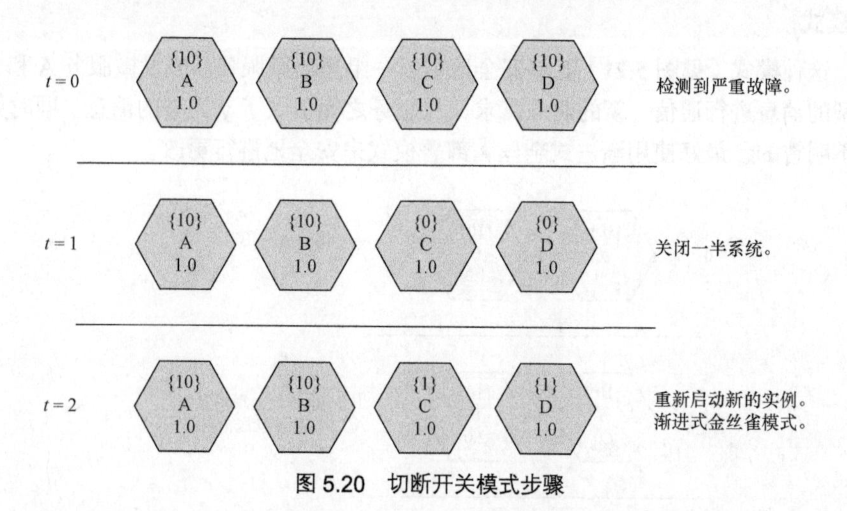

图 5.20　切断开关模式步骤

为了减少损害，要迅速采取行动。在事件发生期间很难找出原因，因此最安全的做法是紧急停止系统。系统的大部分应该能够通过微服务的辅助通信链接来关闭。随着事件的进展，可能要逐步关闭越来越多的部分才能最终控制损害。

5.7.4 验证

对生产系统的持续验证是微服务成功的关键。没有其他活动能降低如此多的风险、提供如此多的价值。这是让持续交付管道可靠运行的唯一方法。

在生产环境中测量什么？CPU 负载水平？内存使用情况？这些有用但并非必不可少。更重要的是验证系统是否按预期运行。消息对应业务活动或业务活动的一部分，因此应该关注消息的行为。消息流量可以提供很多有关系统健康状况的信息。它们本身并没有想象的那么有用，会随着时间和季节的变化而波动；比较部署前后的消息流量更有用。

业务流程可以表示为一组消息，该组消息由初始触发消息扩展生成。因此，消息流量按比例相互关联。例如，在查看到一条特定类型的消息之前，预计能看到两条其他类型的消息。无论系统的负载水平或服务数量如何，这个比例都不会改变。它们是**不变量**。

不变量是系统运行状况的主要指标。当使用金丝雀模式部署新版本微服务时，会检查不变量是否在预期范围内。如果新版本包含缺陷，则会因为某些消息不会生成，而导致消息流量比例发生变化。这是故障的直接标志，毕竟不变量不能改变。将在第 6 章回到这个话题，并在第 9 章讨论一个例子。

下面小节介绍一些好用的微服务部署模式。

版本更新模式

这种模式（见图 5.21）能够安全地更新一组通信微服务。假设微服务 A 和 B 使用 x 类型的消息进行通信。新的业务需求又在服务之间引入了 y 类型的消息。同时更新两者是不明智的，最好使用渐进式金丝雀部署模式来安全地进行更改。

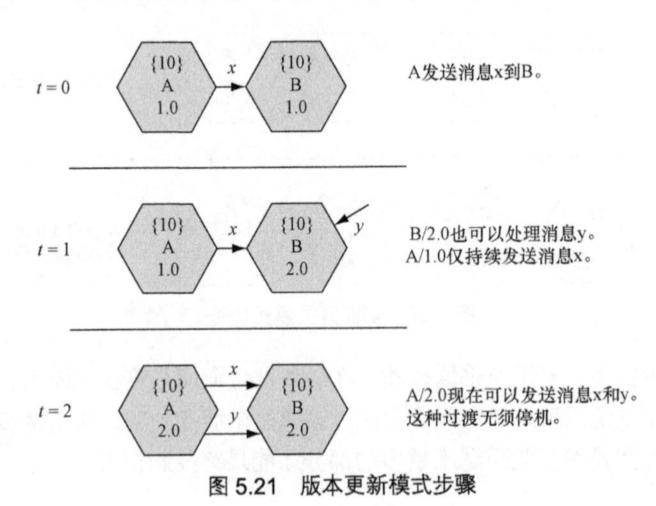

图 5.21 版本更新模式步骤

首先，更新监听服务 B，让其可以识别新消息 y。在生产环境中还没有其他服务生成消息 y，但是可以先验证 B 的新版本不会带来损害。如果新的 B 没有问题，再更新 A，A 会发出消息 y。

这种多阶段更新（每个阶段都使用渐进式金丝雀模式）适用于更改消息交互的许多场景。当消息的内部数据发生变化时，也可以使用它（在本例中，B 必须保留处理旧消息的能力，直到更改完成）。还可以使用它在两个现有服务之间注入第三个服务，方法是首先将该模式应用于交互的一方，然后再应用于另一方。引入缓存也常常使用这种方式，例如第 1 章中的例子。

混沌模式

通过让系统保持低频率小故障来确保系统不出大故障。不管多么不希望服务之间产生依赖，但依赖仍然无法避免。当依赖项失败时，即使每个失败影响都不是很严重，累积的影响也会导致客户服务达到故障阈值。

为防止系统的脆弱性蔓延，请在生产中经常主动让服务发生故障。将故障水平保持在远低于业务要求的阈值，这样它就不会对业务产生重大影响。这实际上是一种有效的保险形式：接受轻微、频繁的损害，以避免重大、罕见的致命损害。

混沌模式最著名的例子是网飞公司的混沌猴，它会随机关闭网飞基础设施中的服务。另一个例子是谷歌游戏日，其会故意触发大规模生产故障以测试故障转移能力。

5.7.5 发现

模式匹配和传输独立性能够提供解耦的服务。如果微服务 A 知道 B 要接收它的消息，那么 A 与 B 就产生了**耦合**。这时，消息传输需要知道 B 的位置，否则消息无法传递。传输独立性对 A 隐藏了传输机制，而模式匹配则隐藏了 B 的标识。标识就是耦合。

消息传递抽象层对 A 隐藏了 B 的位置，但它自己要知道 B 的位置。A（或者至少 A 中的消息层）要能够找到 B 的位置（实际上是 B 的所有实例的位置）。这是微服务系统中的主要基础设施挑战。下面列出了常见的解决方案。

- **嵌入式配置**——将服务位置硬编码为不可变工件的一部分。
- **智能负载均衡**——将所有消息流量通过负载均衡器重定向，负载均衡器知道服务的位置。
- **服务注册**——服务在注册中心登记它们的位置，其他服务在注册中心查找它们。
- **DNS**——使用 DNS 协议解析服务的位置。
- **消息总线**——使用消息总线将发布者与订阅者分开。
- **Gossip**——使用 Gossip 点对点成员协议来共享服务位置。

没有完美的解决方案，它们都需要取舍和权衡，如表 5.1 所示。

表5.1　服务发现方法

服务发现	优　点	缺　点
嵌入式配置	容易实现。适用于小型静态系统	不可扩展，因为大型系统处于不断变化之中。非常强调标识：原始网络位置
智能负载均衡	可使用经过验证的生产质量工具进行扩展。例如NGINX和网飞公司的Hystrix	需要单独管理的非微服务网络部件。负载均衡器对传输选项进行了强制限制，并且必须使用其他发现机制自行发现服务位置。保留了标识：请求URL
注册	可使用经过验证的生产质量工具进行扩展。例如Consul、ZooKeeper和etcd	非微服务网络部件。因为没有通用标准，所以高度依赖所选解决方案。非常强调标识：服务名称
DNS	有大量经过验证的生产质量工具。很容易理解。其他机制可以使用它来替换原始网络位置从而弱化标识	非微服务网络部件。有管理开销。需要弱标识：主机名称
消息总线	可使用经过验证的生产质量工具进行扩展。例如RabbitMQ、Kafka和NserviceBus	非微服务网络部件。有管理开销。需要弱标识：主题名称
Gossip	没有标识的概念！不需要额外的网络部件。尚处于发展阶段，但已显示出规模效应①	消息层必须具备额外的智能处理负载均衡。正在急速实现

① SWIM算法在优步公司取得了成功。参阅Lucie Lozinski的文章“How Ringpop from Uber Engineering Helps Distribute Your Application”，2016年2月4日。

5.7.6 配置

如何配置微服务？配置是导致部署失败的主要原因之一。配置是否与服务一起存在并不可变地打包到工件中？配置能否放到网上并且动态地适应现有条件，然后提供一种额外的方式来控制服务？

如果配置与服务打包在一起，那么配置更改与代码更改没有什么不同，必须以相同的方式通过持续交付管道推送。虽然这确实提供了更好的风险管理，但也意味着当需要更改配置时，可能会遇到难以接受的拖延。也可以向工件存储添加额外的条目，并为每个配置更改审计日志，但这可能会使数据库变得混乱，降低它们的用处。最后，由于一些网络组件（如智能负载均衡器）需要动态配置才能更好地发挥作用，因此不能将所有配置放在工件中。

另一方面，网络配置既无法确定地复制系统，也不能充分享受不变性带来的安全性。即使某个工件今天部署没问题，也有可能明天部署就失败。由于配置更改的控制流程和控制工具不能使用工件管道完成，因此需要单独定义它们。还需要部署网络服务和基础架构来存储和提供配置。即使大多数配置是动态的，有些配置还是需要特别处理，尤其是配置的网络存储位置！仔细观察会发现，许多服务都有大量潜在的配置，这些配置来自其包含的第三方库。这些第三方库的配置信息公开太多没有什么益处，需要确定通过动态配置将其公开到何种程度。最实用的选择是将低级别配置嵌入到部署工件中。

因为这两种方法都不能提供完整的解决方案，所以最终将得到一个混合解决方案。不可变打包方法的优点是可以将交付管道重用为一种控制机制，并提供更可预测的状态。将大部分配置放入不可变工件是一个合理的权衡。同时，动态配置也必不可少，应该尽早规划。

在进行配置时，需要避免两种危险的反模式。使用微服务并不能避免其侵害，因此应保持警惕。

- **自动化解决方案**——在配置时，通过编写代码绕过自动化工具的限制。例如，使用功能标志，而不是生成新的工件。如果过多地这样做，将创建一个不受控制的辅助指令结构，破坏系统属性，削弱不变性带来的好处。
- **图灵的报复**——随着时间的推移，为了操作方便、减少重复工作，配置格式往往会扩展出编程结构。[1]现在，系统中有了一个新的、不请自来的编程语言，它没有正式的语法、存在不确定的行为、还没有调试工具。这只能听天由命了！

5.7.7 安全

微服务架构没有提供任何内在的安全优势，如果不小心可能会引入新的攻击向量。尤其是与外界共享微服务消息是一种常见的诱惑。这非常危险，因为其将每个微服务都暴露为攻击面。

必须要绝对隔离：要在微服务消息的内部世界和第三方客户的外部世界之间建立**隔离区**（DeMilitarized Zone，DMZ）。将 DMZ 作为两者之间的中介。在实践中，微服务系统应该公开传统的集成点，例如 REST API，然后将对这些 API 的请求转换为消息。这样就能实现对输入的严格管理。

微服务通过网络通信，而网络则意味存在攻击机会。微服务应该存在于它们自己的私有网络中，并具有定义明确的入口和出口路由。系统的其余部分使用这些路由与整个微服务系统进行交互。不要公开到特定微服务的消息路由。

这些预防措施可能仍然不够，要考虑攻击者对微服务网络具有某种程度的访问权限的情况。可以应用**纵深防御**的安全原则，分层加强安全性。在更强的安全性和运营影响之间不可避免需要权衡取舍。

尝试建立几个安全层，赋予微服务拒绝的权利，并且让它们对接收的消息更加严苛。

---

① 最初的针对特定领域的声明性语言（如配置格式），往往会随着时间的推移积累编程特性。通过一组有限的操作非常容易实现图灵完备性。

高度严苛的服务将导致更高的错误率，但可以延迟攻击，让攻击成本更高。例如可以限制微服务响应请求时返回的数据量。这种方法需要为每个微服务单独定制。

服务之间通信时可以要求共享机密，并且对消息签名。这可以防止攻击者向网络注入消息。机密的分发和循环引入了操作的复杂性。消息签名需要密钥分发并引入延迟。

如果数据很敏感，可以加密微服务之间的所有通信。这会引入延迟和管理开销，不能掉以轻心。极其敏感的数据流可以考虑使用合并模式，尽可能避开网络。

为了使这些防御措施有效，要安全地存储和管理机密和加密密钥。如果密钥在网络中很容易访问，那么加密消息就没有意义了，但是微服务必须能够访问机密和密钥。要解决此问题，需要引入另一个网络元素：提供安全存储、访问控制和审核功能的密钥管理服务。[①]

5.7.8 阶段系统

阶段系统是持续交付管道的控制机制。它包含传统元素，例如持续集成地构建服务器。它还可以由多个部分组成，它们测试系统的各个方面，例如性能。

阶段系统还可以为交付管道提供手动阀门。无论是在政治上还是在法律上，这些阀门通常都不可或缺。持续交付能有效降低管理风险、快速交付业务价值，随着时间的推移，它的有效性会逐渐凸显，可以让公司对交付的产品更有信心，从而放宽过于仪式化的手动签核。

阶段系统为开发团队提供了一种自助服务机制，可以将更新一直推送到生产环境。授权团队这样做是持续交付成功的关键组成部分。第 7 章讨论这一人为因素。

阶段系统应该收集统计数据来测量代码交付的速度和质量。对于给定的风险级别，了解代码从概念到生产平均需要多长时间很重要，因为这能反映持续交付管道的效率。

不同项目、不同公司之间阶段系统差异巨大。测试级别、分段数量和工件生成机制都高度特定于上下文。当在公司中增加微服务和持续交付的使用时，要避免对阶段系统功能的定义过于规范；必须让团队适应自己的情况。

5.7.9 开发

微服务开发环境应该允许开发人员一次只关注一小部分服务，通常是单个服务。消息抽象层在这里发挥了重要作用，因为它使模拟其他服务的行为变得容易。[②]微服务模拟不需要实现复杂的对象层次结构，只需要实现示例消息流。这使得在完全独立于系统

---

① 例如 HashiCorp Vault、AWS 键值存储（Key-Value Store，KVS）；如果不考虑成本，还可以算上硬件安全模块（Hardware Security Modules，HSMs）。

② 有关实际示例，参阅第 9 章的代码。

其他部分的情况下，就可以对微服务进行单元测试。

可以将微服务作为入站和出站消息之间的纽带，以便让你能够专注于系统的一部分。它还支持高效地并行工作，因为来自其他微服务（可能还不存在）的消息很容易被模拟。

隔离并不总是可行或合适。开发人员通常需要在本地运行系统的小子集，并且需要工具来实现这一点。开发时运行生产系统的完整副本是不明智的做法。随着生产环境增长到数百个不同的服务甚至更多，在本地运行服务将变得非常占用资源，最终这样的做法将变得不可能。

如果只运行系统的子集，如何确保为系统的其他部分提供合适的消息？一种常见的反模式是使用测试版本或阶段系统来执行此操作。最终将导致使用状态极不确定的共享资源。这与共享开发数据库的反模式相同。

开发人员应该为他们的服务提供一组模拟消息。这些模拟消息在哪里？在一种极端情况下，可以将所有模拟消息流放在一个通用模拟服务中。所有开发人员都向该服务提交代码，因为工作不太可能重叠，所以基本不会发生冲突。在另一种极端情况下，可以在实现每个服务的同时提供一个模拟服务。而模拟服务非常简单，它返回硬编码的响应。

对于大多数团队来说，实际的解决方案是在折中的某个地方。从单一的通用模拟服务开始，并在它变得过于笨拙时应用拆分模式。具有共同点的服务集倾向于使用它们自己的模拟服务。开发环境通常是一小部分实际服务，以及一两个模拟服务。这将最大限度地减少开发人员机器上所需的服务进程数量。

模拟消息由构建微服务的开发人员定义。这带来了一个不利的影响：某些开发人员只关注预期行为，对例外情况考虑不周（其他开发人员会以意想不到的方式使用他们的服务），会导致模拟不够全面。如果允许开发人员向不属于自己的服务添加模拟消息，那么模拟将很快与现实情况不符。一种解决方案是将捕获的消息添加到示例消息列表中。从生产系统或阶段系统日志中捕获示例消息流，并将它们添加到模拟服务。即使是中型系统，此操作也可以手动完成。

当心分布式单体！

怎么知道正在构建分布式单体？如果需要运行所有或大部分服务才能完成开发工作，如果无法在其他微服务未全部运行的情况下编写微服务，那么就有问题了。

分布式单体很容易导致为每个开发人员运行一个大型云服务器实例。在这种情况下，开发将变得异常缓慢。这就是为什么必须投资消息传递抽象层，并避免迷你 Web 服务器反模式的原因。

要仔细考虑在项目中使用的模拟策略。它必须能够让开发人员使用系统的特定子集进行构建。

5.8 总结

- 必须接受故障不可避免的事实。从这个角度出发，尽可能让故障均匀分布，并避免影响严重的灾难性故障。
- 传统的软件质量方法是基于对完美主义的错误执念。企业软件系统不是桌面计算器，不会每次都给出正确答案。系统越完美成本就越高。
- 通常，故障的风险要比人们以为的高得多。在基于组件的系统（如企业软件）中对风险概率进行简单的数学建模能够更直观地看到这一点。
- 微服务能够更准确地测量风险。这使得人们能够定义系统必须满足的可接受错误率。
- 通过将微服务打包成不可变的部署单元，可以定义一组部署模式来降低风险，并实现自动化，从而有效地管理生产系统。
- 通过对风险的准确测量，可以构建持续交付管道，让开发人员快速、高频地向生产环境推送微服务更改，同时保持可接受的风险水平。

第二部分

运行微服务

大多数情况下，软件由公司的专业人员编写。人和公司环境对项目的成功有很大影响。本书的第二部分讲解如何利用微服务架构的工程优势来克服环境带来的挑战。使用这里介绍的策略，可更专注于提供对业务至关重要的功能。

- 第 6 章将业务目标与代码联系起来。开发的系统必须足够可靠，但也不必过于追求完美，只要证明系统能够满足业务目标即可。此章介绍测量什么以及如何测量。
- 第 7 章介绍如何从单体系统升级到微服务系统。这可能是软件架构师面对的最常见情况。此章主要讨论单体令人窒息的技术债务，介绍管理和隔离它们的实用方法。
- 第 8 章提出面临的最大挑战：应对公司变革中的政治问题。在大多数公司，微服务能够让快速交付更容易，能够跟上需求的不断变化。然而，仍然需要谨慎选择政治策略，为活动建立支持基础。
- 第 9 章完整地开发了一个新系统，该系统从设计之初就积极主动地使用微服务架构。此章的重点是源代码和工具，可帮助测量微服务对软件团队工作的实际影响。

微服务并不适用于所有情形，即使适用，公司也可能没有准备好进行必要的变革来充分利用它们。如果不能明智地选择时机和项目，你的职业生涯就可能会因此受到影响。而且，作为新事物的引荐者，你将直面所有责难。本书的这部分将告诉你如何避开这些暗礁险滩。

第6章 测量

本章内容

- 监控单体和微服务
- 由许多小部件组成的监控系统
- 使用散点图可视化系统行为
- 测量消息和服务
- 使用不变量验证系统运行状况

微服务系统需要被监控。不仅如此，它们还需要**被测量**。传统的监控方法是收集时间序列指标（如 CPU 负载和查询响应时间），当系统由许多小的、不断更替的部件组成时，这种方法就没那么有用了。因为微服务太多，无法单独考虑每个微服务。

必须拓展系统观测的概念。测量系统而非监控它。微服务系统会随着业务需求的变化自然增长，采用面向测量的方法可以发现和理解系统的现状，而非当初的设计初衷。这种测量并不局限于时间维度，还可以面向系统内不断变化的关系网络。

与往常一样，需要询问这样做的价值在哪里。测量的目的是什么？它能实现下面 3 个目标。

- **验证业务需求**——通过一组测量指标，展示系统是否满足业务目标。
- **验证并了解系统的技术功能**——确保一切正常运行，并持续保持正常。
- **管理风险以便快速行动**——能够在不破坏系统的情况下快速变更系统。

下面使用第1章中的微博系统来演示如何应用和可视化测量。[①]

6.1 传统监控的局限性

用于单体系统的常规监控称为**遥测**。它专注于每台服务器的指标。这些指标大多是时序数据，还有部分指标是容量检查。它们不但可以测量计算机上的CPU和内存负载（虚拟的也可以）、网络流量和磁盘空间。还可以测量Web服务端点上的响应时间并记录慢速查询。

在使用少量应用程序服务器（每个应用程序服务器使用一个主数据库和几个只读的辅助数据库）进行负载均衡时，这些测量指标就足够了。部署新版本单体时，如果出现问题，系统反应会非常明显，响应时间会激增、错误率会飙升。出问题的系统元素可以轻松地被找出来。因为系统只有几个部分，所以诊断很简单。

数据库索引

当昨天运行良好的应用程序突然开始出错时，几乎可以肯定是因为某个数据库列缺少索引。这是首先要考虑的因素，也是首先要消除的因素。

检索数据库列是应用程序核心逻辑的一部分。通常这些数据库列都是主键，它们始终被索引，因此记录数量的增加不会导致问题。还可以根据需要自行创建索引。

但是很容易忽视一些对性能有关键影响的列。通常，只有在生产环境运行一段时间并积累了大量数据之后，才会清楚地知晓对哪些列存在依赖。数据库达到临界点时，性能会突然下降。

遗憾的是，微服务也无法解决这个问题，同样会出错。当处理数据的微服务出现异常行为时，请检查索引！

6.1.1 经典配置

第1章微博系统的一个核心功能是显示用户时间线。用户时间线是用户能看到的其关注用户发布的全部条目。时间线的响应性对于系统的正确运行至关重要。要充分了解系统中哪些问题会导致延迟增加。

暂时将微博系统想象成一个单体，有8台应用服务器运行所有功能。接着，收集时间线查询的响应时间并将其存储为时间序列数据。为每个查询存储其发生的时间以及返回结果所用的时间。为所有8个应用程序服务器都执行此操作，并使用时间序列数据库和相关的监控工具[②]生成响应时间随时间变化的图表，将每个服务器的平均响应时间展示出来。因为可以在图表中看到响应时间随时间的变化，所以只要服务器出问题，便能够很快

---

① 有必要回到第1章，回顾一下微博系统的完整微服务图（见图1.5）。本章只展示该图的相关部分。

② 可以用商业解决方案，如New Relic。也可以用开源解决方案，如Graphite。

地发现。在图 6.1 中，可以看到服务器 A 的平均响应时间出现了问题。[1]

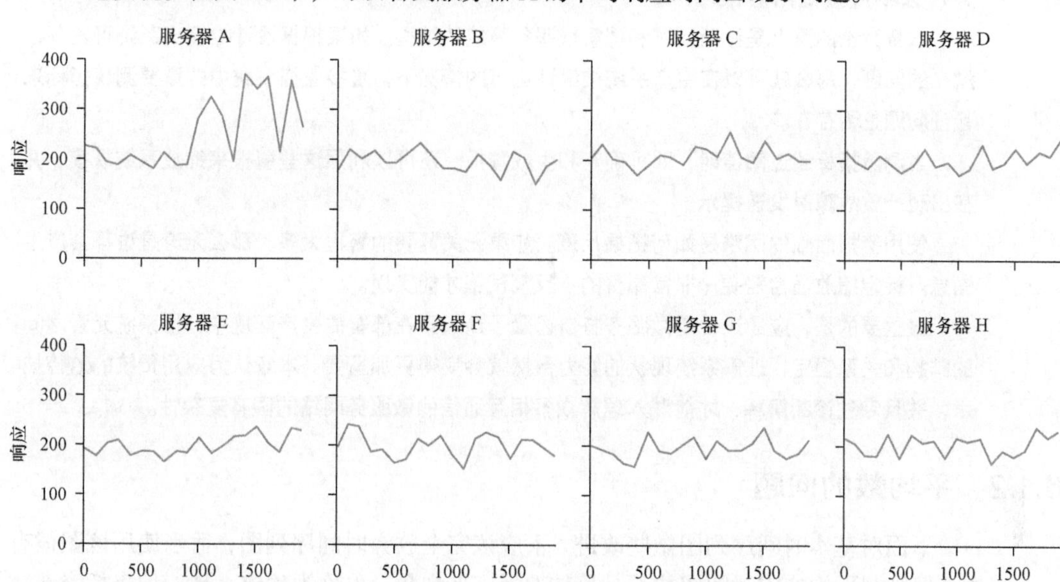

图 6.1　经典的响应时间图

时间序列数据

时间序列数据显示测量随时间的变化。测量可能是入站请求的数量或这些请求的响应时间。可以通过漂亮的折线图来展示，横轴是时间，纵轴是数值。

对图表的理解很重要。图表上的每个点都不是特定事件：它是给定时间段内一组事件的概括统计。要想以秒为单位绘制图表，需要对每秒内的所有事件取平均数，再用平均数来绘制。

这不是唯一的方法。还可以使用其他概括统计量，例如中间值（中间点）或过去 30 秒的滚动平均数。

基础数据是特定时间点的一组值。由于通过网络存储或发送的数据太多，因此大多数分析解决方案在将数据从客户端发送到时间序列数据库之前都会对数据进行聚合。时间序列数据库也会对数据进行汇总以减少存储需求。

时间序列图是个有用的工具，但请记住，幕后总是充满了变数。

下面从生产环境微服务系统的角度讨论这种方法。许多类型的微服务协作都生成时间线，并且每种微服务类型都有许多实例。轻易就会生成数百个响应时间图表，查看这么多图表显然不可行。传统的时间序列测量方法明显不适用于微服务架构，需要一种能够处理大量独立元素的测量方法。

① 本章中的图表使用 Python 数据科学工具生成，如 seaborn。模拟数据清晰明了，有助于提出教学观点。真实数据远比模拟数据杂乱。

为什么不直接使用警报？

本章讨论的重点是诊断问题和理解微服务系统的结构。如果根据设计推测出系统可能存在潜在的问题，那么就可以在生产系统按设计运行的情况下，直接监控系统中的重要测量指标来验证问题是否存在。

当测量指标超过阈值时，即可确定和生成警报。还可以利用这些警报来缩放系统规模，并在出现严重故障时发送提示。

使用警报面临的困难是如何把握尺度。如果无关紧要的警报太多，那么无论是谁都会产生懈怠。标定缩放通常需要（非常昂贵的）反复试错才能实现。

最重要的是，应通过使用微服务将自己置于众人正在部署的生产环境中，让系统元素之间的结构和关系恒定，理解系统现状的能力自然就会变得更加重要。本章认为应用传统的监控技术，并且专注诊断解释，才能深入理解众多相互通信的微服务网络的固有复杂性。

6.1.2 平均数的问题

下面对基本时间序列图做些改进。不应该完全放弃时间序列图，适当使用该图很有用，但绘制平均响应时间图并不是最佳选择。平均数，也称为**均值**，是一种概括统计数据，从定义可知它隐藏了信息。如果响应时间均匀且紧密地分布在平均数附近，那么这将很好地表明你关心的是什么，即用户的性能体验。问题是响应时间呈**偏态**分布。[①]它们没有始终接近平均水平。有些响应时间要高得多，尽管平均响应时间似乎可以接受，但有些用户会体验到非常差的性能。如果将响应时间按每 50 ms 分组，然后绘制每个组中的响应数量，会得到如图 6.2 所示的直方图。[②]

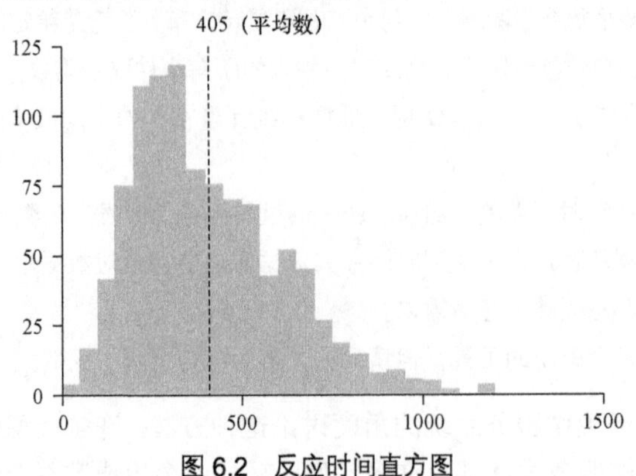

图 6.2 反应时间直方图

① 平均数或均值能够对正态分布数据进行很好的概括。正态分布是一种随机性数学模型，它假设测量值都接近并平衡在某个中心“真实”值附近。

② 直方图显示了每个感兴趣的类别中出现的项目数，可以按数字范围构建类别，然后将响应时间数据对应到不同类别，来查看哪个响应时间更普遍。

假设为了提高性能，决定添加缓存机制。值得高兴的是响应时间平均数会下降。但仍有客户不断抱怨性能差。为什么？缓存会使大约一半的请求变快，但另一半请求仍和以前一样，并且仍然有少量请求非常慢。如图 6.3 所示，平均数现在位于中间，并不能反映大多数用户的体验：只有小部分用户体验到“平均”性能。

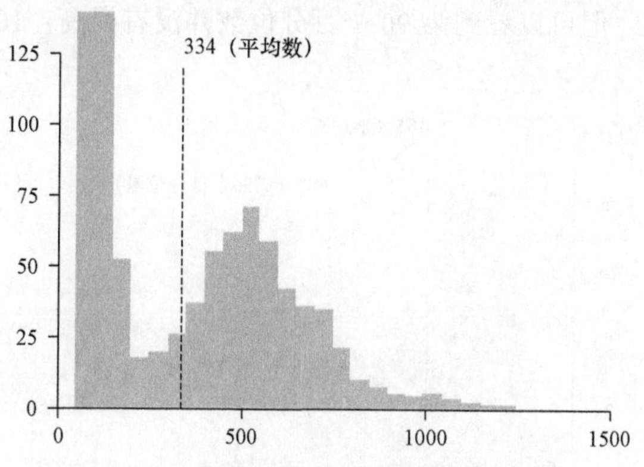

图 6.3 响应时间直方图，缓存导致两个峰值

还可以考虑其他统计数据。为了了解系统性能是否可以接受，最好能够知道大多数用户的体验。**中位数**是将数据一分为二的值。如果计算响应时间的中位数，就会知道一半用户响应时间较快，另一半用户响应时间较慢。但中位数仍然不能反映哪些用户的性能体验糟糕。有些用户的体验始终很差，只有知道有多少这样的用户，才能设置一个可接受的错误率。①

6.1.3 使用百分位数

这个问题的一个有用的解决方案是从业务价值的角度出发。只有体验较差的用户占比超过某个数时，才值得花钱买更多的服务器来提升性能。这往往是一种主观判断，可能会选择 10%、5%或 1%的任意答案。无论这个数字如何确定，都可以用来定义响应时间目标。如果决定响应时间最多为 1 秒，并且最多 10%的用户响应时间高于 1 秒，那么可以反过来用更方便的方式提问：响应时间是多少时，90%的用户的响应时间不超过它？为了满足性能要求，这个响应时间不应超过 1 秒。它被称为**第 90 个百分位数**。②

百分位数很有用，因为它们更符合业务需求。大多数客户都应该有良好的体验，通

① 构建让所有用户都具有完美体验的系统没有多大意义。构建这样的系统是**可能**的，但成本极高，成本和收益不成正比。总能找到一个能平衡成本和业务目标的故障水平。有关该原则的更多信息参阅第 8 章。

② 要计算百分位数，需要取所有的数据点，按升序排序，然后取索引在$(n \times p/100)-1$ 的值，其中 n 是值的数量，p 是百分位数。例如，{11,22,33,44,55,66,77,88,99,111}的第 90 个百分位数为 99（索引为 8==(10×90/100)–1）。直觉上，90%的值等于或小于 99。

过绘制百分位数，可以直接测量这一点，并且可以用独立于数据分布的方式进行测量，而平均数无法做到。这也适用于上文提到的缓存场景（有两个用户体验组），并且能够提供有用的概括统计数据。

图 6.4 和图 6.5 将第 90 个百分位数添加到之前的响应时间直方图。尽管缓存提高了平均响应时间，但可以看到第 90 个百分位数并没有提高：10%的响应仍然大于 680 毫秒。

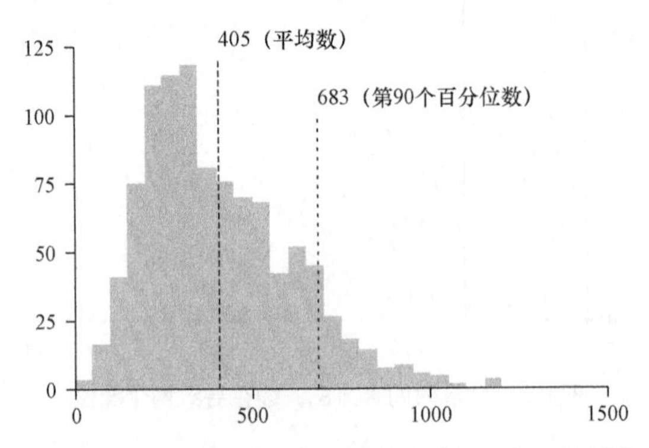

图 6.4 响应时间直方图（无缓存），第 90 个百分位数

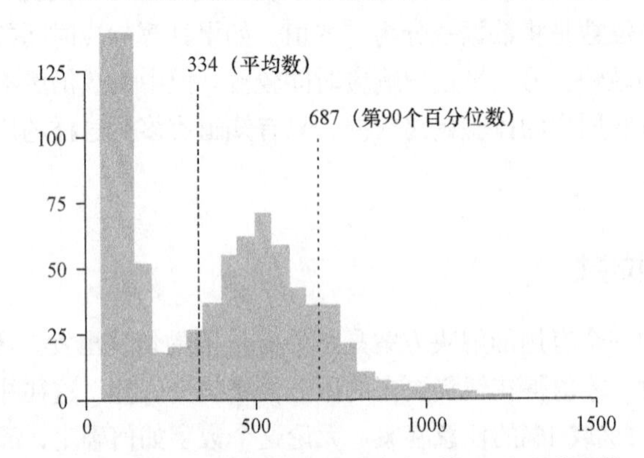

图 6.5 响应时间直方图（有缓存），第 90 个百分位数

下面讨论一个单体架构中的故障场景，看看百分位数如何提供帮助。假设有个由几十台服务器组成的系统。其中一台服务器的某个 API 端点出现问题。在对系统指标的日常检查中，这个 API 端点的服务器响应时间如图 6.6 所示。

这个图表显示了响应时间随时间的变化。图表计算了每个时间单元的平均数和第 90 个百分位数。为了帮助了解底层数据的分布，每个响应时间都显示为一个灰点（这通常不是分析解决方案显示的内容）。通过比较历史表现和当前表现，可以看出情况有所恶化。平均数并不能清楚地显示这个问题，但百分位数可避免遗漏该问题。当服务器数量不多时，这种方法会有用，但显然无法扩展到微服务。

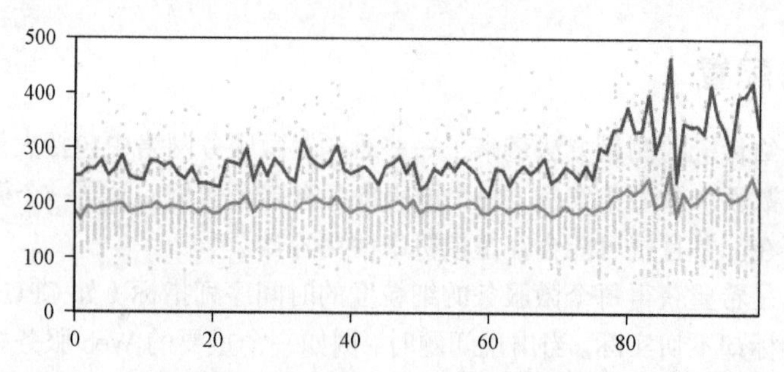

图 6.6 平均响应时间和第 90 个百分位数响应时间的时间序列图

概括统计数据很糟糕

概括统计数据是从许多数据中提炼出一个数字。它的目的是通过把大数据集浓缩成一个数字，从而对该数据集有一个直观感觉。因为信息会丢失，所以可能会造成误导。尤其是数据集的特征会丢失，而数据的某些特征（如分布方式）可能与平均数一样重要。

一个著名的例子是安斯库姆四重奏：4 个完全不同的数据集中的 x 和 y 值具有相同的概括统计数据。x 值的平均数始终为 9，y 值的平均数始终为 7.5。

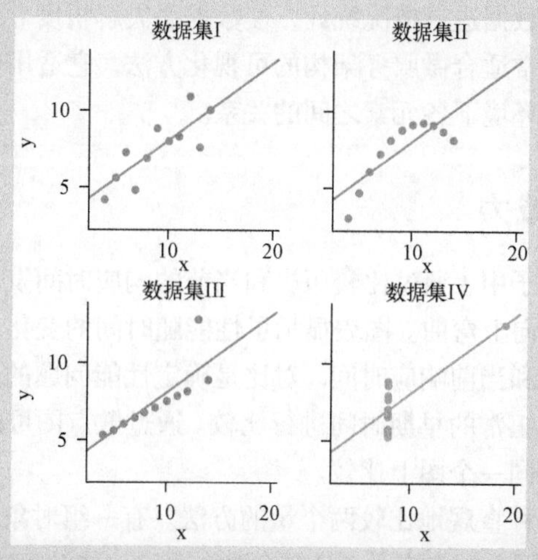

安斯库姆四重奏：每个数据集中 x 和 y 的平均数都相同

对于更技术性的概括统计数据（如方差），这些数据集也具有相同的值。安斯库姆四重奏说明了将微服务系统的测量结果可视化，而非只是简单地总结概括它们的重要性。

在理解系统性能方面，百分位数比平均数更好，但也不应该被它所迷惑。它仍然是概括统计数据，也隐藏了信息。也不要认为计算它很简单（必须对大量数据进行排序）。许多分析解决方案会给出一个估计的而非真实的百分位数。选择解决方案时应仔细阅读细则。

6.1.4 微服务配置

微服务给传统的测量方法带来了一些难题。微服务网络中包括大量的元素。一个生产系统中有数百个微服务实例，每个微服务又有多个实例，而同一个微服务的多个版本还会同时存在。并且很可能会在虚拟机中使用容器。

尽管总是希望获得每个微服务的细粒度的时间序列指标（如 CPU 负载），但是查看所有这些指标却不切实际。当出现问题时，例如一个重要的 Web 服务端点的响应时间下降时，应该从哪里开始排查？没有人会打开每个微服务来检查其指标。

以下是需要解决的测量问题。

- 无须观察所有组件即可监控系统的运行状况。
- 了解系统的实际结构。
- 快速轻松地诊断和隔离故障。
- 预测哪里会出现问题。

必须以某种方式将系统状态总结为一组实用的测量指标。时间序列图的问题在于，要么必须绘制所有服务的数据，最终得到一个难以解读的噪声图表，要么（使用平均数或百分位数）对数据进行概况统计，使数据丢失解析度导致无法有效区分。

散点图是非常适合微服务架构的可视化方法。它适用于分析大量元素的关系，准确地说就是微服务环境下各元素之间的关系。

6.1.5 散点图的威力

在单体的例子中，通过比较历史和当前的响应时间发现了一些问题。在图中可以直观地看到：线条向上弯曲。图表显示了性能随时间的变化，并且通过调整能够很容易显示历史响应时间和当前响应时间。对比是确定性能问题的关键，因此要将当前有问题的响应时间与性能正常的早期时间进行比较。通过散点图可以对数百个微服务进行这种比较，并且可以在同一个图上比较。

散点图是一种直观地比较两个量的方法。有一组对象（如服务器、消息或微服务），每个对象都会在图上用点表示，且都有两个要比较的数字属性：一个用于 x 轴，另一个用于 y 轴。下面这个经典的散点图例子比较了一群人的体重和身高（见图 6.7）：通常认为高的人更重，因此这些点形成了一个偏向右上的形状。这表明这两个量相关。[①]

---

① 数据来自以下报告："Anthropometric Reference Data for Children and Adults: United States, 2007–2010"，美国卫生统计中心、疾病控制和预防中心。在科学研究中，散点图通常用于显示两个变量之间的**相关性**，以调查一个变量是否会导致另一个变量的变化。相关性本身不能做到这一点，因为它只显示变量之间的关系，需要使用其他基础科学理论来论证因果关系。就目的而言，在生产软件系统中，最关心的是作为诊断工具的关系，而非证明因果关系。

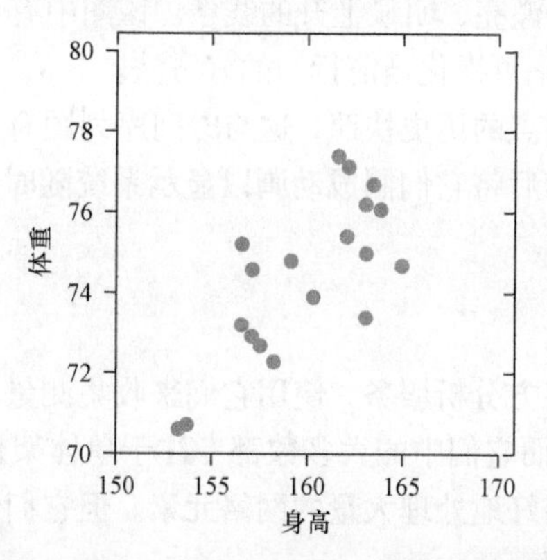

图 6.7　体重（千克）与高度（厘米）的散点图

散点图需要两个数值属性，这对于时间序列数据来说是个问题，因为它们只有一个数值属性：某个时间的测量值。[①]如何定义两个数字来描述响应时间，以便对比每个微服务的当前和历史行为？答案位于问题的题干中：使用历史时间段和当前时间段的概括统计数据。

将过去 24 小时的响应时间作为历史数据，将过去 10 分钟的响应时间作为当前数据。[②]可以使用平均响应时间来概括数据，但是正如所见，当想知道大多数用户的体验时，这个统计数据并没有什么用处。因此使用第 90 个百分位数。假设有 100 个微服务，为每个服务计算该百分位数，然后绘制散点图，如图 6.8 所示。

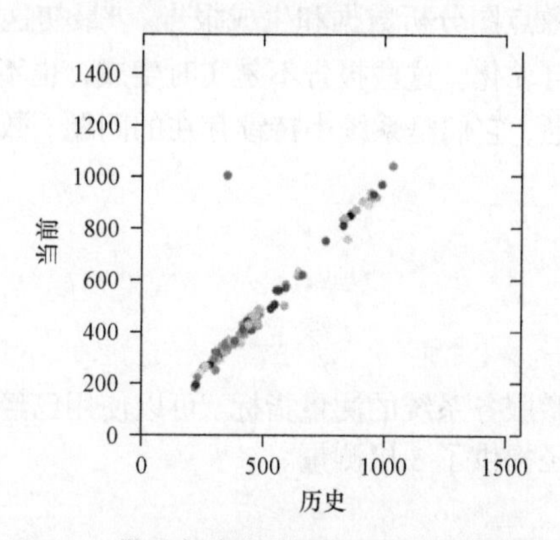

图 6.8　微服务响应时间的当前行为散点图

如果一切都按预期运行，那么当前性能应该与历史性能类似。响应时间应该高度相

① 随着时间的推移绘制出一个时间序列。
② 根据自己的数据和系统的需要调整历史和当前时间范围。

关，并在图中形成一条漂亮、明显上升的线条。该图中有个异常值，能够轻松识别出错误的服务器。[①]散点图是可视化当前行为的好方法。

散点图是单个时间点的历史快照，这与时间序列图有显著不同。如果生成一系列随时间变化的散点图，然后将它们制成动画以显示系统随时间的变化，那么会非常有用。

6.1.6 构建仪表板

强烈建议注册第三方分析服务，使用它们来收集测量数据。市场上有各种各样的解决方案可供选择。[②]然而它们中的大多数都专注于单体架构。这意味着它们主要专注于时间序列分析，不能很好地处理大量的网络元素。但它们仍然很有用，对微服务系统这些方面的测量也很重要。

为了全面测量系统，并让团队用上本章讨论的测量技术，需要自行构建一个小型自定义解决方案。随着时间的推移，分析工具对微服务的支持将越来越好，需要做的自定义工作也会越来越少。与部署一样，选择微服务意味着在过渡期间需要自行定制工具，在决定使用微服务时要充分考虑到这一点。

大多数开源分析和仪表板解决方案通常专注于各自不同的传统需求。因此构建自己的解决方案时要根据自己的需求选择多个不同的开源组件，才能方便地进行自定义数据处理和自定义图表绘制。[③]构建“优秀”的仪表板并不是太难的事情。通过将原始数据（适当汇总）加载到浏览器中，然后使用图表库能够手动生成很多漂亮的图表。

没有必要构建交互式仪表板。现在有越来越多的数据科学工具可用，商业和开源的都有，它们支持使用散点图分析数据和生成报告。[④]最初这可能是个手动过程，但如果需要可以很容易实现自动化。这些报告不是实时生成，也不会帮助排除故障。然而，许多故障也不是转瞬即逝，它们是系统中持续存在的问题。数据科学工具对诊断和理解这类问题很有用。

6.2 微服务的测量

要按体系来明确微服务系统的测量指标。可以使用已经定义的从业务需求到消息再到服务的路径，该路径提供了3层测量。

---

① 在这种情况下，“轻松”意味着正在使用可以交互式识别数据点的图表库。

② 商业解决方案包括New Relic、AppDynamics、Datadog等。

③ 尝试InfluxDB、Graphite、Prometheus。

④ 数据科学工具很有用，值得花时间去学习。Anaconda是一个很好的起点，它是一个包含Python、R、Scala等工具的包。

6.2.1 业务层

业务需求既包含定性需求也包含定量需求。定性需求从工作流、功能和主观体验方面描述用户体验。定量需求通常数量较少，往往侧重于易于量化的业务目标、性能水平、系统容量以及可接受的错误率（如果已经确定）。

仪表板必须采集和显示这些量化的业务指标，而且应该提前规划如何采集它们（第7章讨论这些指标对项目成功的重要性）。从技术角度看，可以通过使用系统中的消息流来简化采集这些指标。例如，电子商务应用程序的转化率是确认消息与结账消息的比率。[①]并不是所有指标都可以从消息中获取，但应该尽可能充分地利用消息进行分析。

定性的业务需求如何测量？定性的不是无法测量吗？[②]答案是否定的！任何东西都可以测量，即使无法直接测量还可以间接测量，在某种意义上说总是可以减少对某事的不确定性。例如，系统的工作流由微服务的消息流表示，通过跟踪系统中消息的因果流，可以验证工作流是否按照设计进行。这是对系统与业务分析是否一致的测量。与其追求毫厘不差，不如接受实践中会有偏差，然后找出偏差在哪里。也许实际构建的工作流比原始设计更好；也许它们没有理解关键的业务驱动因素，需要纠正。

如何测量诸如“系统应该是用户友好的”这样的目标？这里有个方法：测量完成目标的工作量。[③]业务需求定义了一组用户目标，例如“查找产品”“执行结账”“注册时事通信”等。用户在时间和交互方面需要付出多少工作才能实现这些目标？尽管这些交互不同于工作流（因为它们是无向的，用户可以通过许多路径达到目标状态），但仍然可以用消息流作为代理来进行测量。在这种情况下，不能再通过消息的因果关系来跟踪消息流，而是通过其他属性（如用户标识符）来跟踪。

定性需求的测量角度是：先将定性需求转化为消息交互，再将消息交互作为代理来测量定性需求。例如，完成的订单必须生成确认电子邮件和仓库指令。表示这些业务活动的消息计数应该相互关联。通过这种方式，系统的许多方面都可以表示为消息。这是微服务架构的一个不那么显而易见的优点，采用面向消息而非面向服务的视角时更容易将系统表示为消息。

6.2.2 消息层

在消息层可以对消息使用统一的测量指标。通过将交互简化为消息流，可以使用相同的工具对它们进行分析。这不仅可以验证业务需求，还可以验证系统的正确性和良好

---

① 这不是转化率的权威测量指标，但可以将消息流比例作为初步测量指标。

② 有关系统测量的务实观点，请参阅 Douglas Hubbard 的 *How to Measure Anything*（Wiley, 2014）。强烈推荐阅读。

③ 还应该考虑其他方法，例如用户调查。

行为。有些消息之间具有因果关系，通过观察它们在生产中的行为可以验证系统是否遵守了这些期望的关系。

假设有一条从服务 A 到服务 B 的消息。当这条消息离开 A 时，它可以是同步的，也可以是异步的。当它到达 B 时，可以被消耗也可以被观察。可以使用此模型来开发一组消息测量指标。下面从头开始，一步步往下做。

服务实例和类型

服务实例是个操作系统进程。它可能在虚拟机的容器中运行，也可能在开发人员笔记本电脑中作为裸进程运行。微服务系统中可能有数百个服务实例。

服务类型是一组服务实例的简称。类型可以是服务实例发送或接收的常见消息模式，也可以是部署配置。如果对服务标记了名称，则类型可以是具有相同标记的所有版本的服务实例。

对一组服务类型定义测量指标非常有用，这样就可以了解一组微服务的行为。类型的定义由需求和系统的架构决定。解决方案处理此类分组的能力非常重要，应该在选择分析系统时考虑到这一点。

通用测量指标

有些测量指标适用于所有消息。例如每单位时间发送的消息数是一个始终适用的测量指标。每秒有多少条登录消息？每分钟发表多少篇博客文章？每小时加载多少条记录？如果将消息流量定义为每秒的消息数量，那么它将是分析每个消息模式的很好的起点。

消息流量直接反映系统的负载，并且与服务的数量无关，这是一个很有优势的测量指标。按时间序列绘制消息的消息流量，可以查看随时间变化的行为特征，例如中午的用餐峰值在什么时间。如果流量超出预期水平，可以触发警报，或者触发扩容机制来部署更多服务器。消息流量可以作为系统负载的直接测量指标，从而不再需要间接测量指标（如响应时间或 CPU 负载水平）。

消息流量是目前为止最重要的通用测量指标，但还远远不够。在过去某个时间段，每种模式发送了多少条消息？多少消息有错误？错误率是多少？消息的大小如何？可以使用这些指标从历史视角测量系统，从而验证变更是否具有预期的效果，还可以帮助诊断长期以来一直存在的问题。

为微服务选择分析解决方案

不太可能为微服务系统使用单一的分析解决方案。在必要的时候还可以使用商业服务。诸如 API 端点性能、客户端错误采集、页面加载时间、移动会话持续时间等，无论底层架构如何，它们始终保持相关。

要提炼微服务系统的测量指标，需要自己做一些工作。要不断地分析商业产品和开源项目，从中借鉴能够在微服务环境下使用的经验。遗憾的是，它们的关注重点仍然是服务而非消息。

可以使用消息抽象层来采集用于分析的数据，还可以在消息抽象层对分布式数据进行汇集。[①]消息计数和消息流量也可以在该层采集。将原始数据发送到分析收集点是不明智的选择，因为数据量太大。必须对数据进行汇总或抽样。可以根据指标“每分钟的消息数”进行汇总，即每分钟发送一次汇总数据。可以将1%的消息作为抽样数据。

接着可以使用时间序列数据库来存储这些指标数据，再利用这些数据生成自定义仪表板。在构建分析解决方案时可以将本章作为高级指南。

测量同步、被消耗的消息

可以为同步、被消耗的消息建立定义明确的测量指标，其中一些指标还可以重用于其他消息类型。假设一条消息在某个时间离开服务A，要想使用分析系统采集该事件，那么需要计算服务A发出的每个模式的消息数量，并计算该服务实例、服务类型以及整个系统的消息流量。分析系统应合并所有服务的全部数据，以便获得每个消息模式的总计数。

注意 本章的以下部分概述了测量消息的基本方法，可以将它们作为构建微服务分析系统的参考资料，以此为起点构建具有个人细粒度、针对具体环境的指标。与本书其他参考部分（如3.5节中的消息模式列表）一样，请按需浏览。

分析解决方案应该能够聚合消息事件，以便可以计算某段时间内的消息计数、时间均值和百分位数。消息流量最好以秒为单位，因为希望能够对变化进行快速响应。消息计数和计时可以使用较长的时间段，分钟、小时、天都可以。在此基础上，可以为每个消息的每个模式定义测量指标，如表6.1所示。

表6.1 出站消息测量

消息	测量	类型	聚合	说明
出站-发送	计数	事件	某个时间段内的计数	采集发送的消息数量
出站-发送	通过	事件	某个时间段内的计数	采集成功发送的消息数量
出站-响应	计数	事件	某个时间段内的计数	采集收到的消息响应的数量
出站-响应	通过	事件	某个时间段内的计数	采集成功的消息响应的数量
出站-响应	时间	持续时间	以平均数或百分位数采集的响应时长	采集响应时长

使用**出站-发送/计数**来查看发送的消息数量。每条消息是一个取值点，计数是计算取值点的数据之和。了解消息是否成功发送很重要（与是否成功接收或处理无关），这

① Benjamin H. Sigelman 等人撰写了一篇关于分布式跟踪的重要论文“Dapper, a Large-Scale Distributed Systems Tracing Infrastructure,” *Google Research*, 2010。Zipkin 是个很好的开源实现。

由**出站-发送/通过**采集，提供了发送服务与网络运行状况相关的视角。[①]

下面是一个示例场景。系统使用智能负载均衡根据模式路由消息。其中一个负载均衡器出现间歇性故障，发送服务有时无法联系到它。在这种情况下，**出站-发送/通过**将小于**出站-发送/计数**。因此，将两个指标的比例绘制成图表很有用。由于聚合是一个计数函数，与服务和模式的数量无关，因此将系统中的所有行为聚合成通用的图表不会丢失信息。

出站-响应/计数测量指标采集接收到的消息响应的数量。如果一切正常，那么**出站-发送/计数**和**出站-响应/计数**应该密切相关，并且会因为网络穿越原因而发生数据抖动。通过散点图可以验证这一点，如图 6.9 所示。

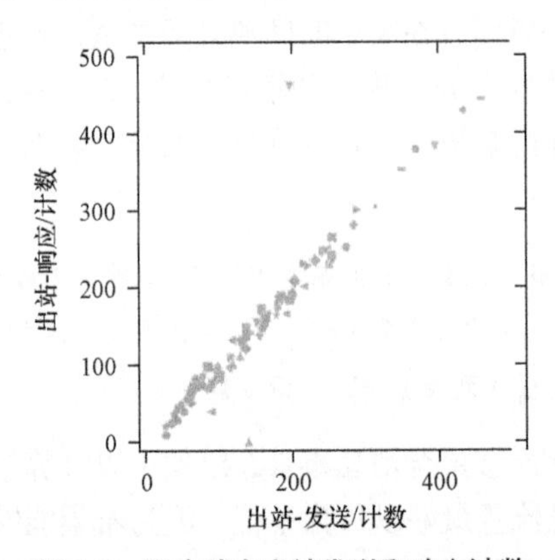

图 6.9 同步消息出站发送和响应计数

在散点图中，可以看到 3 个行为异常的消息模式。每个消息模式都使用不同的标记形状绘制，以便将它们区分开来。[②]向上箭头表示消息模式未收到任何响应，很明显有故障发生。左箭头显示响应计数远低于发送计数，表明情况不正常。向下箭头显示远远高于发送的响应，当扩充容量来清除积压的消息时，就会发生这种情况。该散点图对其表示的时间段很敏感，因此应该将其绘制在几个数量级上。[③]

同步消息的响应可能是错误响应，这意味着接收端处理消息失败发回了错误响应。可以使用**出站-响应/通过**跟踪响应的成功率，并从中得出错误率。记住，需要标定时间段。对错误响应的类型进行分类也很有用，是超时、接收方系统错误、消息的格式错误、还是其他原因？可以使用这些分类来深入了解故障事件。绘制错误率随时间变化的图表

① **出站-发送/失败**是个有用的衍生方法，通过从总数中减去通过次数来计算。**出站-发送/wtf** 是个有用的扩展，其中错误响应的性质完全出乎意料。这表明在生产中可能会出现灾难性的边缘情况，需要谨慎地处理它们。

② 这里使用形状是因为在书中无法使用交互式图表。

③ 如果消息在队列中积压，即使发送和响应计数可能相关，但响应也是针对较旧的消息，在吞吐量正常的情况下延迟也可能高到无法接受。

是快速查看系统运行状况的好方法，如图 6.10 所示。错误计数通常很低，因此可以将它们全部绘制在一起，然后有问题的服务就会凸显出来。

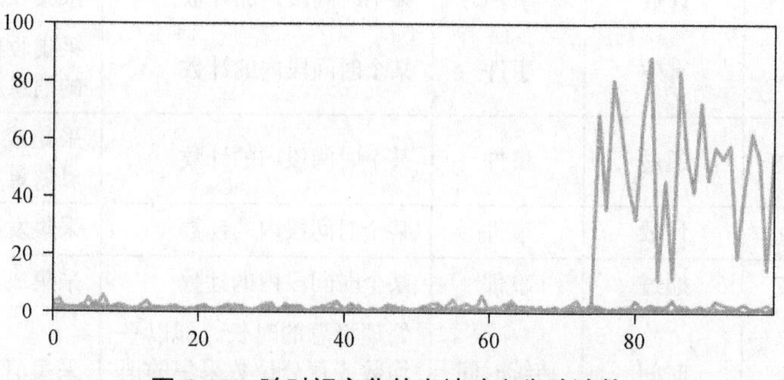

图 6.10 随时间变化的出站响应失败计数

出站-响应/时间测量指标采集消息的响应时间。这是总响应时间，包括网络穿越时间和接收方处理时间。使用此测量指标可以识别性能下降的消息和服务。此测量指标必须在一组消息上聚合。如前所述，最理想的聚合是百分位数。遗憾的是，百分位数计算成本很高，因为必须对数据排序，这对于大型数据集来说令人望而却步。有些分析工具可以通过抽样来估计百分位数，虽然是抽样但仍然是比平均数更好的测量指标。平均数计算起来更容易也更快，因此在适当的时候也可以使用。

出站-响应/时间测量指标对生成当前行为散点图很有用。可以查看当前响应时间与历史行为相比是否正常。散点图可以显示每个消息的响应时间，也可以使用模式匹配对消息类型进行聚合。图 6.11 中的散点图将所有消息类型收集到 20 个主系列中（取每个系列的平均值）。向下的箭头表示可能需要关注的消息系列。

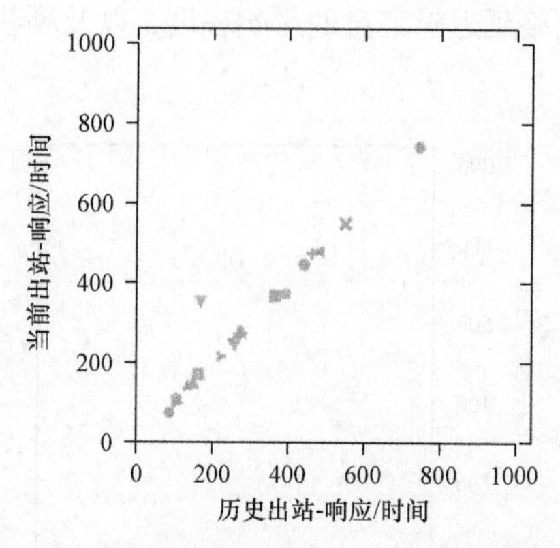

图 6.11 按消息系列划分的当前响应时间行为

同步-被消耗交互的接收方也提供了一些重要测量指标，如表 6.2 所示。

表 6.2 入站消息测量

消息	测量	类型	聚合	说明
入站-接收	计数	事件	某个时间段内的计数	采集收到的消息数量
入站-接收	有效	事件	某个时间段内的计数	采集收到的有效、格式正确的消息数量
入站-接收	通过	事件	某个时间段内的计数	采集成功处理的已接收消息数量
入站-响应	计数	事件	某个时间段内的计数	采集发送的响应数量
入站-响应	通过	事件	某个时间段内的计数	采集成功响应的数量
入站-响应	时间	持续时间	处理消息的时长，即以平均数或百分位数采集的消息响应时长	采集消息处理时长

入站消息的数量由**入站-接收/计数**采集。可以将其与**出站-发送/计数**进行比较，以验证消息是否通过。同样，这与服务的数量或消息的流量无关。使用**入站-响应/计数**采集响应的数量；可以将此与**出站-响应/计数**进行比较。使用**入站-响应/通过**采集消息的成功或失败状态。同样，应该对故障进行分类：发送方无法访问？有处理错误？向依赖的服务发送消息失败？使用**入站-接收/有效**分别统计收到的有效消息数量或格式正确的消息数量；这有助于检测发送消息的服务是否有问题。

消息的处理时间使用**入站-响应/时间**测量指标来采集。与**出站-响应/时间**一样，需要使用平均数或百分位数随时间进行聚合，解释和预测也和**出站-响应/时间**相同。还可以使用此测量指标的散点图来查看消息运行状况。

比较**出站-响应/时间**和**入站-响应/时间**，可以生成一个有用的散点图，如图 6.12 所示。从图中可以看出网络延迟对消息的影响程度，以及哪些消息可能由于大小或路由问题而变慢。

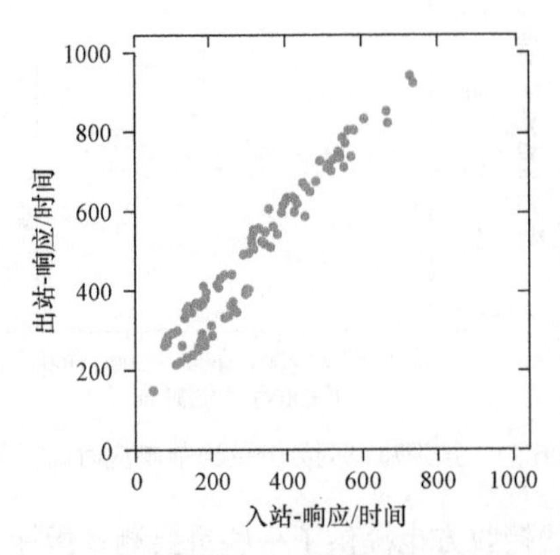

图 6.12 不同的消息传输具有不同的传递速度

在这个散点图中，可以看到大多数消息需要 200 毫秒左右的网络穿越时间。这不仅包括传输时间，还包括通过消息抽象层的路由和解析时间。有一组消息只需要 100 毫秒。这可能是一种与众不同的、更快的消息传输。每个消息传输都有自己的性能特征，这些特征在以这种方式显示时非常明显。这样的散点图可以直观感受到系统行为“应该”是什么样子。

测量同步、被观察的消息

此消息交互描述了这样一种场景：有其他服务观察主同步交互。例如，可能某个审计服务需要审计消息；或者可能需要采集事件流以便检查；或者可能有其他辅助业务逻辑。从发送方的角度来看，不知道有这些额外的服务，因此不需要测量。从其他观察者的角度来看，可以采集表 6.3 中列出的测量指标。

表 6.3 入站消息测量

消息	测量	类型	聚合	说明
入站-接收	计数	事件	某个时间段内的计数	采集接收的消息数量
入站-接收	通过	事件	某个时间段内的计数	采集成功处理的接收消息数量

它们的使用方式与主接收方的入站消息相同。可以将测量值与主发送方和主接收方进行比较，以验证所有消息都被正确传递和处理。注意，只需与单个观察者进行比较，因为每个观察者都会收到消息的副本，所以测量与观察者的数量无关。

测量异步、被观察的消息

这是经典的“即发即弃”模式。将事件以消息的形式发送出去，不关心谁接收或怎么处理。因此测量都在发送端，如表 6.4 所示。

表 6.4 出站消息测量

消息	测量	类型	聚合	说明
出站-发送	计数	事件	某个时间段内的计数	采集发送的消息数量
出站-发送	通过	事件	某个时间段内的计数	采集发送成功的消息数量

这些指标和同步情况类似。因为异步消息不需要响应，所以没有针对响应的指标。注意，**出站-发送/通过**计数针对消息，而非接收者。这保留了测量值的实用性，在比较消息时可以不用考虑服务的数量。

在入站端可以按服务类型测量，如表 6.5 所示。

表 6.5 入站消息测量

消息	测量	类型	聚合	说明
入站-接收	计数	事件	某个时间段内的计数	采集接收的消息数量
入站-接收	通过	事件	某个时间段内的计数	采集成功处理的已接收消息数量

与同步、被观察消息一样，异步、被观察消息也需要基于观察者类型进行聚合，以便进行比较。

测量异步、被消耗的消息

这种交互几乎与同步、被观察的交互相同，只是仅有一个服务消耗消息。因此可以直接比较测量值，而不必考虑多个接收者的情况。

6.2.3 服务层

在实践中，通常使用分析系统的数据收集框架直接在每个服务中采集消息的测量数据。这意味着可以针对单个服务分析这些指标，从而直观了解服务的每个实例。

这并不像听起来那么有用。单个服务实例在微服务架构中大多是昙花一现，之所以要精确地监控它们，是因为希望快速去除有问题的实例，用健康的实例替换它们。因此，从服务类型的角度进行思考并在该级别执行分析更为有用。这有助于识别新版本服务带来的问题，尤其是在执行渐进式金丝雀模式（在第 5 章中讨论）过程中更为有用，如果发现问题就及时回滚到已知的正常版本。

应当收集所有服务实例的遥测数据。这是调试和了解生产问题的重要补充数据。幸运的是大多数分析系统都擅长收集这些数据，因此即使运行数千个微服务，也不需要做太多定制工作。消息元数据应该包括服务实例标识符，以便后续匹配数据。

问题的出处

如果某个服务的新版本引起了问题，那么就要尽快找出问题出在哪里。这里的“问题”是指在性能或正确性方面比预期差、使用时长低于预期或者其他不会立即致命的问题。这些非致命偏差是快速构建软件的必然结果，但如果无法及时解决这些问题，它们就会在系统中不断累积。它们是一种技术债务。

接下来从服务的角度而非消息的角度来分析。每种服务类型都有一组来自上游服务的消息和一组发送到下游服务的消息。当有问题时，会很自然地询问问题的出处是在服务的上游、本地还是下游。

上游的问题

如果上游服务出现问题，**入站-接收/计数**将发生变化。它们发送的信息可能太少，也可能太多。可以在**入站-接收/计数**上为服务类型生成当前行为散点图，来观察这些变化。还应该检查**入站-接收/有效**以确保没有收到无效消息。

本地的问题

问题也可能来自服务本身。如果服务无法处理负载，将在**入站-接收/计数**和**入站-响应/计数**关系中看到异常，可以通过散点图检测这些异常。

自动扩容功能应该可以防止这种情况的发生，因此需要找出自动扩容没有发挥作用的原因。有时是因为负载增长过快。

如果**入站-接收/计数**和**入站-响应/计数**关系看起来正常，那么需要使用**入站-响应/通过**来查看消息处理错误的增长水平。可以使用当前行为散点图来查找出现错误的服务类型，并使用这些服务的时间序列数据深挖问题所在。

服务也许会变慢。在这种情况下，可以使用**入站响应/时间**的当前行为散点图来查找异常，并使用时间序列图来检查各个服务类型。

最后，响应可能无法被收到。如果请求和响应使用各自单独的传输通道，①那么这种情况就完全可能发生。应使用**入站-响应/通过**来采集。

下游的问题

服务也许会收到错误响应或运行缓慢，这可能是因为它所依赖的某些元素表现不佳。如果依赖下游服务，则需要验证这些服务的运行状况。它们可能是导致错误或缓慢的原因。

可以使用**出站-发送**系列测量指标来诊断下游问题。如果下游服务无法到达，那么**出站-发送/计数**和**出站-发送/通过**之间的相关性将会降低，使用当前行为散点图即可捕捉这一点。

如果下游服务可以到达但无法全部到达，那么**出站-响应/通过**就会发生偏差。可能是因为消息上的新数据字段触发了无法预料的错误，下游服务只能返回错误响应。

如果下游服务很慢，那么**出站-响应/时间**就会发生偏差，可以使用通常的散点图进行时间序列分析。

服务实例运行状况

有时需要检查单个服务实例的运行状况。检查一般是在服务实例进程级别进行，更典型的是在容器级别进行。因为至少会有数百个服务实例，所以使用行为散点图是一个很好的选择。但这还不够，有时需要检查许多服务在一段时间内的行为。可以将它们全部绘制在一个时间序列图上，但是如果服务太多图会很杂乱。

一种解决办法是使用分类散点图。②它显示类别中每个成员在指定时间段内的所有事件。在这里，成员是服务实例。这种图的优点是可以清楚地比较服务随时间的变化，但是至多比较数十个服务。在实践中，这个限制通常不是问题，因为需要关注的只是某类服务中的某些实例。

下面构想一个场景：假设某个服务有 20 个实例，均使用本地存储。每个实例都在虚拟机容器上运行，编排和部署系统会自动分配服务容器。首先，根据响应时间绘制当

---

① 有些传输配置对出站消息使用消息总线，对响应使用直接 HTTP。这是为了避免响应队列出现混乱。

② 因为类别不是数字，所以没有第二个数字属性，因此标准散点图在这里不适用。

前行为图，但是从图中看不出问题在哪里，因为服务的行为相对一致，如图 6.13 所示。如果服务速度慢，它会一直很慢。

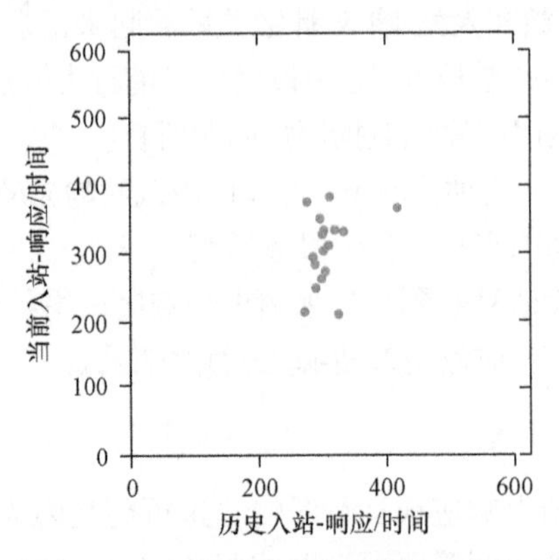

图 6.13 相同类型的服务实例的当前行为

下面使用分类散点图。对于每个服务，绘制指定时间段内所有消息的响应时间，如图 6.14 所示。每个点代表一条消息，纵轴是响应时间。横轴是服务实例，它不是数字而是类别。为了使数据更容易查看，可以在点上添加一些水平抖动，这样它们就不会相互遮挡太多。

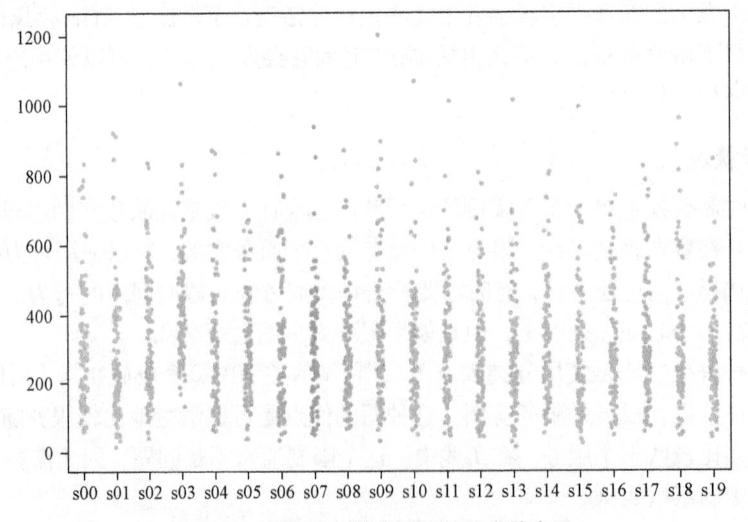

图 6.14 服务实例响应时间的分类散点图

在这个图表中，可以看到服务 s03 的性能很差。进一步调查显示，此服务的容器被分配给了一台内存不足且与磁盘交换空间的虚拟机。找到原因就知道该如何解决了。

分类散点图不仅适用于服务实例，而且适用于系统内的任何类别，例如服务类型、版本、消息模式。它提供了一种理解系统的方法。

6.3 不变量的威力

消息流量是确定系统运行状况的有用工具，但它们存在一些问题，有时难以直接使用。例如用户登录，每个用户登录都会生成一条消息，可以跟踪这些消息来计算消息流量。问题是流量会随时间波动：白天的登录次数比晚上多。

可以利用消息流量扩展或收缩容量。如果登录的人数很多，那么就需要更多的用户登录服务。服务数量可以根据消息流量来确定，在流量上升时触发新实例部署，在流量下降时触发实例停用。

消息流量还可以识别极端情况。如果部署的新登录服务彻底崩溃，那么用户登录消息流量将急剧下降。类似地，如果行为不当的服务陷入循环并生成大量用户登录消息，也会很容易发现。

有时希望捕捉那些仅影响小部分数据的逻辑缺陷。例如有些缺陷会导致流量出现难以找寻原因的轻微下降；或者在部署完新版本用户登录服务后，要进行验证以确保不会带来新问题。

还需要一个与消息流量无关的测量指标。系统的负载无关紧要，重要的是系统的正确性。要测量系统的正确性，可以使用具有因果关系的消息流量比例。

在用户登录示例中，登录成功后会加载用户的信息来构建欢迎页面。成功的 user-login 消息会引出 load-user-profile 消息。在任何不太短的时间段中，user-login 消息的数量应该与 load-user-profile 消息的数量大致相同。换言之，两者流量的比例应为 1 左右。

比例是一个很好的测量指标，因为它是无量纲数。流量比例具有这样的特性：无论系统负载如何，或者有多少服务在发送和接收消息，流量比例都不变。重要的是每秒有多少消息流经系统。

计算消息流量和比例

如何计算消息流量？消息传输（如果是消息总线）可能能够执行此操作。否则，需要自己在消息抽象层中完成，然后将结果发送给分析解决方案。

一种简单的方法是计算在指定时间窗口中看到的每种类型的消息总数。不需要存储这些数字，只需将它们传递给别人去分析。

计算消息流量比例比较困难。有些时间序列数据库允许直接执行此操作。否则，必须自己在消息抽象层中完成。这并不是个好方法，因为需要提前决定计算哪个比例，还需要从每个服务收集比例并计算平均数。

这些都不是高深的科学，但当决定使用微服务时，必须提前规划它们。微服务的基础设施的开发、部署和测量必然比单体的更加复杂。

消息流量比例是系统**不变量**。这意味着对于指定的消息模式配置，即使负载、服务和网络发生了变化，消息流量比例仍旧保持不变。可以利用这个事实来验证系统的正确性。如果两条消息之间存在因果关系，即一条消息的到达导致另一条消息被发送，那么可以采集它们随时间变化的消息流量的比例。偏离预期的比值表示行为不正确。图 6.15 显示了 user-login 与 load-user-profile 的示例图表；如图所示，它们的比例发生了令人担忧的变化。

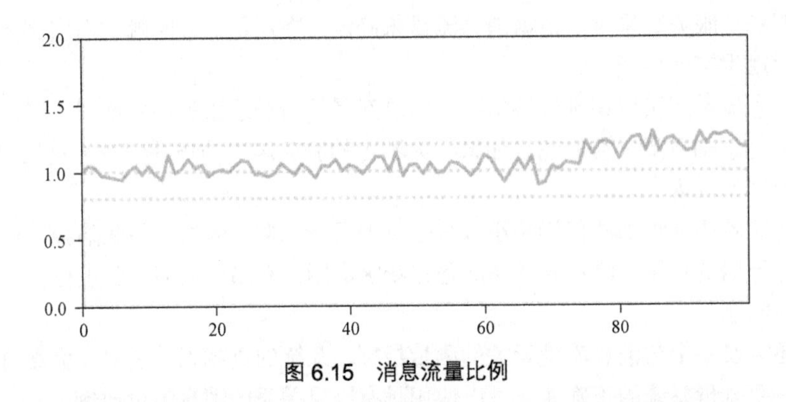

图 6.15 消息流量比例

这个比例图可以用作检查图。如果使用第 5 章的渐进式金丝雀模式部署新版本的 user-login 服务，那么可以使用消息流量比例来验证新版本有没有带来问题。即使新版本的服务完全中断，也会看到比例的变化，这远比用户登录流量的下降更重要。比例**永远不变**，这是不变量的性质。

6.3.1 从业务逻辑中寻找不变量

由消息流表示的每个业务需求都会建立不变量。以微博系统为例，当发布新条目时，它会生成一条发送给条目存储的同步消息和一条该条目的异步公告消息，如图 6.16 所示。因此 `post:entry` 消息和它引起的两条消息（`info:entry` 和 `store:save,kind:entry`）之间的流量比例是 2。

从微服务系统开始设计时（将业务规则分解为消息流），就可以构建这组不变量来验证不断变化的系统。从而实现在不破坏任何东西的情况下快速安全地进行变更。当一个或多个不变量发生偏差时，可以回滚最后的变更。

不变量还可以帮助检查系统的运行状况。在将变更部署到系统过程中，可能会出现许多其他问题：可能会触发缺陷、可能会达到负载阈值、内存泄漏可能使系统崩溃、有害消息可能会导致逐步降级等。可以使用不变量来监控系统是否存在没有按设计运行的故障。如果出故障会影响系统的正确功能并破坏不变量。

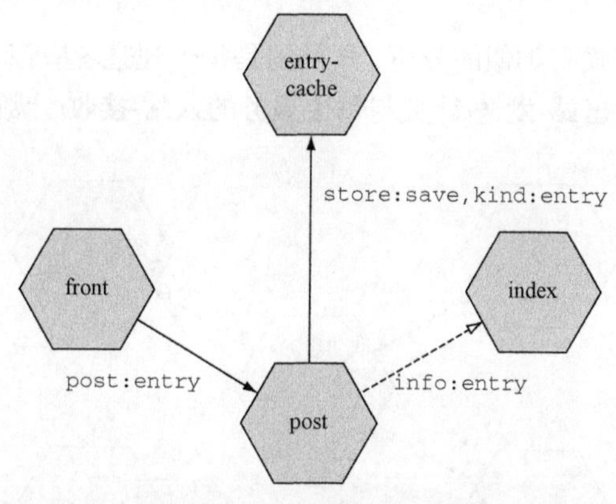

图 6.16 发布条目时的消息

应该考虑从业务规则自动派生出不变量。由于业务规则直接表示为消息流，因此每个业务规则都可以自动派生不变量。

6.3.2 从系统架构中寻找不变量

还可以从服务实例级别入手，从系统架构的拓扑派生不变量。同步/被消耗的消息表示经典的请求/响应架构。但是不会只通过一个服务执行请求和一个服务执行响应来实现。通常会拥有多个请求者和多个响应者，并使用适当的算法在响应者中轮询消息。

参与者风格不变量

这里有个不变量：出站事件的数量表示发送消息的总数。每个响应者都应该看到总数的一部分，具体取决于有多少响应者。假设有一个请求者和四个响应者，如图 6.17 所示，每个响应者看到的入站消息数量应该是总消息的四分之一。根据前面定义的测量指标，任何响应者的**入站-接收/计数**应该是**出站-发送/计数**的四分之一。

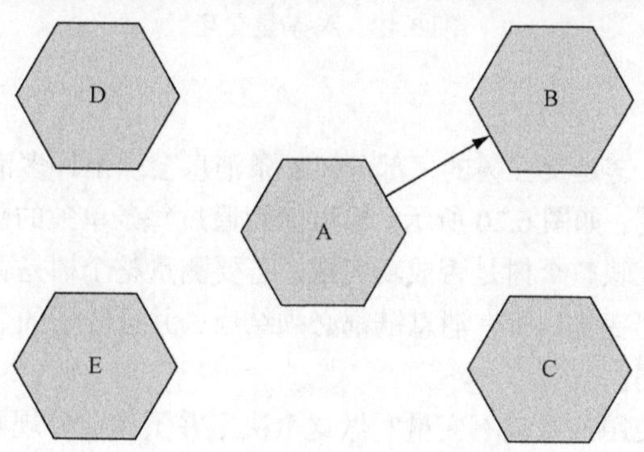

图 6.17 参与者/服务交互

发布/订阅风格不变量

异步/被观察模式有类似的分析，不同的是每个观察者应该看到所有的出站消息，如图 6.18 所示。因此**出站-发送/计数**与每个服务的**入站-接收/计数**的比例都为 1。

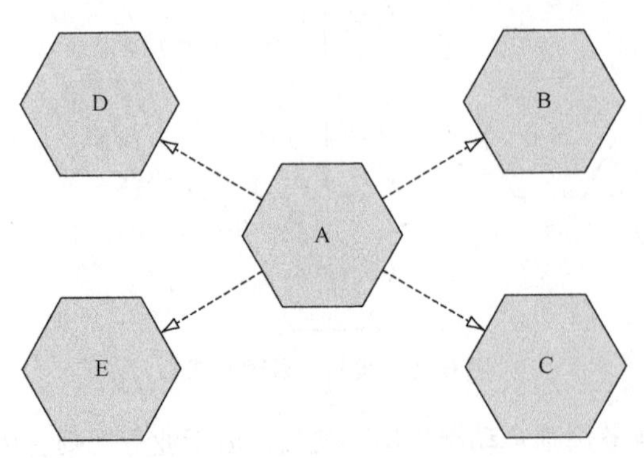

图 6.18 发布/订阅服务交互

链式风格不变量

还可以基于因果消息链构造不变量。一条消息会引出下游服务的其他消息链，如图 6.19 所示。每个下游服务均表示链中的一个链接，链接个数不会变。可以通过这个不变量捕捉整个因果链中的问题，但通过一对一观察服务交互很难发现这些问题。

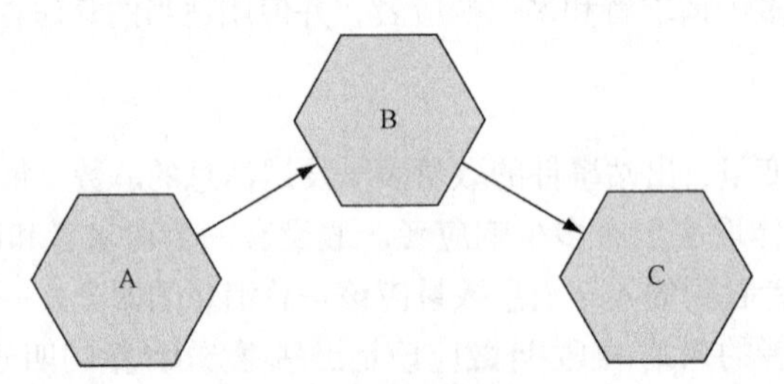

图 6.19 服务/链交互

树式风格不变量

通常情况下，链是交互树的一部分，一条消息会引出许多消息链，这些消息链本身可能会导致后续链，如图 6.20 所示。你可能想通过每条单独的链来构建不变量，但是这样做并不能直接反映整个树是否成功完成。若要测量整个树是否成功，可以利用树的叶子服务形成一个不变量，所有消息链都必须结束，并且叶子的数量（每条链中的最后一个链接）必须相同。

如何选择要使用的系统不变量？做这个决定并不像业务规则那样简单，因为可供选择的选项很多。你需要检查系统并根据经验推测哪些不变量最有用，然后使用前面讨论过的模式构建它们。随着对系统的操作特性不断熟悉，选择会逐渐准确。

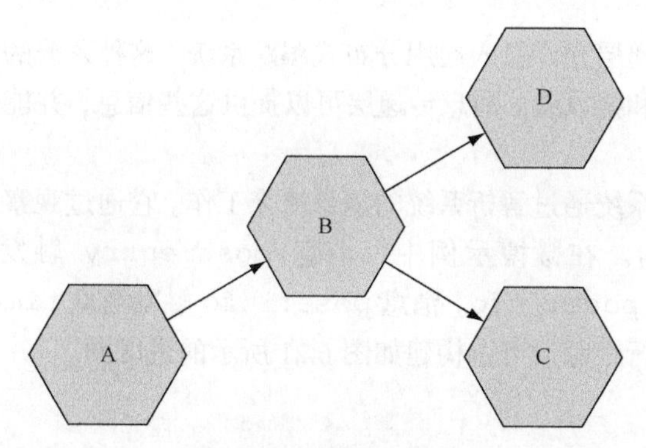

图 6.20 服务/树交互

6.3.3 可视化不变量

不变量是基于时间序列的数据，通常计算的是某个时间点（代表之前的某个时间窗口）的比例。系统有很多不变量，因此将遇到和查看大量时间序列图同样的问题。和以前一样，可以使用当前行为散点图来解决此问题。

通过在散点图中绘制所有不变量，可以全面了解整个系统的正确性。这非常利于突出显示变更引起的意外后果。可以使用此方法来验证对服务的变更以及对网络拓扑的变更。[①]

6.3.4 理解系统

如果微服务架构能够发挥作用，帮助快速构建功能，那么很快就会拥有数百个服务和消息。尽管大多数服务交互由你设计，但随着团队对业务需求的快速响应，系统中也会自然地产生其他交互。渐渐地，你就不再确定系统到底变成了什么样。

这种情况是微服务架构的危险之一。当复杂性从代码转移到服务交互（尤其是要部署更加专门的服务来处理新的业务案例）时，会失去对消息流的全面理解。这是架构的自然结果，也是可以预见的结果。复杂性没有被消除，只是被转移了。

这就是为什么拥有消息抽象层如此重要的原因：它允许你遵循消息的传输独立性和模式匹配原则。这样做可以保持消息的同质描述，而不是使消息特定于服务。如果消息特定于服务，那么大量服务直接交互的微服务系统很快就会变得一团糟。它们会变成难以理解的分布式单体，因为没有简单的方法以统一的方式观察所有消息流。

① 可以考虑制作动画散点图，通过动画快照显示系统随时间的演变。构建这种自定义图表需要更多的工作量，但实践效果很令人满意。

分布式跟踪

通用消息传递层允许引入通用分布式跟踪系统。这种系统的工作原理是使用标识符跟踪消息发送者和接收者。消息传递层可以提供这些信息，并能够将必要的元数据附加到消息中。

分布式跟踪系统通过解析系统的消息流来工作。它通过观察系统中的消息来确定消息流的因果结构。在微博示例中，消息 `post:entry` 触发消息 `store:save`、`kind:entry` 和 `post:info`。消息 `post:info` 触发消息 `timeline:insert`。如果根据时间变化进行跟踪，可以构建如图 6.21 所示的进度图。

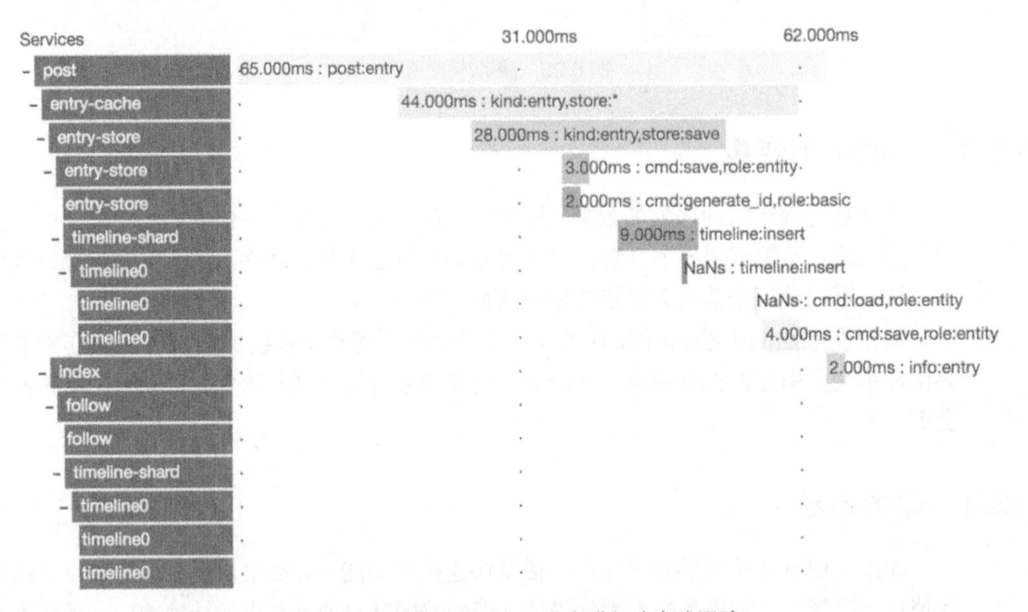

图 6.21 通过微服务对条目发布进行分布式跟踪

进度图显示了消息交互链，从第一条消息开始，每行代表链中的一条新触发消息。计时显示获得响应（或传递被观察的消息）所需的时间。使用进度图，可以分析系统中的实际消息流，查看它们影响的服务，并了解消息处理时间。

从实时系统中获取数据来构建这样的图表成本很高。不能跟踪每个消息流，这样做会给系统带来太高的负载。但可以通过抽样来构建图表：只跟踪小部分消息。这不会影响性能并且能够提供相同的信息。

最后，消息跟踪允许对消息交互进行逆向工程。可以基于观察到的消息构建服务之间的关系图。通过该关系图能够了解系统的现状。将系统现状与系统设计进行比较，可以发现偏差并确定在哪里产生了复杂性。这些业务复杂性通常不可避免，但至少可以知道它的存在及其位置。

分布式日志

应当采集每个服务实例的日志。要做到这一点，需要投资开发一个分布式日志采集解决方案。通常情况下，由于数据太多，因此直接查看单个服务实例的日志有些不切实际。这是选择微服务架构的另一个结果：需要为之投入更多的基础设施。

如果业务和机密性限制允许，分布式日志采集的最简单方法是使用在线日志采集服务。此类服务提供日志收集、日志存储以及最重要的用户友好的搜索功能。如果无法使用在线服务，则可以使用开源解决方案。[①]最好选择搜索界面友好的方案。

在单体系统中，可以通过在服务器上查询[②]日志文件来调试问题。对于微服务系统，根据我个人的经验，几乎不可能在大量日志文件中通过跟踪消息标识符来调试生产问题。这就是为什么需要强大的搜索功能。

在调查进入尾声时，应该手动检查日志。一旦将问题缩小到具体的模式、服务、实例或数据实体，就可以有效地搜索日志。

错误采集

与日志采集密切相关的是错误采集。应该在服务器端和客户端采集系统的所有错误。同样，既可以使用商业产品，也可以使用开源解决方案。

尽管分布式日志解决方案也可以采集错误并记录它们，但最好将错误分析转移到单独的系统中。错误可能发生在更广泛的领域（如移动应用程序），试图将它们强制加入日志模型会妨碍分析的有效性。利用错误进行警报和部署验证也很重要，可以让它们免受普通日志处理量的限制。

6.3.5 合成验证

不要等问题来找你，你可以主动查找它们。作为监控的一部分，可以使用合成消息来验证系统。**合成消息**是不影响实际业务流程的测试消息。可能是一个虚拟的订单或用户，执行虚拟的操作。

合成消息可以用来持续测量系统的正确性。它们不像单体那样局限于 API 请求。可以生成任何消息并将其注入到系统中。这是同质消息层的另一个优点。

不必将合成测试消息限制在开发和阶段系统中，还可以在生产环境中运行它们，以便在不断部署新服务的情况下对系统进行强大的测量。这种机制很擅长捕捉意想不到的结果：两个看起来不怎么相关的服务，它们的消息可能在同一条时间或空间的因果链上。

① Elasticsearch 是个不错的选择。

② **查询**是使用 grep 命令在命令行上手动搜索文本文件。

6.4 总结

- 测量微服务系统首先要根据元素的数量来了解它们的规模。传统关注单个元素的监控方法无法满足需求。也不能通过标准的概括统计量来理解微服务系统。要使用替代测量和可视化来了解系统现状。
- 测量分为3层：业务需求、表示需求的消息、发送和接收消息的服务。可以通过这些层次构建和组织系统的监控。
- 要理解具有大量移动部件的系统，可以使用散点图作为可视化技术。首先对大量元素进行适当分组，然后通过散点图比较它们的当前行为。通过对比历史行为可以查看行为随时间的变化。
- 在业务层，可以使用消息流来验证已定义工作流的正确性，并计算关键性能指标。
- 在消息层，测量指标可以从消息的两个分类（同步/异步、被观察/被消耗）派生出来。对于每个类别，可以统计重要事件的发生次数（如出站和入站消息），以及消息处理和网络穿越的时间。
- 在服务层，可以将服务之间的拓扑结构映射为消息计数和时间之间的预期关系，映射既可以基于服务类型，也可以基于服务实例。这可以验证系统和消息流是否按设计运行。还可以帮助识别有问题的拓扑元素。
- 可以建立不变量（无量纲数），如果系统运行正确且正常，那么这些不变量应该是有效的常量。不变量可以从消息模式或服务的消息流量比例中派生出来。
- 标识符是个重要的工具，可以作为跟踪系统和日志采集系统的输入。跟踪系统可以利用跟踪数据来构建生产系统的动态映射，日志采集系统支持通过标识符进行搜索，为调试生产系统提供了有效方法。

第7章 迁移

本章内容

- 从单体架构迁移到微服务
- 探索电子商务网站示例
- 了解迁移策略
- 追求逐步优化的核心建设理念
- 从一般到具体

如果意识不到新架构对旧系统的功用，则很少会有机会使用微服务。如果你很幸运能够将微服务用于新项目，通常也是与现有系统集成，并在环境施加的操作约束（如严格的质量保证策略）下工作。最常见的情形是将现有单体架构迁移到微服务的美丽新世界。在迁移的同时还必须开发新功能、维护生产系统，并让组织中其他利益相关者不仅满意而且愿意支持你的尝试。①

7.1 经典电子商务示例

假设已拥有迁移到微服务架构的官方许可。（本章中描述的许多策略也适用于没有迁移许可的情况，是否有迁移权限不在讨论范围。）如何迈出迁移的第一步？不能为了

① 对于那些向大公司引荐微服务的人，非常推荐阅读尼科洛·马基雅维里的《君主论》，“……没有什么比引领事物的新秩序更难掌控、更危险、更不确定能否成功了。因为那些旧秩序的既得利益者都成了敌人，而那些新秩序下可能获益的拥护者却不那么坚定。”

重构代码和基础架构而让生产系统停下来，要使用增量方法。还必须接受这样一个事实：可能无法做到完全迁移，在系统中总会留下一些旧的单体。[①]

下面进行更具体的讨论。假设单体是个电子商务应用程序（在这个场景中，只有一个单体）。访问人数在白天增加，晚上减少。业务目前集中在一个地区，迁移到新架构的部分原因是要通过多个网站支持全球扩展。在特殊优惠期间，系统偶尔会出现较大的负载峰值。移动应用程序有两个版本，支撑两个最大的移动平台。为了构建移动应用程序，创建了一个 API，它主要遵循 REST 原则。[②]

7.1.1 旧架构

系统在自己的服务器上运行，如图 7.1 所示。[③]架构相对现代。有负载均衡器和代理动态内容的静态 Web 服务器。动态内容和业务逻辑由一组应用服务器（**单体**）提供。可以通过添加新的应用程序服务器在一定程度上进行扩容，但会受到边际收益递减的影响。[④]系统使用直写式缓存，在单写/多读配置中运行关系数据库，其中一个实例负责所有写入，多个数据库副本实例负责读取。数据库索引配置良好，[⑤]但架构已经变得复杂且危险。最后，还有一个用于运行批处理和其他临时任务的管理服务器。

系统与外界有很多交互方式，如表 7.1 所示。最重要的是支付网关。第二重要的是为财务部门生成报表。此外，还要与第三方物流提供商以及在线服务提供商集成。物流提供商负责为客户配送产品，在线服务提供商负责发送事务性电子邮件、[⑥]进行网站访问者分析、监控应用程序、生成报表。还必须与供应商集成，它们的系统甚至更古老，你会发现从 FTP 服务器上传和下载 CSV 文件比解析和生成符合模式的 XML 更好。[⑦]有些供应商甚至需要直接访问你的数据库。

---

① 系统可能包含相当多的单体，最好每次只处理一个。

② 术语**表述性状态转移**（REST）由 Roy Fielding 提出，他是 HTTP 规范的作者之一，也是 Apache Web 服务器的主要贡献者。REST 的实际解释是：Web 服务应该限制自己传输表示实体的文档，只使用标准 HTTP 动词（如 GET 和 POST）来操作这些实体。与所有软件架构一样，REST 的含义在某种程度上取决于上下文，并且大多数 RESTful API 并不严格遵循架构的规定。REST 风格的价值在于它使通信保持简单，通常用于微服务消息传递的朴素实现。

③ **托管服务器**是指你拥有或租用的位于特定数据中心的物理机器。如果电源出现故障，需要你自己解决问题。另一方面，云计算是完全虚拟的服务器，永远不用担心电源问题，只需启动另一个虚拟实例。代价是失去控制，企业 IT 对这一点不太容易接受。

④ 添加新应用程序服务器带来的性能增长会不断下降。通常受到数据持久性层的限制。

⑤ 一般来说无论架构如何，调整数据库索引都是解决性能问题最简单、最快速的方法。

⑥ **事务性电子邮件**是指用户注册、密码提醒、发票等。这些电子邮件不希望最终出现在用户的垃圾邮件文件夹中。实现可靠的邮件传递需要做很多工作（从 DNS 配置到正确的电子邮件内容），这个工作最好留给专家来完成。

⑦ 任何东西都比解析符合模式的 XML 好。我一直很喜欢 XML，Tim Bray 是我崇拜的英雄，但 WSDL、XML 模式和类似的东西背离了 XML 的初衷。

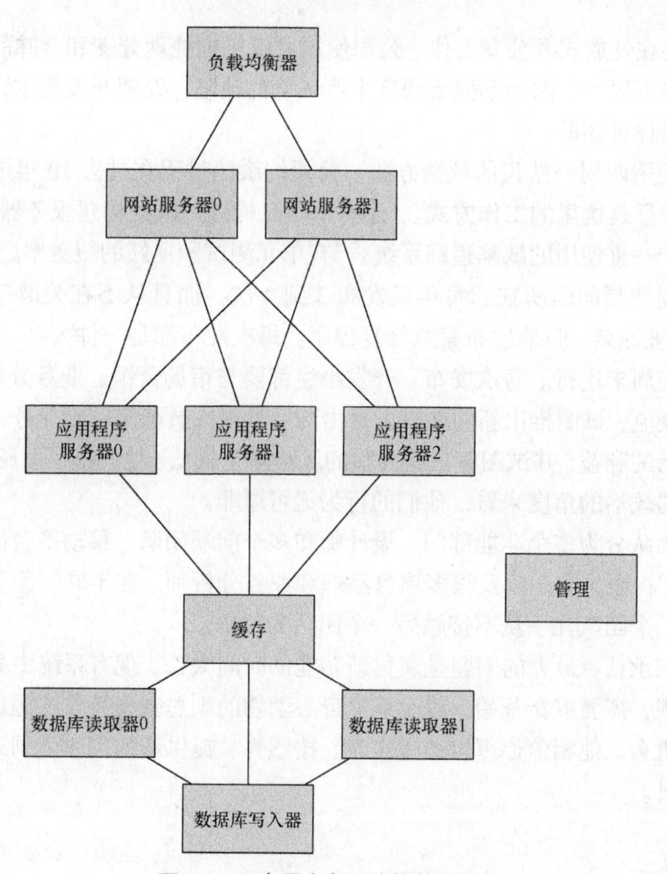

图 7.1　旧电子商务系统的基本架构

表 7.1　电子商务系统与外部的集成

外部系统	入站集成	出站集成
支付网关	单体提供 web 服务（JSON）	单体调用 web 服务（JSON）
财务报表	单体生成 Excel 供下载	无
物流	单体提供 web 服务（JSON）	单体调用 web 服务（JSON）
在线服务提供商	单体提供 web 服务（JSON）	单体调用 web 服务（JSON）
供应商类别 A	无	单体调用 web 服务（XML）
供应商类别 B	无	单体上传 CSV 文件到 FTP 服务器
供应商类别 C	供应商系统直接访问数据库	无

7.1.2　软件交付过程

企业风险需要规避的常见问题在软件交付过程中都会遇到。公司拥有不错的开发机器，但却要在开放式办公室工作。公司使用可以正确处理分支和合并的分布式版本控制系统。这必不可少，因为不但要修复生产环境的缺陷，处理开发版本，还要将测试版本交付给质量保证团队。

公司使用两周一迭代的敏捷方法。公司的敏捷过程在过去 10 年中不断发展，具有独特性，并且是**这里的工作方式**。[①]还有每小时构建一次的构建服务器（构建需要 25 分钟）和一个一直使用的缺陷追踪系统。[②]有单元测试和良好的覆盖率。

发布周期是问题所在。每年只发布 3 到 4 次，而且从不在关键销售时期发布。11 月和 12 月被冻结：只能发布紧急修复程序。每次发布都是一件大事，需要做很多工作，而且总是在周末进行。每次发布，开发小组都要与市场营销、业务分析师、质量保证、运营进行交流，试图推出新功能以满足由高层管理人员确定的新业务计划。每个群体都会维护自己的利益，并试图将自身面临的风险降至最低。他们拖了后腿，但也不应责怪，因为从公司政治的角度来看，他们的行为无可厚非。

开发团队分为多个职能部门：设计师和多个前端团队、移动平台团队、多个服务器端团队、架构委员会，以及很多项目经理和业务分析师。在不同的团队之间调岗非常困难，而且一个团队几乎从不接触另一个团队的代码。

大家都承认，最大的问题是交付新功能的时间太长。现有系统中累积的技术债务已经无法克服，需要重新开始。假设某位野心勃勃的副总裁支持你实施微服务的倡议，你便获得了机会。他相信你可以通过按时、按预算、提供新的创收计划来帮助他升职。今天是第 0 日。

7.2 更改目标

你在玩一场赢不了的游戏。仅仅改变软件开发过程或技术远远不够。问题不在于更快地交付软件，而在于更快地交付**正确**的软件。什么是正确的软件？提供商业价值的软件。软件架构师成功的不成文规则是在所做的事情中找到真正的业务价值。

什么是业务价值？

业务价值的概念比必须创造更高利润的概念更广泛。这一概念涉及业务中的所有利益相关者以及有形和无形的价值。作为一种策略，企业可以选择对不同利益相关者的价值进行排序。

---

① “幸福的家庭都相似；不幸的家庭各有各的不幸。”列夫·托尔斯泰的《安娜·卡列尼娜》的开场白是对熵的力量的敏锐观察。失败的方式有很多种，而成功的方式只有几种。如果你读过原版的 Kent Beck 的 *Extreme Programming Explained*（《解析极限编程》）(Addison Wesley Professional, 1999)，会注意到他强调了将所有技术结合使用的重要性；他说，挑三拣四的做法效率很低。**敏捷**是一种委婉的说法，它是对极限编程最初愿景的妥协和破坏，以使其为组织所接受。

② 如果你是 Joel Spolsky（Stack Overflow 的创始人）的崇拜者，你的公司在 Joel Test（一种测量公司构建优秀软件能力的非正式方法）中的评分为 7～9 分。然而，即使再好的分数也无法弥补单体造成的工程限制。

因此，企业可能会为市场份额而暂时放弃利润，或大量投资研究项目以建立技术壁垒。作为大公司的软件架构师，你应该关注的业务价值可能会因环境和政治背景而发生很大的变化。你的工作就是找出团队需要建立什么样的价值。

要改变游戏规则。软件交付传统上是通过交付的功能数量、正确性以及交付的及时性来测量。但请思考，这些测量指标和功能与要实现的真正业务目标之间的距离有多远。真正的目的是满足企业领导层设定的业务目标。每个功能可能都按时交付了，但却无法满足驱动项目的最初业务目标。哪些功能最重要？这只能通过构建它们并将它们推向市场来确定。①

坚持根据实际价值来评价工作，指的不是根据构建的功能数量，而是构建功能对业务目标的推动程度。每个项目开始时都要问下面这些基本问题。

- **成功的定义是什么？**仔细寻找真正的答案。它可能像改进某个指标一样简单，也可能像晋升副总裁一样曲折。作为技术人员，我们非常渴望提供解决方案。但是不要这样做，倾听就好。
- **哪些指标可以证明成功？**对成功的定义一旦有了一些理解，就可以进行量化。首先要定义成功的指标。这些指标应该与业务价值直接相关。避免使用测量软件输出的指标，因为你正试图从功能交付的游戏中解脱出来。即使有了测量标准，也不要总是以为它们很重要。利用与高管面谈的机会，重新验证你对成功的假设。
- **可接受的错误率是多少？**要想充分利用微服务架构，就要做到快速交付功能。做到这一点的关键是让企业接受存在错误。首先，你会被告知错误不可接受：错误率必须为 0%。那么你可以询问相关情况，很快就会发现事实上存在错误率。当每个人都接受错误的存在时，就可以确定可接受的错误率，从而灵活地快速交付。
- **什么是硬性约束？**总会有无法改变的事情（至少暂时无法改变）。监管限制是什么？合规要求是什么？必须在政治上做出哪些让步？明确地向利益相关者传达制约因素，确保已明确解释其影响，并将其与成功的测量指标联系起来。不要许无法兑现的承诺。

一旦建立了用数字证明成功的方法，就可以用它来逐步建立信任。起初选择将小而安全的功能重构为微服务，以初步证明架构的有效性。以这种循序渐进的方式建立信任非常重要，最好将一切都转移到这种操作模式。要在一个低风险的环境中交付软件，在这个环境中，大家都会接受以一系列小的、低风险的方式进行更改，这些更改会逐渐改进测量指标。

① iPhone 由史蒂夫·乔布斯于 2007 年 1 月 9 日推出。当日，乔布斯在演讲的前 30 分钟都在谈论 Apple TV。

报表是一个很好的开始

报表系统通常是早期取得重大胜利的最大机会。在没有太多设计工作的情况下，报表系统的自然增长很常见。矛盾的是，这是因为报表很重要。那些有权力的人需要新的报表，因此必须尽快构建它们。每个报表都相对独立于其他报表，因此不太需要协调。通常可以通过添加新的数据库索引来提高性能。旧报表永远不要删除，它们没有被淘汰只是使用频率较低。

将报表移出主线是个很好的策略，因为这样可以明显地提高性能。使用复制的数据构建报表：不仅可以更快地构建报表，还可以减少对生产环境的影响。报表已经存在，并没有做什么重大更改，只是在“让它们更快”。这样就有机会在基础架构中引入额外的数据存储，从而克服在实际操作中来自把关人的阻碍。

也许最重要的是可以就最终一致性展开讨论，并以一种避免对抗的方式来构建它。问这个问题:“你是否希望在输入所有数据之前预览报表？它会有一点不准确，但会让你对最重要的数字有个直观感受。”没有多少经理会对此说不。

你需要担保人和拥护者。你在人类组织的环境中工作，这就是世界的运行方式。花点时间把你的活动写下来，作为内部简报。如果可以写外部博客，那就更好了。[①]利用内部谈话解释你的工作方式和原因。一遍又一遍地做同样的演讲。这比想象的要有效得多：你会接触到广泛的受众，更好地为自己的观点辩护，对信息不断地重复会让它更容易被接受。你会发现公司中各个级别都有你的热情听众。随着演讲越来越成熟，把它带到外面的聚会和会议上。这将帮助你建立内部资源优势。

成功孕育更多成功。你的团队将开始在内部和外部吸引更好的开发人员。自我选择是一种强大的力量，可以让你从寻找优秀人才的压力中解脱出来。他们会自己找来，并带来他们的朋友。你也会吸引公司内部高层的注意，每个人都能“嗅到”成功的味道。

当获得了信誉，你就可以发挥优势。尽可能从团队中移除僵化的流程开销。通常情况下，流程很难根除，但随着开始更快、更成功地交付，你会发现对新方法的抵制越来越弱。综合运用合理论证、寻求信任、直接对抗就能改变游戏规则，满足你的需要。黄金法则是：永远交付业务价值，密切关注这些指标。

在实践中应用政治

让我们将此方法应用于电子商务应用程序。主要目标是针对不同区域推出各自的网站。这意味着每个站点都要有自己的内容（可能使用不同的语言），还要有独立的业务

① 凯撒大帝为何如此出名？他是如何篡夺旧罗马共和国的？他是历史上第一位博主。无论在高卢的竞选活动多么艰难，他依旧会花时间写他的巨著——《高卢战争》，并将新的篇章送回罗马。平民大众喜欢这些“博客文章”，他们也喜欢凯撒，宣传奏效了。

规则，例如销售税法规。在这个版本中，应该至少上线一个新站点，建立一个使新站点更易于开发的体系，并在上述操作过程中尝试完成一组小功能。

从小功能开始。它们的目的是什么？是什么驱使业务分析师选择这些功能？营销团队是否确认了分析师所理解的战略目标？这些功能是为了提高入站广告和内容的转化率？还是通过增加在网站上花费的时间来增加参与度？还是营销团队只想提高社交媒体份额？找出答案。然后，要确保在项目的早期阶段构建一个微服务来在仪表板上显示这些指标。接着，就可以开始逐步交付请求的功能并使用仪表板验证这些功能的效果。你将能够根据真实数据有效论证哪些功能重要，哪些不重要。你可以在提供业务价值的功能上加倍下注，而安全地放弃那些不能提供业务价值的功能。这个技巧应该成为日常工作实践的一部分。

部署新站点的问题更大。这是一个全有或全无的事件。最大的风险出现在产品发布日：如果出现故障，你将承受巨大压力。毋庸置疑，你要工作到很晚。从你的角度来看，理想的做法是在全新的环境下完全从微服务构建新网站。这意味着新网站可以逐步交付，可以在发布日期前针对部分用户进行试运行。这就是使用微服务构建系统的方式。

实际上，你只能对部分系统使用增量部署（如果要使用的话）。在证明你的有效性之前，其他利益相关者在第一个发布周期中仍然拥有太多的权力。如果要求你必须提供系统的完整实现，那么就不得不复制整个系统，然后开始修改。通常情况下，这将是最糟糕的事情——必须维护两个系统！但不管怎样，你正在转向微服务，这样就可以避免大部分技术债务。

来看下另一个主要需求：一个灵活的体系，可以处理不同语言、不同业务规则的多个网站。请忽略它，因为微服务架构就是那个灵活的体系。

7.3 开始旅程

下面调查一下当前的系统。有三个源代码库：两个用于移动应用程序，一个用于平台。有个主存储库用来存储所有其他内容：用户界面、业务逻辑、批处理脚本、数据库定义、存储过程、测试数据等。开发在主分支上进行。每个版本都有自己的分支，可以将修补程序合并回主版本。还可以使用分支将版本提交给质量保证部门，以便每两周进行一次测试。

更改现有功能或添加新功能会涉及应用程序的多个部分。起初，有一个组件模型，它使用了所选编程语言的内置功能。虽然它还没有完全崩溃，但组件之间有相当大的耦合，组件的边界很模糊。向数据实体添加新字段需要更改整个代码库（从数据库模式到UI 代码）。代码中有许多关于数据实体的内置假设，模式更改通常会产生意想不到的副作用并引入新的缺陷。业务规则是否得到正确执行很难验证。有几个数据字段已被重载，它们包含的数据必须根据其他数据字段进行解释。

你不止一次尝试过的解决方案是进行重构：停止功能开发，尝试恢复组件模型，并解开一些依赖关系。尽管这样做很有益，但是这种改进不能解决根本问题，而且也不能更快地交付功能。原因很简单：无法预测未来，不知道业务需求将如何演变。因此，花时间重构的部分与以后必须做的实际工作可能无关。

目前处于发布周期的开始，有 3 个月的时间，计划是将新功能构建为微服务。单体仍然需要维护，并且还要向单体添加功能。团队的一些成员主张完全重写；他们建议组建一个单独的团队，使用微服务从头开始重写所有内容。他们声称，这最多需要 6 个月的时间，之后就可以摆脱单体一路坦途。

你正确地拒绝了这种方法。他们的估计过于乐观了——这是软件开发的事实真相。他们低估了单体架构多年来引入的业务复杂性。这种业务复杂性以经验知识的形式表示了大量价值，保存这些知识至关重要。接着是“大爆炸”式部署问题：当新的微服务系统完成时，需要在某个周末完成迁移部署以取代单体，不能有任何故障或失败。会出什么问题呢？你再次正确地拒绝了这个计划，认为这不是工程师的正确行为。[①]

要以专业的态度使用低风险的增量策略来做这件事。该策略包括 3 种方法：通过将其包装在代理中以将功能子集重定向到微服务来扼杀单体，构建一个全新的交付和部署环境来托管微服务，以及将单体拆分为**宏服务**以遏制技术债务的蔓延。

7.4 扼杀者策略

扼杀者在寄主树的树枝上播种，随着时间的推移，慢慢扼杀寄主植物，取而代之。扼杀者策略也采用了同样的方法。[②]把单体看作是一棵老树，慢慢消灭它。这比直接把它砍倒风险要小。

所有系统都与外部世界相互作用。可以将这些与外部世界的交互建模为离散事件。扼杀者策略的实现是通过代理拦截这些事件，然后将它们路由到新的微服务或旧的单体。随着时间的推移，将事件路由到微服务的比例会增加。这种策略可以在很大程度上控制迁移的速度，并在一切准备就绪之前避免高风险的迁移。

将单体的相互作用建模为事件

扼杀者策略依赖一个概念模型——单体是具有稳固边界的实体。在这些边界之外影响单体的任何事物都被建模为信息承载**事件**。单体对边界的任何影响，也都使用事件。术语**事件**在这里的含义非常广泛；它不应被简单解释为离散的消息，而应被解释为信息流。

① 故意参与几乎肯定会失败的工程项目是不道德的。是的，我们都这样做。这并不意味着我们不能朝着更好的方向努力。

② 这种策略直接源自 Martin Fowler 开发的方法。

为了定义明确的边界，要扩展对构成单体的内容的理解，要把支持系统也涵盖进来。从这个意义上说，不能仅仅将单体视为单个代码库，它还是紧密耦合到主核心的辅助系统。你需要扼杀全部系统，而不仅仅是核心。

对现有系统最重要的分析之一是确定边界以及哪些信息流经该边界。

虽然基本的代理方法是个简单的模型，但在现实中事情要复杂得多。在理想情况下，单体是独立的 Web 应用程序，可以使用 Web 代理路由入站 HTTP 请求，从而捕获所有外部交互。在应用程序前面安装代理，并将各个页面重新实现为微服务。但这是理想情况。

考虑一些更现实的事情。哪些事件代表与外部世界的互动？它们可能是 Web 请求、来自消息总线的消息、数据库查询、存储过程调用、FTP 请求、向文本文件添加数据，以及许多其他奇特的交互。从技术上或成本上讲，不可能为所有不同类型的交互事件编写代理。尽管如此，重要的是要将它们全部找出来，以便了解要处理的问题。

7.4.1 部分代理

不需要对单体进行完全代理，也不需要特别的性能。通过部分代理就能够实现很多事情，认识到这一点很重要。通过采用增量方法迁移架构的基本部分（如代理），可以专注于更快地交付生产功能。在理想情况下，应该先完成代理，再进行迁移。但是这个世界并不公平，如果你一开始就想做得太多，就会被指责向单体引入了技术债务。最好尽早开始交付，以避免在即将取得实际进展时迁移项目被取消。由于需要不断扩展代理，因此整体速度会变慢，但是通过专注于仅构建必需的功能可以缓解这种情况。[①]

为了使扼杀者策略更有效，通常可以将交互迁移到更好的通道。也就是说，与其扩展代理，不如将交互转移到已经有代理的通道中。假设你有个旧 RPC 机制，[②]可以重构 RPC 客户端和服务器代码，让其支持使用 web 服务接口，那么就可以使用现有的代理基础设施来代理 web 服务。重构 RPC 代码比想象的要容易。考虑到 RPC 机制的代码接口中已经有抽象层，不妨用消息传递层替换 RPC 的抽象层。

以数据库交互为例。数据库经常被误用为通信通道。不同的进程和外部系统都有数据库访问权限，都可以读写数据。数据库触发器基于数据库事件更新数据，这是另一个隐藏的交互。这个问题可能需要解决，也可能不需要解决。如果数据库交互不影响需要添加的功能，或者可以弃用或删除这些交互，那么就不要管它们。如果必须处理这些问题，就需要在迁移项目的早期阶段开发提供相同数据交互的微服务。

---

① 作为单体迁移的一部分，增量地构建微服务基础设施并**不是**最佳方法。你的微服务基础设施在早期会很差。虽然这对于新项目来说不成问题，因为新项目没有可比对象，但对于迁移项目来说，这是常见的危险。我从以前的痛苦经历中吸取了不少教训。

② **远程过程调用**（RPC）是指任何试图隐藏网络存在并使消息传输看起来像本地调用的网络通信层。微服务消息层的第一个原则是所有通信都应被视为远程通信。

首选的方法是编写新的微服务来处理这些交互。遗憾的是，这些微服务一开始仍会与旧数据库通信，但至少可以逐步解决该问题。新的微服务应该通过 Web 服务接口公开数据，这样就可以将尽可能多的外部交互收集到一个交互通道中。挑战在于，使用这些数据的外部系统需要修改才能使用新通道。这并不像最初看起来那样无法实现：可以设置弃用和迁移时间表，认可你的数据价值的外部系统将不得不想办法更改。这能够很好地测试你的公司是否对外部合作伙伴有价值。

7.4.2 当不能迁移时该怎么办

有时可能受到合同等的限制，无法强制进行迁移。在这种情况下，仍然可以隔离交互。最终目标是不再使用数据库进行通信。无论如何都必须为交互提供数据库接口，这会消耗开发时间和资源。

下面是实现接口的一些方式。

- **直接查询**——如果外部系统在没有复杂事务的情况下读取和写入单个表，则可以为此创建一个单独的集成数据库。专门编写一个微服务执行与单体的数据同步。这允许你将权威数据转移到其他地方，并最终完全依赖微服务进行交互。使用数据库引擎作为通信媒介是对数据库引擎的滥用，但这恰恰是外部系统所期望的媒介。
- **复杂事务**——如果外部系统使用复杂事务，那么情况就更具挑战性。仍然可以使用单独的集成数据库，但必须接受数据一致性方面会有一些损失，因为记录系统不再受事务保护。你需要让系统和微服务能够容忍不一致的数据。或者也可以保持原样，让单体和外部系统使用同一数据库，只是将 SOR 转移到其他地方，但是单体必须与权威数据同步。这种选择，就其本质而言，往往只在迁移项目的后期阶段可用，此时单体的重要性已经比较低。
- **存储过程**——存储过程中的业务逻辑需要转移到微服务中，这就是你的目的。当存储过程不直接对外部系统公开时，这样做要容易得多。不过，这里假设一个存储过程被外部系统直接调用。尽管可以选择单独的集成数据库来支持存储过程的执行，但由于存储过程代码的复杂性，通常无法这样做。拦截数据库的连接协议[①]并模拟存储过程数据流可以减少工作量。这并不像听起来那么令人生畏，因为只需要模拟连接协议的有限子集。在迁移项目中，这种类型的工作很容易被低估，因此请仔细寻找哪些工作是西西弗斯式劳动，然后必须选择相对最优的解决方式。[②]

---

① **连接协议**是数据库客户端和服务器之间通过网络进行的二进制数据交换。

② 西西弗斯因为相信自己能战胜宙斯而受到惩罚。微服务很好，但还没**那么**好。当解释它们的好处时，要小心谨慎，不要傲慢。

电子商务系统提供了这三种场景的示例。首先，第三方报表生成器直接从主数据库读取数据。其次，配送货物的某个第三方物流公司建立了自己的定制系统，该系统使用CORBA进行集成。[①]许多年前，因为公司没有CORBA知识，所以最好的集成方法是在网络上安装一台由物流公司提供的物理机器。这台机器在数据库上运行事务，通过VPN与物流系统进行通信。升级基本上不再可能，因为你和供应商都没有原系统的开发人员。最后，存储过程会为会计系统生成财务数据。这些存储过程包含了各种业务逻辑，这些逻辑每年都会随着税务规则的修改而变化。财务数据在客户端使用ODBC库提取，[②]因为这是“行业标准”。

仔细识别所有这些与外部世界的交互，并确定那些最有可能带来问题的交互，这是单体迁移项目中应该做的第一项工作。

7.4.3 新项目的策略

构建微服务之前首先需要创建一个家。如果启动了一个新项目，没有需要迁移的旧单体，那么在项目开始时，不妨花费一些时间来建立正确的基础架构，以便开发、部署以及在生产环境中运行微服务。从单体迁移并不能免除这一需求，仍然必须为微服务提供适当的环境。你可能会认为这是不可避免的迁移成本，但也可以将其视为一个机会。通过建立一个完整的微服务基础设施，可以自由地将迁移的某些方面视为新开发，从而极大降低任务的复杂性。

不能将微服务基础设施的开发视为迁移过程的一部分。当系统必须在生产环境中运行并立即服务于业务需求时，试图同时构建微服务和微服务基础设施是不明智的。需要处理已有的生产流量是迁移项目和新项目之间的本质区别——你不是在慢慢地建立用户基础。

在真正的新项目中，能够在开发微服务的同时构建微服务基础设施。在新项目的早期，系统还没有进入生产环境，只需要能够演示，不必支持高负载，生产故障也不会带来业务后果。即使还没有在生产中运行，也可以自由地尽早、快速地交付功能。[③]这是个优点，因为可以尽快解决需求固有的模糊性。

但在迁移项目中，需求更容易确定。观察旧系统的行为，并记下它的作用。迁移不但非常耗时还很痛苦。但服务也能够顺利继续开发。在开始正式迁移到微服务之前，需要构建整个软件交付管道，通过持续交付系统，微服务可以从开发人员的机器持续交付到生产环境中。

---

① CORBA是通用对象请求代理架构的缩写。

② **开放数据库连接**（ODBC）是用于数据库访问的复杂客户端API。ODBC驱动程序将数据库交互转换为具体数据库的特定连接协议。

③ 这就是第9章案例研究中采用的方法。

必须以新的方式控制和管理新的微服务基础设施。现在是时候在开发人员和系统工程师之间引入真正的协作了。开发团队需要对自己构建的微服务一直负责到生产。应该允许开发人员访问生产系统进行操作，从而承担其应该承担的责任。这种类型的协作很难引入到现有系统，但是应该利用新项目开发提供的机会来实现它。

电子商务新项目场景

就电子商务示例而言，可以在项目早期构建微服务基础架构，同时还可以设置初始扼杀者代理。当有了微服务基础架构并准备好接受新功能后，就应该瞄准第二阶段了。目标是通过整合活动扼杀单体。你可能很想从系统面向用户的方面开始；但这通常过于复杂，无法在一开始就实现，因为用户体验往往有很多方式。有个例外应该紧紧抓住：新功能的用户体验。这些服务的成功交付能够展示微服务带来的开发速度。

应该从哪些功能开始迁移？尽量选择与主系统不相关的那些功能。例如，在电子商务示例中，产品目录包含产品图片。每个产品都有多张图片，每张图片都需要针对各种格式调整大小：缩略图、移动、放大等。图片由员工使用旧版管理控制台上传。原始图片使用数据库的二进制大对象（Binary Large Object，BLOB）数据类型以二进制存储。[①]单体程序执行脚本来调整图片大小，然后将文件保存到用于内容交付的文件系统，并将文件上传到内容交付网络（Content Delivery Network，CDN）。

此工作流程为迁移提供了绝佳机会。可以将图片上传页面代理到新的微服务。可以引入新的策略来存储原始图片文件，也许文档存储是个更好的解决方案。可以编写微服务来处理图片的大小调整和 CDN 上传。这项工作与主系统不相关，不会影响单体架构的任何其他部分：必须对单体架构进行的唯一更改是修改图片处理脚本，使其不再做任何工作。即便技术债务已经将业务逻辑与单体上的图片处理代码混合在一起，仍旧可以执行这些代码，因为它不会直接影响图片大小调整工作。

再次强调，要仔细选择微服务，这一点很重要。仅仅因为图片大小调整功能很容易分离提取并不意味着这样做有意义。要交付的新功能是否取决于分离出来的功能？如果不是，那么短期内进行提取毫无意义。要始终以业务需求为导向。

有时，需要改变单体系统中子系统的行为，如果用微服务重建子系统的成本仅比修补单体系统的成本略高，那么此时将很难抉择。你也许会问，迁移的目的不就是要转向微服务以便更快地继续迁移吗？是的，但不要被这种想法的逻辑所诱惑。如果花太多时间重建，会失去声誉。至少，必须要用微服务重建部分子系统，否则将永远无法通过加快行动来交付更重要的业务价值。但必须小心地平衡这一点，有时不可避免地还需要继

① 企业数据库为二进制数据提供了特殊的数据存储设施，并取得了不同程度的成功。数据列期望存储的内容具有合理大小，将大量不透明 BLOB 数据存储进去势必造成冲突。无论数据库如何隐藏它，你都必须单独处理二进制数据，性能要求你对这些数据进行流式处理。将二进制数据与文本和数字数据分开处理似乎是一种更明智的方法，但企业数据库试图解决所有问题。

续在旧的单体上工作。在迁移的早期，要将一半以上的开发时间花在单体上，以维持交付软件的信誉。

最后，作为新建基础设施部署的一部分，请确保投入时间建设测量基础设施。这非常关键，因为将使用此功能来测量单体的业务绩效。这正是改变游戏规则的方式：比较单体的 KPI 与新微服务的 KPI，并通过测量来展示业务价值。避免仅仅通过交付的功能数量或遵守交付时间表来定义成功，这至关重要。

7.4.4 宏服务策略

那单体呢？由数百万行代码组成的混乱的单体怎么处理呢？单体代码有许多缺点：必须同时部署所有代码，加大了更改风险；支持复杂的数据结构，助长了技术债务；隐藏了代码中的依赖和耦合，让单体难以理解。可以通过缩减单体的大小来减少这些问题的影响。其中一种方法是将单体分成单独的大块。虽然这些单独的块也并不是微服务，但几乎可以被视为微服务，可以获得许多相同的好处。最有用的是，通常可以将单体的这些部分包含到微服务部署管道中，[①]并称之为**宏服务**。

要将单体分解为宏服务，首先要分析单体的结构，以确定系统内的粗粒度边界。这些边界有两种：原始设计的痕迹，以及自然形成的反映公司政治的边界。边界不会很清晰，识别它们比想象的要困难。代码结构分析工具可以提供帮助。[②]首先要将代码结构分组，代码结构之间依赖关系多的归为一组，然后围绕分组绘制边界。

确定了一些边界之后，如何处理它们取决于迁移项目的当前进度。最好不要完全分解单体。对于不打算触碰的功能，请不要理会它们。在新的微服务基础设施准备就绪之前，提取任何宏服务都没有意义——等待，直到可以使用新的部署和管理系统。向旧的基础设施增加部署复杂性不会带来多少好处。

在项目的早期阶段，就可以着手确定边界。作为在单体上投入的一部分工作，请投入一些精力来重构以解耦代码结构。即使在开始提取宏服务之后，这项工作也应该继续进行。持续重构的原因是：在面对复杂的单体代码时，重构是最佳选择。从本质上讲，提取宏服务既烦琐又困难，并且会导致大量的破坏，因此请尽力使用你所掌握的有关单体的知识来降低成本。

宏服务提取

微服务基础设施一旦就绪并开始运行，就可以准备执行提取了。请尝试单独进行每一次提取，以控制工作的复杂性。即使你有一个大型团队，也不要试图一次提取多个宏

① 例如，支付提供商可能已经在单体的类结构中合理地隔离，因为最初的开发人员希望能够更改提供商。可以将其提取到一个单独的进程中，然后像微服务一样部署它。

② 我推荐 Structure101，但我必须说明我认识创始人。

服务，因为这会破坏太多东西。请保持对单体的尊重。毕竟其构建花费了很多年的时间，也包含了大量的业务知识。不到万不得已不要破坏任何东西。

提取宏服务在很大程度上依赖扼杀者代理将入站交互事件路由到正确的宏服务。这是在拥有强大的基础架构之前延迟宏服务提取的另一个原因。重要的是要意识到提取不一定意味着删除：保留旧代码可能是最好的选择。第一步是复制相关代码，看看是否能让它在独立系统中运行。这一步很难，因为必须确定提取的代码对单体有多少依赖关系。对于那些太大的无法提取的依赖项，则需要做些努力来删除或替换。另外，将库代码复制粘贴到宏服务也是一种合法的举动。

要根据业务需求选择宏服务。必须进行怎样的更改才能交付达到成功指标的功能？要平衡潜在的宏服务与单体的耦合程度。与用户交互相比，报表和批处理等内容几乎总是可以更轻松地提取。

宏服务之间的通信要遵循传输独立性和模式匹配的基本原则。应该将消息抽象层引入宏服务中，用作宏服务之间的通信层。不要在宏服务之间创建单独的通信机制，也不要试图通过在宏服务之间使用直接调用来“保持简单”。要尽可能地同质化通信层，以充分利用微服务架构的优势。

消息抽象层

消息抽象层必不可少。仅选择一种知名的消息传输机制（如 REST）或选择一种特定的消息传递实现远远不够。这样做会失去传输独立性。它的明显缺点是：更改传输层非常困难；会将你锁定在某些消息传递模式中，例如偏爱同步忽视异步。

更重要的问题是，对消息传递实现进行硬编码会无法隐藏其他服务的标识。正如前面所讨论的那样，使用模式匹配作为消息路由算法是个比较好的解决方案。为了能够自由地使用模式匹配，需要完全抽象消息的发送和接收。为此，需要消息抽象层。

消息抽象层非常重要，它是少数几个可以在整个微服务系统中使用的共享库之一。如果遵循伯斯塔尔法则（对发出的内容严格，对接受的内容宽松），小心地在消息结构中维护向后和向前的兼容，也可以不用在所有地方都使用相同的消息抽象层。

应该让少数最优秀的开发人员来开发消息传递层。这些开发人员可能分布在多个团队中，维护消息传递层将是他们的额外职责。虽然这脱离了理想方式，相关细节知识局限在少数人身上，但在这种情况下却至关重要。因为需要维护消息传递层的质量和一致性。这是微服务项目管理不可避免的复杂性。

宏服务建立之后应如何处理？合理的做法是将其留在原处。将其视为特殊的大型微服务，根据需要更新和修改。这是保持功能交付速度的有效策略。对宏服务的一个修改是将其从对其他宏服务的依赖转移到对新微服务的依赖。在整个项目周期中宏服务将不断更改，因为不可能那么快就摆脱单体。

7.5　优化策略

微服务架构带来的最重要的一点是，通过添加新微服务可以最直接、最快速地优化应用程序。优化是应对变幻莫测的公司软件开发环境并保持开发速度的最强大武器。

优化的策略如下：首先构建一般案例，然后通过单独处理特殊案例来优化。这与传统的软件开发不同，传统的软件开发一般先收集所有需求，然后在开始开发之前全面设计系统——算法和数据结构。敏捷软件开发的核心思想是通过简化代码重构来实现优化。遗憾的是，单凭方法论无法实现这一目标。如果没有支持优化的组件模型，仍然会产生技术债务。

必须慎重考虑系统必须处理的算法和数据。但是要从逐渐扩展的角度来考虑它们，而不是尝试从头开始对复杂的业务领域进行建模。第 9 章的案例研究提供了一个完成此过程的实际示例。

7.6　从一般到具体

下面来看 3 个开发策略示例，首先构建通用案例，将其投入生产，然后通过构建特殊案例来添加更多功能（按业务价值降序排列）。

7.6.1　向产品页面添加功能

电子商务网站为每种产品都搭建了一个页面。有通用的产品页面，也有针对特定产品类型的特殊页面：有些产品需要更多图片，有些产品需要视频，还有些要包含客户评价。在旧代码中，通过扩展用于构建产品页面的数据结构，并在产品页面模板上使用大量条件表达式来实现这些页面。经过日积月累，这种方法的复杂性变得难以管理，导致有两种产品类型使用了单独的数据结构和模板。现在面临最糟糕的情况：数据结构和模板逻辑方面的技术债务不断增加，需要维护多个版本以及这些版本共同使用的共享代码，这些代码在发生变化时经常会破坏其中一个或多个版本。

可以使用扼杀者代理将产品页面交付切换到新的微服务，如图 7.2 所示。首先，只构建通用情况，即便是通用情况，也只构建简化版本。这个微服务属于纵向功能，它处理交付产品页面所需的前端和后端工作。现在是时候重新评估这些年产品页面上添加的一些功能，并思考它们是否真的有必要了。如果幸运的话，有些产品可以通过构建的简化页面呈现出来，很快就可以上线了。构建此通用产品页面微服务的先决条件是：在生产环境部署了扼杀者代理，并且代理中有足够的路由逻辑；有个消息传递层，微服务可以用它来提供产品数据。

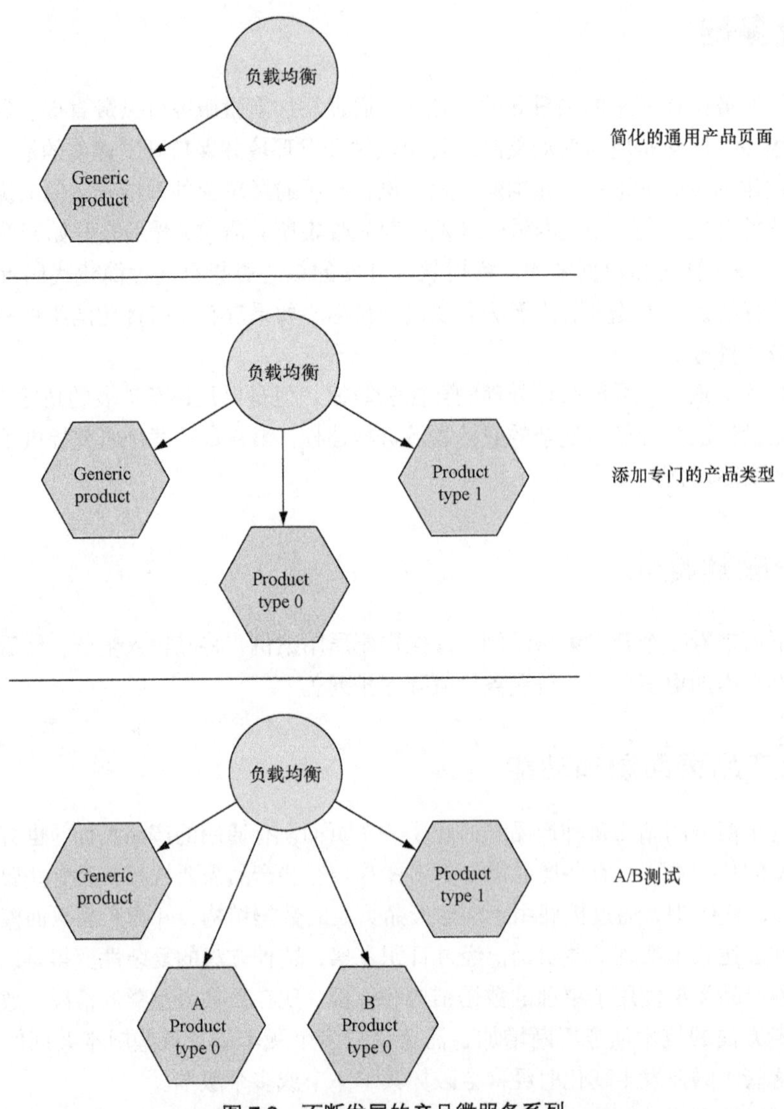

图 7.2　不断发展的产品微服务系列

接下来开始增加复杂性。继续构建产品页面，以获得和单体完全相同的功能——在构建过程中可以测量每个功能的影响。要增加功能，需要添加新的产品页面微服务，使用新功能扩展以前的版本。[①]还必须能够测量该功能对整体业务目标的有效性，这一点至关重要。例如，如果目标是增加转化次数（从产品页面购买产品），那么需要证明该

① 有些功能可能需要额外的微服务。

功能是否能够做到这一点。使用已建立的微服务部署模式，例如渐进式金丝雀模式（在第 5 章中讨论），可以同时进行 A/B 测试。可以将旧版本产品页面的业务指标性能与新版本进行比较。针对每个功能，重复执行这些操作。在这个过程中，你将从营销和产品管理利益相关者那里获得信任和支持，因为你正在帮助他们推动工作。一旦证明你可以交付有效的业务价值，那么将可以更加容易地来讨论下面的问题：减少功能的数量和复杂性、避免浮华的功能、关注用户。因为数字不会说谎。

使用微服务进行 A/B 测试

A/B 测试被广泛应用，尤其是在电子商务领域，它可以优化用户交互，以促进期望的用户行为。它的工作原理是向用户随机呈现同一页面的不同变体，并对结果进行统计分析，以确定哪种变体更有效。A/B 测试不局限于网页设计，可以用于更加复杂的情况。

微服务架构非常易于实现 A/B 测试。在概念层面上，A/B 测试只不过是一种消息路由。基于消息的微服务自然为 A/B 测试提供了保障。这也意味着，测试不同的业务规则与测试不同的设计没有什么不同，因此可以在更深、更广的范围优化用户交互。

在电子商务示例中，不仅可以使用 A/B 测试来优化产品页面布局，还可以优化呈现的特价商品类型或优化确定特价商品的算法。A/B 测试可以在结账流程、回访者处理或几乎任何与用户交互的地方使用，也可以很容易地通过记录消息流获得提供给结果分析的原始交互数据。

随着产品页面微服务的不断扩展，它的复杂性会不断增加，这就需要拆分服务。触发拆分的经验法则是：理想情况下，能够在一次迭代中重写微服务。坚持优化规则：确定产品页面的通用类型，并为这些类型构建微服务。随着复杂性不断增加，要处理的产品类型也越来越多，要不断清理和拆分。最终得到一个遵循幂律的微服务分布：首先是一组处理主要产品类型的核心微服务，然后是一系列特殊情况。[①]如果将每个微服务处理的产品类型的数量绘制成图表，可得到一个类似图 7.3 所示的图表。

这种分布是使用优化策略的典型结果。特殊情况对工作主体的影响很小。这极大降低了风险：不会因为试图定制一种特殊产品的产品页面而破坏网站。

产品页面示例展示了独立实现特殊情况微服务的情况。每个产品的页面微服务都没有依赖关系。这是最好的情况，应该尽量采用这种方式实施。请记住，根据入站消息的模式调用微服务。在这种情况下，扼杀者代理对 HTTP 请求执行模式匹配，也可以在系统内部使用相同过程。[②]

---

① 这是齐普夫定律的一个例子。某个微服务处理的产品类型的数量约为微服务最高处理数量的 1/rank，其中 rank 是该微服务在一个有序列表（按处理产品类型的数量从多到少对微服务排序）的位置。例如，排名第二的微服务所处理的产品类型数量是排名第一的一半（1/2）。

② 例如本书前面章节中的用户登录和销售税案例。

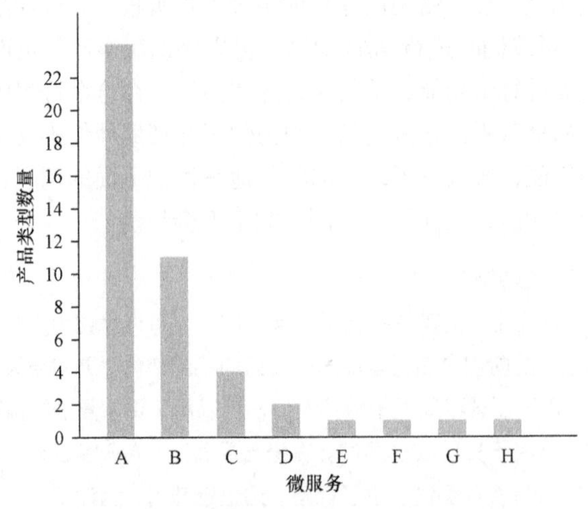

图 7.3 每个微服务处理的产品类型数量

7.6.2 向购物车添加功能

下面继续看另一个例子，在这个例子中，微服务不是独立的。电子商务网站有个购物车，要将其重新实现为微服务。首先编写一个只提供基本功能的微服务：项目列表和总额。当用户将项目添加到购物车时，会发出一条消息，**购物车**微服务接受消息并更新其拥有的购物车。**购物车**微服务还负责提供购物车详细信息，以便在结账页面上显示。

第一个版本的简单购物车并不适合生产，但可以使用它进行迭代演示，以维护与相关人员的健康反馈循环。购物车在上线之前还需要添加其他功能，例如支持优惠券使用。在单体中，购物车代码是面条式代码的典型示例，代码中有个依赖关系复杂、共享变量很多、极其冗长的函数，在函数中依次应用所有业务规则。它是许多缺陷的来源。

以优惠券为例，来看一下如何对这种情况进行优化。优惠券涉及查找和一组有关有效性的业务规则（如有效期和产品有效性），需要应用于购物车总额，再由购物车微服务以某种方式处理。

先从首要原则开始。处理购物车业务规则的一组微服务要能够管理诸如向购物车添加商品、移除商品、验证优惠券等活动。这些活动由 UI 微服务发出的消息表示。按照本书提倡的方法，下一步就是将这些信息分配给微服务。可以让购物车很复杂，并将所有消息发送到同一个微服务，但这样做明显不正确。那就新建一个优惠券服务，让其负责查找优惠券、验证优惠券、应用优惠券的业务规则等。

接下来需要修改购物车服务。该服务不知道优惠券，但需要处理优惠券的优惠规则，例如应用 10%的折扣。首先稍微扩展一下购物车的概念。购物车中有一些产品，但也有一些隐形条目可以修改总额。计算购物车总额包括依次“处理”每个条目，以生成要添加到总额中的金额。优惠券金额为负值。现在需要扩展 add-item 和 remove-item 消息，以便可以添加和删除隐形条目。现在已经构建了通用情况。优惠券是动态条目的一个实例。购物车服务不知道优惠券，只知道自己需要支持动态条目。

现在，可以把它们整合到一起了。用户向购物车添加优惠券时，会触发一条 add-coupon 消息。[①]优惠券服务处理此消息。然后优惠券服务为购物车服务生成一条 add-item 消息，详述要添加的动态条目。动态条目具体说明了优惠券的规则：从总额中减去 10%。一起看看这些消息的示例。

下面的消息将普通产品添加到购物车。消息将直接路由到购物车服务：

```
{
  "role": "cart",
  "cmd": "add",
  "item": {
    "name": "Product A",
    "price": 100
  }
}
```

下面的消息创建优惠券：

```
{
  "role": "cart",
  "cmd": "add",
  "type": "coupon",
  "item": {
    "code": "xyz123"
    "discount": 10
  }
}
```

此消息通过模式匹配 `type:coupon` 被路由到优惠券服务。消息的发送者不需要知道这一点；发送者向购物车服务发送消息，并不关心购物车服务是否已分解为其他微服务。

优惠券服务发送下面的 add-item 消息，该消息被路由到购物车服务。

清单 7.1　添加优惠券项目消息

```
{
  "role": "cart",
  "cmd": "add",
  "item": {
    "type": "dynamic"
    "name": "Discount",
    "reduce": 10
  }
}
```

① add-coupon 不是指消息类型，而是指一组模式，这是缩写。

购物车添加一个动态条目来实现折扣。

这个例子展示了存在依赖项时如何使用优化。在现有服务中引入最少数量的附加功能（在本例中是向购物车添加动态条目），并使用一个新的微服务来完成大部分新工作（在本例中是优惠券查找和验证）。

从部署和生产系统的角度看，这种方法也很有用。可以使用第5章中讨论的部署技术在不停机的情况下安全地进行这些更改。

7.6.3 处理横向问题

优化的最后一个示例是引入横向关注点，如缓存、跟踪、审核、权限等。前面的章节曾讲解过这些内容，现在将明确地把它们纳入优化策略的范围。无须将这些功能直接添加到代码库或花费时间和精力创建代码抽象来隐藏它们，可以通过拦截、转换和生成消息来提供这些功能。

以在产品页面查找产品详细信息为例。简单点的系统有一个面向数据持久层的微服务。更适合生产的系统将拥有一个缓存服务，它首先拦截 product-detail-lookup 消息，以便检查缓存。更现实的系统将使用 cache-and-notify 拦截器微服务。该服务进行缓存查找并发出异步观察消息，让其他感兴趣的微服务知道用户查看了产品页面。具有跟踪功能的微服务可以收集查看统计信息进行分析。

使用模式匹配进行消息路由的主要原因是为了便于优化。这意味着可以编写通用微服务，然后放置不管，避免增加它们的复杂性。每个新功能都可以作为一个新的、特殊情况的微服务交付。①这是防止组件之间不必要耦合和技术债务不必要增长的最大武器。

减少技术债务是使用优化的主要原因。可避免让每个软件组件对世界了解太多。尤其可以控制数据结构的复杂性，防止在处理特殊情况时积累复杂性。

减少人与人之间的协调需求是控制技术债务的主要原因。低技术债务意味着你可以独立工作，而不会影响同事；你知道你的变更不会影响他们。减少协调开销让你无须在会议和流程仪式上花费时间，并保持较高的开发速度。

7.7 总结

- 即使在阅读本书时，你已经使用微服务构建了很多新项目，这些项目经验也不见得会有多大帮助，因为你将从事的是单体迁移。老旧的单体太多了，修复它们成本很高。

---

① 是的，最终会得到数百个微服务。复杂性不会消失，但它会变得对人类大脑更友好。你愿意用罗马数字还是十进制数字进行乘除运算？表示很重要。用一种语言（消息模式）来表示复杂性比用复杂接口和编程语言结构体的大杂烩更好。

- 应该做好迁移单体的准备。这是目前为止那些采用微服务的人最常见的体验。使用扼杀者代理、新项目策略和宏服务策略来实现迁移。
- 要继续在单体上工作，并在旧的代码上交付功能，以保证你的交付声誉。从第一天起就要接受这一点。
- 在将微服务用于生产之前，要充分构建微服务基础设施。这是非常重要的。因为你的对手很容易将偶然的一次失败描述为根本的缺陷。
- 将尽可能多的通信转移到新的消息传递层，这样就可以将传输独立性和模式匹配应用到单体。
- 指导理念应该是逐步优化原则。先解决一般情况，忽略所有烦琐的具体问题。然后处理特殊情况。

第8章 人

本章内容

- 在大公司中驾驭职场政治
- 满足利益相关者的需求
- 了解微服务创造的新政治
- 为微服务组织开发人员和团队
- 挑战正统软件开发惯例

软件开发是一项人类活动，这一事实对软件开发项目结果有着巨大的影响。本书要强烈表达的信息是：软件开发的工程问题长期以来一直被忽视，人们更喜欢对流程进行无休止的争论。微服务之所以有效，是因为它解决了工程问题。本书并没有宣称微服务本身就可以交付伟大的项目。它们必须由人来实施，因此不能忽视人的因素。同样也不能忽视这些人服务的组织。组织行为是人性的自然属性，这肯定是架构师需要关注的问题。

8.1 应对公司政治

软件开发和公司政治都是注重细节的活动。作为一名软件架构师，你可能比自己想象的更擅长此道。

本书并没有给出成功交付软件项目一劳永逸的高超策略；相反，你必须为一场无休止的消耗战做好准备，每天使用多种策略来逐渐改变公司，创造一个通向成功的环境。与当前软件架构的最新技术相比，你的秘密武器是微服务方法的技术效率。但这远远不够。你必须准备好适应这个系统，建立信任，发展盟友，获得支持。接受这一事实是走向成功的第一步。每个公司都有自己的企业文化，因此还必须因地制宜地使用下面章节所讨论的策略。

8.1.1 接受硬性限制

每个公司都有根深蒂固的权力中心，对你的工作实践横加限制。有时候，你有足够的政治资本来改变这些限制，但通常情况下很难做到。为你的项目分配预算的雄心勃勃的副总裁可能不会全力以赴，并且会规避与其他部门的可能引起争议的互动。不要对此感到惊讶。即使有政治资本打破硬性限制，也要考虑把它用在其他地方，因为将有许多硬战要打。

要想处理硬性限制，首先要枚举它们。在项目开始时花点时间了解什么能做和什么不能做。做假设或相信表面保证是一个严重的错误。即使被告知可以做某些事情，也要再进一步验证。询问政策文件，并与相关部门的基层员工交谈，确定事实。然后把自己的理解以书面形式抄送给所有相关方。

当确定了硬性限制后，将它们公布出来。把硬性限制记录为项目的一部分，并说明将如何使用和围绕它们工作，以及它们对项目的影响。用硬性限制来重新定义怎样才算成功。

如果幸运的话，会发生一些奇妙的事情：在建立信任和信心后，那些在项目开始很强硬的限制会得到缓解。及早识别限制条件能够让你不断强调它们，并与利益相关者讨论它们的影响，从而创造击败它们的机会。这是一项艰难的工作，但却很有必要。

8.1.2 寻找支持者

谁是项目的主要支持者？是那个雄心勃勃的副总裁还是中层管理者？他们是否理解并接受微服务方法，或者他们支持项目是基于你个人的亲和力？你是支持者吗？

仅仅有项目批准并不意味着能获得成功所需的资源。也不意味着公司的其他部门会对你大开绿灯。寻找支持者并与之合作是另一项艰难的工作，但你正在为公司引入一种新的方法，必须要这样做。小问题会被放大。为了避免这些问题，你需要支持者。

对于系统架构师来说，培养支持者是一项持续的任务。要不断稳固现有支持者、寻找新支持者。怎么做呢？现有的支持者需要照看和培养，这意味着要向他们提供信息。询问他们喜欢哪种形式：每周会议、项目进展电子邮件、仪表板还是其他。确保让支持者了解最新情况，不要因为没有给他们提供必需的信息而让他们措手不及。

给建议很容易，但实践却很难。当忙于项目时，作为软件开发人员，你的天性可能是专注于代码并花大量时间解决技术问题。你对工作进行了优先级排序，像每周项目进展邮件这样的事情就被推到了一边。不要这样做，优先考虑支持者是确保项目成功的最佳方法之一，许多项目就是因为偶然遇到合适的人而得以挽救。

如何决定下一步要做什么

有许多详细而复杂的方法可以用来确定下一步要做什么，可能需要为此花费大量时间构建优先级矩阵。也许你已经对什么是重要的有了大致了解。这里有个快速的与团队交流想法的方法，可以帮助验证你的分析。

首先列出已知的可交付成果及其截止日期。然后，使用适当的评估指标（如人日），评估交付每个项目的全部工作量。这些都是粗略的估计，重要的是它们之间的相对准确性，而不是绝对意义上的准确性。接着把这些数据做成图表，如下图所示。

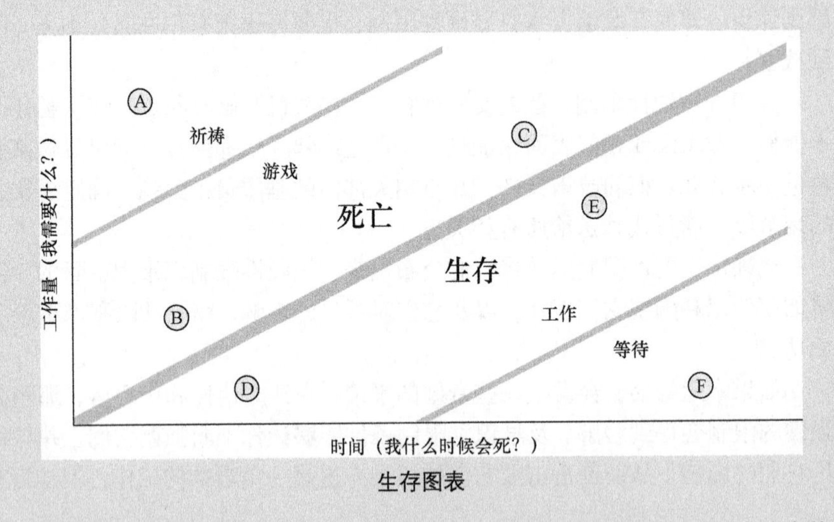

生存图表

从原点向右上的粗线（死亡/生存）是在指定时间内所能付出的最大工作量：生存线。生存线以上的事情不可能做到，肯定无法在最后期限内完成，因为在给定的时间范围内没有足够的资源，这是死亡地带。在这条线之下，有足够的资源和时间，这是生存区。[①]

死亡区有两个部分：祈祷区和游戏区。祈祷区里的问题都很严重，不妨忽视它们（A）或开始祈祷，这取决于你的世界观。身处死亡区时，你的处境就好比有个热核弹头正从天而降冲你砸来。游戏区里的问题只能通过职场政治手段解决（B）。大量删减要开发的功能将使问题垂直向下移动到生存线以下，这样就有足够的资源来交付它。延长最后期限会使问题向右移动，这样就有可能在某个点越过生存线。

① 图中的截止日期相互独立。故意不考虑累积的资源支出。为此，首先移除优先级最高的项目，然后重新绘制图表。这样就能找出下一步要做的最重要的事情。

游戏区左半部分的可交付结果是当前的职场政治优先事项。就图表而言，要将职场政治资本花在B上，而不是C（可以等待一段时间再交付）上。

生存区也有两个部分：工作区和等待区。工作区是实现可行结果的地方。工作区左半部分的可交付结果是当务之急；应在E之前处理D。等待区包含的可交付结果需要的资源很少，而且是在遥远的未来（F），现在不要把时间花在它们上面。

在每次迭代开始时重新构建图表是一个良好的练习。工程师们倾向于选择祈祷区和等待区的项目，因为它们要么最具挑战性，要么毫无挑战性。这是一个错误，是对资源最不理想的利用。

微服务与可交付结果之间存在明显的映射关系，因此这种分析可以帮助团队决定接下来需要构建哪些微服务。[①]

8.1.3 保持沟通合作

在我做过的历任工作中，我想与两个关键人物尽快建立良好的关系：系统管理员和办公室管理员。他们通常很忙，常被忽视，但又勤奋能干。他们对公司有深入的了解。与他们保持良好的沟通，你的工作会顺畅很多。

向他们表明你理解他们所面临的困难就足够了。认可是一种强大的尊重，人们会对此心存感激。显而易见需要花时间与高层建立良好的沟通，每个人都会意识到应该这么做。但与基层人员保持沟通也很有价值，他们可以帮你解决他们擅长处理的问题。

在第一次构建微服务架构时，需要找到与公司的运营和 IT 团队合作的方法。他们是最可能阻碍你努力的群体。你集许多坏事于一身：开发运维文化、迁移到云端、异构环境、[②]凌晨4:00来电、违反合规性、安全问题等。运营部门和IT部门完全有理由保持警惕。这个问题不可能一夜之间解决，但你必须开启对话，尝试沟通，从而帮助克服不可避免的冲突。

8.1.4 以价值为中心的交付

我重复这个策略是因为它很重要。你必须摆脱功能交付的苦差事，摆脱关于到底是缺陷还是功能增强的争论。业务价值不是一个抽象的概念。它代表了一组测量指标，这些指标用来测量领导关心的业务目标是否达成。让所有相关人员同意测量，就测量指标达成一致，然后积极跟踪。这样做会让每个人都开诚布公。

① 这种思维方式深受安迪·威尔的《火星救援》（Crown，2014）和尼尔·斯蒂芬森的《七夏娃》（William Morrow，2015）的启发。这两本书对于有抱负的软件架构师来说都是必备的读物。

② 任何开发人员都不应该让管理员访问他们的机器。

无论在任何情况下都要问："这会改善数据吗？"这将为你提供制定决策和评估决策的客观标准。令人欣喜的是，它与微服务的理念完美契合。

8.1.5 可接受的错误率

这是一个很难取胜的事情。如果你已经在测量指标方面获得了胜利，那么事情会变得容易一些，因为测量错误率取决于测量作为一项活动的可接受性。

最好的方法是不要一开始就直奔主题。先多了解当前的问题：客户的不满意程度、客户投诉的频率等。询问有关性能、正常运行时间和失败事务的数据。如果没有这些数据，则要求跟踪它们。

确定了可信的当前错误率之后，就可以将其作为团队的评估基线。如果业务在给定的错误率下存活下来，那么这些错误就可以被视为非致命错误。如果能够减少人们对错误的恐惧，你就成功了一半。

如果你的团队打算做某件事情，你就可以辩说这件事能够减少错误率，从而减少阻力。从项目的第一天开始就测量错误率，并使用微服务部署管道来管理风险，让系统错误率始终保持在可接受的错误率以下。

持续将代码部署到生产环境的能力取决于公司是否接受由此导致的暂时性错误。让企业理解并接受这种取舍不仅可以接受，而且也是微服务架构带来的关键生产力改进之一，应该是你革新项目的主要目标。

8.1.6 删减功能

不要害怕删减功能。随着时间的推移，软件系统的功能会越来越多，因为几乎没有业务动机来删除它们。尽管这些遗留功能会累积技术债务从而导致巨大成本，但这种情况不可避免。各个功能的价值随时间而变化；如果绘制价值图，最终会得到幂律分布。[①]下面对照它们引入的复杂性来绘制这些功能。复杂性的测量指标可能很粗略（代码行数，或者随便哪个），这对于本分析的目的来说并不重要。图 8.1 显示了世界各地的顾问都钟爱的经典 2×2 矩阵。

右下角的方框就是问题所在：这些功能提供的价值很低，但复杂性很高。我们有理由质疑它们的存在。无缘无故删减某个功能是在自找麻烦，必然花费很多精力，而且会增加一些人的工作量。但是如果发现重新实现、重构或为某个功能提供支持逻辑会给开发速度带来负面影响，那么就可以合理地质疑该功能是否需要。大胆提出建议将其删除。

---

① 诚然，这是来自观察、经验和阅读的**传闻数据**，而不是重复的实验。我未找到有关此主题的任何研究。

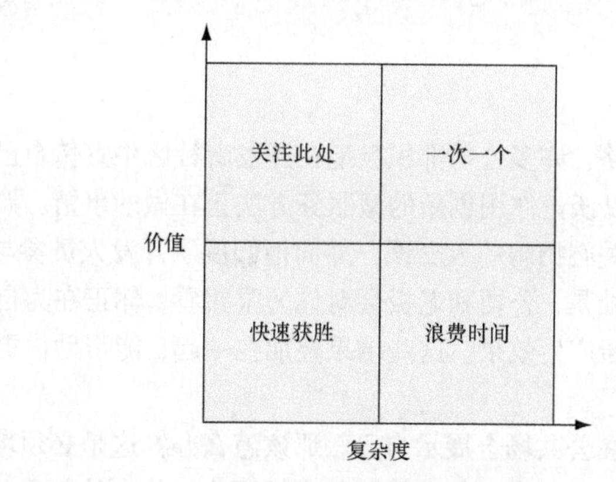

图 8.1　价值与复杂度矩阵

8.1.7　停止抽象

开发人员接受过如何对世界进行抽象的训练。抽象是由他们**构思**并用代码表达的东西。抽象导致的问题是它们会无限增长并最终会被自身压垮。你的挑战是让团队停止抽象，他们中的许多人可能不熟悉微服务架构的核心思想或者可能未完全接受它。

这是一项艰巨的人员管理挑战。开发人员喜欢抽象，并会在这样做时进入积极的心理反馈循环。这是过度设计带来的可怕错误。如果你坚持微服务的小型化，并默认使用新的微服务实现新功能，那么控制起来就容易得多。但你的团队会反对，因为他们已经学会了通过扩展数据模型来解决问题。他们需要学习使用模式匹配。

你要让团队停止使用从特殊到一般的策略（这是编程常见的做法），改用从一般到特殊的策略。这是每天都需要传播和捍卫的观点。而且你还必须引入新的团队成员。如果不注意这一点，那么最终会得到一个分布式单体。

8.1.8　反灌输

软件项目很难用科学的方法进行调查研究。很难区分单纯的相关性和实际的因果关系。使用适当协议的强实验非常昂贵，文献中此类实验的例子很少。

当人类试图理解自己不了解的东西时，往往会用强大的模式匹配大脑来发明信念。软件开发方法、流程和最佳实践都值得怀疑。开发中的每个人都受到未经证实的信念的影响，而开发人员受影响最深。

我保证你和团队会受到偏见的影响。有些对微服务有益（不错的单元测试），有些中立（热门的敏捷方法），有些有害（不要重复你自己）。要诚实明确地告诉团队你将打破一些既定惯例，并请求他们的信任。

8.1.9 外部认可

作为一种招聘策略，许多公司都积极地在开发者社区中宣传自己。如果公司已经这样做了，那么你就可以谈论你用创新的微服务方法正在做的事情。如果公司还没有这样做，那就尝试与那些关心招聘的人交谈，并向他们展示开发人员参与带来的有效性。

这样做带来的好处是，公司和老板会对你另眼相看，你正在为自己和他人解决招聘问题，你的努力会不断产生效果。这些结果叠加在一起，能帮助你更轻松地克服公司内部障碍。

如果天生不愿意在公共场合展示自己，那该怎么办？这是必须培养的技能，因为对于每个重要的架构师角色而言，这种技能都必不可少。从小处着手：参加聚会，了解他们所关心的领域和谈话类型。所有的聚会组织者都急于找人填满他们的演讲日程，这是每个月都让他们头疼的事。许多聚会鼓励和支持新的演讲者。他们希望有新人出场。尝试在聚会上演讲，不知不觉你就能够在会议上发言了。一遍遍地做同样的演讲，大家都是这样做的。逐渐地就可以完成一场专业、完美的演讲了。

8.1.10 团队协作

微服务架构是一种工程策略，是有效软件交付这一更大问题的部分解决方案。但这并不能让你从管理团队的问题中解脱出来，仍然需要让房间里的所有人团结协作。

让团队协作的实践由来已久，无法逐一列举。研究、学习和应用管理团队的优秀、专业的方法，并不断地研究、学习和应用，是你的责任和义务。

作为一名程序员，你最大的弱点来自于最大的优势：可以用代码解决问题，因此你尝试用代码解决**所有**问题。试图用代码解决人的问题是个错误，但我们都犯过：为了不引起冲突，我们不去交涉不合理的交付期望，而是整个周末都加班加点以“他们”想要的方式来完成它。试着换个思路解决问题。通过与人沟通交流可以让你少写很多无谓的代码。这就是你会问是否可以去掉某个功能的原因。许多问题的解决机会纯粹是基于人的。

你还应该将团队作为整体来测量。和团队成员一起协同完成这项工作；不要把这个过程强加给他们。这样做的目的不是为了测量绩效，而是为了暴露系统性问题。每周进行一次调查，可以匿名，也可以不匿名，这有助于发现隐藏的问题或是大家集体忽视的问题。人们很难忽视糟糕的数据，它们是开启讨论的好开端。可以按照 1 到 10 的等级对这些测量指标进行评分，或者使用 5 星或任何适合的方法，只要可以量化它们。以下是一些可以测量的示例。

- **总体幸福感**——如果出现低分，则说明可能有你没有意识到的问题正在影响团队。

- **推荐级别**——团队成员会向朋友推荐他们加入这个团队吗？这是个很好的间接问题，可以获得关于你作为经理表现的诚实反馈。
- **技术评估**——性能是否正常？团队成员是否预测会有灾难性的故障？他们对代码质量满意吗？这些问题能够帮助你基于团队预测的技术结果发现当前可能存在的问题。如果你不关注代码，那么它就可能不那么完美。

8.1.11 尊重公司

微服务有时被描述为逃避康威定律的一种方式。Melvin Conway 于 1967 年提出了这样一个观点："在设计系统时，公司的沟通结构决定了系统的设计结构。"20 世纪 90 年代，我在一家网络咨询公司做第一份工作时，我们遇到的类似问题是："需要为客户公司的每个部门提供一个菜单选项卡。"

软件开发人员指责康威定律，认为它从侧面反映了公司的职场政治环境：如果他们能够自由合理地设计系统，而不是为了让部门负责人满意，那么就可以按时交付。

康威定律值得仔细阅读。它应该被视为一种对自然力（这种自然力会推动事物向某个方向发展）的观察，而不是不变的法则或天生不好的东西。这是一种社会观察。你可以选择对抗它，也可以选择使用它。根据当时的具体情况，这两种反应可能都正确。

如何处理康威定律不应该由微服务架构决定。微服务不会强迫你推翻康威定律；如果这正合你意，它们只是让事情变得更简单。

8.2 微服务的政治

微服务架构创造了自己的政治推动力。从长远来看，这些推动力如何发挥作用以及如何更好地处理这些推动力，需要数年时间才能完全理解。因此在领导微服务项目时，需要密切关注驱动团队行为的力量，随时做好调整航向的准备。

要遵守的最重要的原则是决定要构建哪些微服务的决策途径。从业务需求开始，将其表示为消息流，然后将消息分配给服务。编写服务的开发人员可能会破坏这一原则，因为他们可能会让某个服务变得非常重要。这是一种技术债务，会减慢开发速度。服务必须是微服务架构中最不重要的东西。

8.2.1 谁拥有什么

如何在团队中分配微服务？可考虑以下几种情况。

- 1–1——每个服务一个团队。[①]这些大概是宏服务。

① t-s，其中 t 是团队数量，s 是服务数量。基数 1 表示 1 个，n 表示多个。

- 1–n——一个团队多个服务。这些大概是微服务。
- n–1——多个团队一个服务。这是单体。
- n–n——每个人都可以处理所有服务。这些是微服务，它们没有明确的所有者。

当从单体（n-1）迁移时，将得到1-1和1-n的团队配置。理想情况下，当最后一个宏服务退役时，所有团队都是1-n配置，但这在实践中很少发生。

团队间的n-n配置是不切实际的，它本质上否定了团队的概念；在撰写本书时，还没有任何公司能够证明这种程度的扁平化可行。[①]即使是开源软件开发也有松散的层次结构。

团队**内**的n-n配置则是另一回事。这是最有效的配置。每个团队成员都可以处理团队拥有的每项服务，任何团队成员都不拥有任何服务。但这不是团队的自然状态：团队成员会倾向于各自的专长，对自己编写的代码和提出的架构结构自认拥有所有权，并回避自己不理解的代码。换句话说，个体倾向于1-n配置。但必须鼓励n-n配置。

为什么n-n最适合团队？因为它消除了特权代码，没有代码或微服务是特殊的。它们都是一次性的，都可以重新配置。

微服务提供了经济高效地重新配置系统的技术能力，但它们不会自动提供配置人力方面的能力。对团队明确表示：微服务归**团队**而非个人拥有。

严苛的共享库

术语**共享库**是指由多个微服务共同使用的代码组件。它们会引入复杂性，因为需要知道哪个库的哪个版本应该在哪个微服务上运行；版本的分布情况；以及有哪些不兼容问题。要更新共享库的版本，需要进行复杂的规划，这会影响很多微服务。这与我们期望从微服务架构得到的东西完全相反。

有两种类型的共享库：实用程序和业务逻辑。业务逻辑共享库是真正的杀手，几乎无法证明其合理性。这很危险，因为它必然描述影响用户的系统行为。破坏显而易见——当试图在许多团队和微服务中保持业务逻辑的一致性时，就会出现破坏。共享业务逻辑应该放在单独的微服务中，并通过消息流进行访问。这是架构的基本原则。

实用程序代码不同，但也没有**那么**不同。底层实用程序代码足够安全——尤其是开源库。更新往往是在某个微服务上工作的单个开发人员的本地决策，因此应该能够通过部署管道捕获破坏。你也不想一次更新整个系统。

编写自己的实用程序库是合理的做法，但要保守。这些库必须维护，维护人员将是一个小团队，如果由于某些原因这些库不可用，就可能会造成风险。由于实用程序代码特定于项目，因此它可能会引入系统级的兼容性问题并需要系统级的更新。尽管如此，日志记录、数据访问等可能还是会使用共享库。

---

① **合弄制**（Holacracy）是一种组织设计，可以看作是最近为实现这一目标所做的一次尝试。结果喜忧参半，没有定论。合弄制似乎需要很多规则才能发挥作用，这往往会违背其目的。

> 有个无法避免的共享库：消息抽象层。幸运的是，如果将其构建为在接受消息时比较宽容，那么即使在生产环境中运行消息抽象层的多个版本，也不会遇到太多兼容性问题。

8.2.2 谁在待命

开发运维运动独立于微服务运动，但对微服务思想产生了很大影响。可以在不使用微服务的情况下使用开发运维，但如果没有开发运维思维，则很难使用微服务。微服务将复杂性转移到了网络中，编写微服务的开发人员最能充分理解这种复杂性。

术语**开发运维**是否意味着开发人员可以接触生产机器？或者是否意味着开发人员和系统管理员应该更好地协作？这是个范围广泛的讨论，不妨让我们将范围缩小到微服务的开发运维问题。

在微服务世界，没有人会接触生产机器，必须自动化。这使得业余人员（如开发人员）修改生产系统更加安全。但是仍然需要专门技能来运行和维护系统。这种专门技能必然是专业知识，尤其是对于大型系统。[①]

最终为微服务确定的系统结构意味着，在微服务环境中术语**开发运维**指的是自动化系统上层的操作，而不是完整地开发运维所包含的传统系统管理职责。在上层，开发人员可以通过一组定义明确的操作（这些操作支持微服务部署模式）来影响生产系统。下层则由系统工程师进行操作，作为对开发人员的服务。

这种系统结构有很多变体；上层和下层之间并没有明确界限，在构建大型系统时会自然形成一个界限。在早期，当新开发的微服务系统很小时，开发团队成员经常在全栈上工作，不受限制地跨越边界。现有的运营团队负责运行单体应用程序，并随着系统的增长慢慢转入支持下层的角色。

新的基础设施启动并运行后，必须解决开发团队如何持续维护部署管道和生产系统的问题。是的，运营团队在帮助维护上层，但由谁来操作呢？

最有效的解决方案是让团队中的每个开发人员进行值班（最好一周）。值班那一周，开发人员应做到如下事项。

- **不写代码**。这是最重要的规则。团队成员在值班时思路处于中断状态。在这种状态下，他们无法集中注意力做好工作。[②]
- **随叫随到**。没有人喜欢这样，但这是为了灵活、快速地部署到生产环境而付出的代价。要明确、坦率地告诉团队必须随叫随到。
- **成为团队礼宾员**。在每个人的值班周内，都要打扫厕所（这只是个比喻，但在

---

① 在需要大量系统专家方面，谷歌对站点可靠性工程师的需求可能是最好的例子。

② 这一指导原则源于一项观察，即人类思维可以进入一种高效、专注的状态，称为**心流**。中断会打断心流，因此你无法在值班时编写出色的代码。有关更多信息，请参阅 Mihály Csíkszentmihályi 的著作。

初创公司，他们可能真的需要打扫厕所)。他们的工作是为团队消除技术障碍。这意味着要随时处理缺陷、问题、支持、会议和移动家具，保证部署管道的正常运行，与运营部门保持联络，并与其他团队进行沟通。

- **执行部署**。只有一个人进行部署。是的，从技术上讲，我们拥有可以支持任何人免费部署的部署管道，因为已经测量并控制了风险。但是没有专门的部署部门，需要有人直接负责并充当与团队外部人员的联络点。

团队中的每个人都要随叫随到，即使项目负责人也一样。

8.2.3 谁决定代码内容

让擅长的人做擅长的事是解决问题的有效方法。让最了解的人做具体的决定。提供一组共同目标，然后坐视奇迹发生。

理论上是这样，但在实践中如果没有建立起支撑结构，可能会变得非常糟糕。

如果允许团队和团队成员从待办事项中提取工作项，即使使用业务价值来确定待办事项的优先级，也会很快失去微服务架构的许多好处。值得再次强调：微服务**可以**让速度更快，但它不能保证一定更快。团队和开发人员倾向于分裂成敌对、孤立的圈子。这是种自然的社会现象：部落就是这样形成的。结果是各自为政。最初将不断出现各种小变化，最终会回到“僵化的前端和后端开发人员”以及“僵化的前端和后端团队”的状态。有些期望的好处(如可通过快速重新调配人员、传承知识来创建冗余)将会消失。让我们看一些可以用来防止这种情况发生的策略。

自治和价值

由谁来决定代码内容的问题实际上是如何解决选择的问题。所有的决策都在代码中具体化，[①]因此需要在完全自治和严格的层次结构之间找到平衡。前者导致巴尔干化，后者导致低水平地解决问题。

这是需要与团队进行的第一次讨论。公开讨论团队期望的自治程度。要承认这是个很困难的问题并且可能无解。共同提出一套操作原则，以实现你和团队所寻求的平衡。要认识到，你不仅可以随着时间的推移改变原则以更好地达到平衡，而且还可以改变平衡点。随着项目的进展，需要的自由度会越来越少，这时要改变平衡点，因为许多问题已经“解决”了。

这种方法明确抵制这样的观点：存在一种最佳的软件开发方法，你是该方法的狂热追随者，该方法一旦使用就永不更换。本节中讨论的其余策略都应该从这个角度考虑，它们也许很有用，但不要把它们当成信仰。

---

① 律师和数字权利倡导者 Lawrence Lessig 提出的论点是，由于代码控制着现代世界的绝大部分，因此是代码而非人决定了什么被允许。法律可能会决定一件事，但只有转换为代码后才能执行。

所有人都写代码

每个人都应该写一点代码。为了完善这一理念，所有人都应该为系统的构建出一份力，而不仅仅只是协调。有些人全职写代码；其他人（尤其是高层）可能会因管理职责而分心，具体取决于公司环境。

为了让每个人都能写一点代码，请考虑一些实用的方法。写代码需要长时间的专注。除非安排一个不受打扰的正式时间段，否则高级员工将很难做到。安排正式时间段可以做到，但很难执行。一种更好的方法是让高级员工选择开发周期较长的工作，例如实用程序代码或改进算法，这些工作可能需要长达几周，并且不会影响交付。当然，高级员工也会定期接受值班，并能够在漏洞修复方面施展他们的编程能力。

对于那些不会写代码的人来说，每个项目也有大量的工作：手动验证用户界面、复现用户报告的问题、进行可用性测试、执行详细的业务分析等。总有事情可做。

如果所有人都写代码，那么每个人都会接触到一些实际问题。从管理层面来看，用蛮力干活很容易解决问题。管理层只用动动嘴，活就被干完了，而活通常是由别人干到很晚才完成的。这意味着执行与决策存在偏差。决策层理想的聪明的工作状态，很可能最终演化成了整个团队奋力工作。如果不了解解决方案的最新动态，你就无法理解、评估或指导那些可以减少苦活[①]的解决方案。

如果每个人都写代码，那么对系统的了解就会更深入，了解系统的人也会更多。分小组解决问题的效率会更高，因为可以减少花费在沟通上的时间。

巴别塔

在构建第一个产品微服务系统之前，你可能会认为多语言服务架构（任何开发人员都可以用自己喜欢的任何语言构建任何服务）要么是巨大的优势，要么是可怕的劣势。无论最初的决定如何，下面的情况都会在实践中发生。即使决定坚持使用一种语言，但是还是会遇到需要使用其他语言的情形，有时是为了性能，有时是为了特别的功能，有时是因为这是将现有代码转化为服务的最快方法。总会有小部分服务以其他语言实现。

假设允许随意选择语言。刚开始，某种语言可能只有一点优势。这种语言也许是每个人都想学习的新语言，也许是每个人都熟悉的旧语言，也许是最有效率的开发人员的首选语言。很快每个人都不得不经常使用这种语言，而且它将成为新服务的默认选择，因为它在开发过程中会变得越来越顺畅。随着项目的进展，尽管其他语言也会出现，但只有一种语言会占据主导地位。

无论从哪里开始，结果都一样：我们最喜欢幂律分布。大多数服务都用主流语言编写，其他服务用各种各样的语言编写。如何从维护的角度处理这种情况？谁来照看那

---

① 请参阅 5.7.2 节。

些其他语言编写的服务？如果失去了一位懂R语言的关键人物，当需要做出变更时该怎么办？

这种情况无法避免，最终会得到非标准的服务，将它作为团队成员扩展编程领域知识的机会就好。充分利用值班制度，确保每个人都逐渐接触到所有东西。给团队定个规矩，不管谁引入一种语言，都要指导那些想要使用它的人。

即使这样也无法避免失去关键人物带来的伤害，但剩下的人应该能够让事情继续下去。此外请记住，始终可以通过重写来替换服务；这可能是最佳的选择，即使必须在性能或容量的成本上做出妥协。

入门套件

优化策略意味着将持续构建大量新服务。你应该让主要语言构建新服务变得容易。这样做也会降低对多语言服务的热情，因为使用它们构建将非常困难，需要更多的体力劳动：非主要语言的功能必须提供显著优势，才能战胜使用主要语言创建服务的便利性。

创建一组模板，以便开发人员可以快速开始编写新服务。首先，构建一个核心模板。稍后，为诸如数据公开、用户界面元素、业务规则之类的事情使用不同的模板。谁来构建和维护模板？负责消息传递函数库的同一组人。

全局观

虽然单体包含大量的代码，但是开发人员可以从心理上将自己与系统的大部分隔离开来。为了理解系统的其他部分，必须阅读他们的代码，以了解这些内容组合在一起的方式，这是一项艰巨的工作。由于大型结构体很难理解，因此单体很不透明。

微服务架构有所不同，它在代码之上提供了另一层：消息流。尽管这一层会随时间而增长，达到数百或数千条消息流的量级，但人的大脑可以用一种有效的方式理解它们。对于单体，所有开发人员可能都理解顶层架构，但是却很难获得顶层架构以下部分的任何信息（除了自己正在处理的本地代码）。

每个人都可以从业务需求提炼出消息。随着系统的增长，可以创建概念分组来组织消息。这有助于全局理解：所有团队成员都能参与宏观架构讨论，因为这些讨论很大一部分是消息流或消息流对基础设施决策的影响。

一次性代码

代码可以是一次性的，这种想法不是只有微服务才能实现的东西，而是微服务支持的东西。本书认为，通过遵循微服务架构的基本原则，可以实现在一次迭代中从头重写绝大多数微服务。通过编写替代服务可以淘汰任何微服务。正如“一次迭代即可替换”是为微服务确定合适大小的绝佳标准。

从职场政治角度来看，应该与团队公开讨论并承认这一原则。任何人的代码都可以被替换。编写更好的代码，在产品中与现有的代码一起部署，然后测量结果，这样也许就能选出最好的微服务。当然，你可能不希望团队以这种方式进行激烈的竞争，重要的是让每个人都意识到代码只是过客，可能转瞬即逝。这将产生以下效果。

- 错误更容易消除，因为你可以专注于技术决策，而不受情绪影响。每个人都不需要投入太多；即使自己的微服务被淘汰，让人感觉有点难受，它也只不过是众多微服务中的一个。
- 技术债务得到了控制，因为在一个微服务中投资复杂性没有意义，而且几乎没有时间这样做。
- 实用程序代码和共享库的质量更好。这些代码不会昙花一现，它们将被很多微服务使用。编写高质量的代码是一项长期的工作，需要经过多次修改，这些都是核心代码，而不是业务逻辑（如果业务策略发生变化，业务逻辑就可能会瞬间消失）。

从业务角度来看，一次性代码让业务实验更容易。技术团队不会主动反击。当在传统单体上工作时，技术团队会强烈地抵制进行业务实验，因为没有时间，而且会因为实验带来的破坏而受到指责。

在本章的电子商务示例中，可以对新用户交互执行复杂的 A/B 测试，从而消除大部分无用交互。为了找到良好的用户交互值得使用 A/B 测试。A/B 测试也可以用于测试功能，例如特价优惠。可以使用分散/收集模式来持续推出许多不同种类的特惠产品；通过测量哪些更有效，让它们逐渐占据主导地位。[①]

有价值的错误

系统会出错，会停机，[②]如何处理这个问题将直接影响开发速度和长期成功的能力。如果团队害怕犯错，那么就会放慢速度以降低风险，而这又会丢失我们期待的大部分好处。单体开发之所以缓慢，部分原因就是人们害怕错误。

允许错误。让人们从中学习。当错误发生时，让犯错的人进行事后分析，并向他人解释。在进行分析和解释时，其他人不能对犯错人进行指责。要努力做到这一点：提醒每个人，复杂的系统之所以出故障是因为它们很复杂，而且有可能找不到问题根源。

还要确保有关错误的信息不会以错误的方式向上级传达或泄露。目的是建立一个反馈回路，防止犯两次同样的错误。

允许犯错并不意味着欢迎它们。要与公司的其他成员保持信任。已经有了一个可接受的错误率——坚持下去！如第 5 章所述，通过使用部署流程来管理风险，以确保安全。

---

① 考虑使用多臂赌博机算法。

② 3.6 节描述了微服务可能发生的所有故障形式。

8.3　总结

- 微服务为软件开发创造了一个新环境，一个有利于完成工作的环境，这是一项工程进步。
- 专注于可见、可量化的交付业务价值。这样做可以建立信任，从而获得支持，能够帮助你消除障碍，加快开发速度。
- 当快速推进时，会带来破坏。为了创造足够安全的空间来快速推进，要让公司接受存在错误率，然后在错误率之内操作。让错误成为可接受的，以减少其影响。
- 还有许多其他策略和事项要注意。大型人类组织是复杂的事物；必须接受政治工作，要认识到这与正确处理技术细节一样重要。
- 微服务架构也有自己的陷阱和限制。请仔细设计你的所有权规则，并认清团队间交互方式和团队内开发人员交互方式的区别。

第 9 章　案例研究：Nodezoo.com

本章内容

- 设计完整的微服务系统
- 构建核心服务
- 创建灵活的开发环境
- 开发降低风险的持续交付管道
- 增强、调整和扩展系统

运行中的代码是展示软件工程原理的最佳方式。应该看看真实系统中的微服务代码，这样才能够真正评估使用这种架构的效果。本章将从零开始完成一个小而完整的系统，该系统涵盖了本书讨论的所有主题。

这是个学习系统，有很多明显的遗漏和缺陷，在生产中它们可能会导致系统崩溃。这是有意为之，原因有两个：一是本书篇幅有限；二是这正是早期开发生产系统应该采用的方式！人们认为微服务架构能够在有限的迭代次数内，让小型演示系统方便地扩展为大规模生产系统。在任何项目的早期，最大的胜利都来自于展示可以运行的代码，即便它只是运行在笔记本电脑上。如果这个案例研究是客户的商业项目，我也会按照与本书描述的类似路径来构建它。[①]

本章的案例研究是 Nodezoo.com，一个用于搜索 Node.js 模块的小型搜索引擎。

① 请原谅在迭代的时间线上有很多不符合文法的地方，它们主要用于本章的标题中。

[Node.js 生态系统已经有了一个可完美使用的搜索引擎，由 Node.js 模块配置源 npm（http://npmjs.com）提供。] 该系统提供对 Node.js 模块列表的自由文本搜索（在撰写本书时，列表至少有 50 万条目）。用户应该可以查看任何模块的详细信息，例如作者和描述。系统还应该从其他来源（如 GitHub）收集信息，并将其合并到相应模块的信息汇总页面中。

本案例研究的所有代码可以在人民邮电出版社异步社区官网获取。该系统使用 Node.js 平台，代码用 JavaScript 编写。你可能已经开始忧心忡忡，不用担心，阅读和理解代码不是问题，每个人都可以阅读 JavaScript。代码不多，已经尽可能让系统简单。文中显示的是部分代码，不是完整的代码清单，最好访问项目以浏览示例的完整代码。系统必须使用特定的开发、测试、监控、部署和编排工具，存储库包含相关的安装和配置说明。本书将大致介绍一下这些工具，不再介绍它们的使用方法。本案例研究选择的工具并非首选工具，我选择它们仅是因为它们简单，而且本书使用的配置肯定不适合生产环境。

9.1 设计

让我们按照本书倡导的分析过程开始设计。首先定义一组非正式的业务需求，然后用消息表示它们，最后使用消息交互来决定构建哪些服务。在项目开始时，这项任务是一项单独的工作。在项目后期，它会成为增强和扩展系统的一部分。

9.1.1 业务需求是什么

这个系统的目的是可以更方便地查找 Node.js 模块的信息。针对每个编程问题，Node.js 配置源都可能有几个模块来解决：某个模块可能用 Stream，另一个可能用 Promise，还有一个可能用 CoffeeScript，等等。选择正确的模块很重要，唯一安全的方法是根据 GitHub 星数选择最受欢迎的模块。[①]

假设通过与一些 Node.js 开发人员的交谈，发现他们希望从自由文本搜索而非基于条件的搜索中快速获得结果。[②]他们还想查看具体模块的所有详细信息，以便决定是否使用它。

还应该询问准确性和可接受的错误率。人们经常搜索他们只记得一半但在看到时能够认出的模块。选择模块时不用优先考虑最新的模块，因此检索出旧模块也没有关系。每个模块的信息都应该包含最重要的细节，并且可以快速加载；完整、最新的详细信息

① 这个方法应该可行。另外要尽量选择在过去 6 个月更新过的模块，它们的维护人员很可能仍然在关注。

② 这是人工智能的时代，机器应该为我们思考。

并非必不可少。开发人员可以访问原始的 GitHub 项目来查看完整、详细的信息，他们在做出最终决定之前肯定会这样做。无论什么项目，最重要的需求分析结果都是：确定可接受的故障形式和错误率。

用户调查到此为止。回到办公桌前，你认识到要使用开源搜索引擎，并且要从各种来源收集模块的数据。还要跟踪模块的更改，并使用消息队列来推送更新。但是你可能已经注意到你正在以典型的程序员方式提前跳入实施中。这很难避免，需要有意识地以与实施无关的方式编写业务需求。

再次从用户的角度出发，首先起草一份业务需求列表，然后与潜在用户讨论并验证它们，最终得到下面的简要业务需求（Business Requirement，BR）列表。

- BR1——搜索结果列表最多应在 1 秒内返回，信息页面也应在 1 秒内返回。
- BR2——应该以自由文本搜索模块，结果应该按照相关性排序。
- BR3——信息页面将显示从各种来源收集的模块信息。
  - —BR3.1——最初的来源是 http://npmjs.com 和 http://github.com。稍后将添加更多的来源。
- BR4——当模块更新发布到 http://npmjs.com 时，系统应该获取模块的最新信息，但不需要实时获取，最多可以延迟一小时。

在现实世界中，调研业务数据（如产品类别）需要很长的时间。花一周的时间发现需求，再花一周的时间起草并验证它们，这很正常。[①]如果花费的时间更长，那么回报就会递减，这可能表明系统或项目的环境不适合微服务方法。

这里有个隐性的要求是项目甲方已经接受了持续交付方式，同时也接受了让持续交付易于实现的微服务架构。这也是项目甲方获得其余功能的方式。尽管可能很难沟通此假设的技术方面，但应该清楚地告诉利益相关者，系统将以增量方式交付，最初几个迭代的产品质量将远远低于生产标准。但对他们的好处是：在系统改进中，他们将继续拥有重要发言权，而且系统不受最初需求的限制。

还应该与利益相关者就成功的可量化定义达成一致。对于这里的示例搜索引擎而言，成功由 BR 中概述的响应时间和更新频率定义。这些数字肯定是百分位数，而不是平均数。达到 1 秒的平均响应时间要比达到第 90 个百分位数响应时间是 1 秒要容易得多，但是 1 秒是必要条件。[②]

9.1.2 消息是什么

某些潜在的微服务可能已经向你的编程潜意识暗示了它们自己。抵制这种诱惑，专注于消息。要从活动而非实体的角度来思考。这与大多数经典的计算机科学训练直接矛

① 这些是上线的需求，而不是系统的完整需求。

② 即使利益相关者坚持使用平均值，也应该按百分位数设计；然后就有机会解释你的超额交付了。

盾。[1]试图将混乱、不断变化的世界划分为整齐的类别是一项徒劳的工作。所得到的只是个充满技术债务、刻板的数据库模式。

BR 描述的是**发生了什么**，而非**是什么**。[2]从活动定义的角度来看它们。受这些活动影响的实体可能有多种表示形式，记录系统（System of Record，SOR）只是其中一种。BR 代表的活动更为重要，并且独立于实体的属性。遵循第 2 章介绍的模式匹配和传输独立性原则，可以安全地定义消息，而不必过多考虑这个问题。通过避免对消息采用严格的格式，可以保持灵活性，以便不断变化的业务出现新活动时能够适应它们。

性能怎么样？

BR1 和 BR4 包含特定的性能目标，这些目标也是成功的指标。获得高性能和保持灵活性是鱼和熊掌不可兼得的需求，灵活性一般通过松散的格式和**低效**的消息传输来实现。不使用消息传递层而是提前为消息选择高效的编码和协议（这往往需要硬序列化格式）不好吗？

我们回顾一下帕累托法则：20%的原因导致 80%的结果。性能限制最有可能由小部分消息导致。项目直到后期才会面对生产流量，此时经过不断优化，消息格式已经比较稳定。这时可以采用严格的消息格式以牺牲灵活性换取速度。传输独立性让我们可以选择更快但不灵活的传输机制。我们可以选择对网络位置进行硬编码并在部署时加倍小心，而放弃基于对等服务发现的顺畅持续交付。如果业务目标值得这种取舍，那就顺其自然吧。关键在于只有在证明有能力为自己的行为买单之后，才能做出这些取舍。[3]

在开始将业务活动表示为消息之前，有必要确定一些约定。使用什么模式？这里有一些建议。活动通常有**参与者**，即执行活动的对象。如果仅仅将参与者视为正在解决的业务问题中的实体，或者是系统中正在构建的微服务，那就太局限了。不同的参与者会在不同的时间执行不同的活动。我们用不同的**角色**表示执行不同活动。然后就可以根据需要分配角色，并保持灵活性。在消息中使用 `role` 属性可以为模式匹配提供有用的命名空间。[4]

某些活动显然是一个参与者对另一个参与者的命令，或者至少是一个角色对另一个角色的命令。虽然并非所有消息都是命令，但有相当多的消息是命令。[5]我们自然要命名命令并使用诸如 `cmd` 之类的消息属性来指定名称。这对于模式匹配很有用。不要陷入将命令等同于远程过程调用的陷阱；除了能够模式匹配 `cmd` 属性的值之外，还可以

---

① 如果你有计算机科学学位，就会知道如何绘制实体关系图，并且会本能地将名词转换为类图。这种方法强调的是事物而非活动。

② 古希腊哲学家赫拉克利特（约公元前 535—公元前 475 年）说：“一切都在改变，没有什么是静止的……你不会两次踏入同一条河流。”

③ “真正的问题是，程序员在错误的地方和错误的时间花了太多时间担心效率问题；过早优化是编程中所有罪恶（或至少大部分）的根源。” Donald E.Knuth，“Computer Programming as an Art”（1974 年图灵奖演讲），*Communications of the ACM 17*, no. 12 (December 1974): 667–673。

④ 并非所有消息都需要角色。

⑤ 这是通过构建微服务系统获得的经验观察，不是系统的测量结果，相信自己对系统的设计直觉！

匹配更多东西。

BR1：性能

性能需求可以通过在项目早期建立系统基础架构来满足。监控和测量是基础架构的一部分，因此能够始终知道性能需求是否得到了满足。保持快的方法就是**永远不要慢下来**。即使微服务部署后在功能上没有问题，但如果性能没有达到目标，也要进行回滚。本章的示例代码包含一个性能测量指标，以确保达到 1 秒的目标。

企业软件开发的一条普遍规律是，当系统投入使用时性能会非常糟糕。尽管微服务引入了更长的延迟，但是可以帮助提前解决这个问题，并将问题隔离到特定的消息和服务中。[①]

BR2：与搜索相关的消息

让我们使用 search 角色来描述这些消息。需要通过消息来执行搜索并为搜索模块编制索引。这里使用具体的消息示例，因为它们更容易思考并从中提取消息模式。消息使用 JSON 格式。下面的消息执行对 Node.js 模块的搜索。

```
{
  role: 'search',
  cmd: 'search',
  query: 'foo'          <-- 假设搜索词是“foo”。
}
```

通过该消息可以提取出模式 `role:search,cmd:search`。将其添加到系统的模式列表。`query` 属性不是模式的一部分。接受 `role:search,cmd:search` 模式的服务应该查找 `query` 属性；如果它不存在或不是字符串，那么就忽略它并返回空结果列表。[②]

命令消息通常需要应答，请求/响应消息交互自然最适合。对搜索的响应可以定义为：[③]

```
{
  items: [ {...}, ... ]
}
```

属性 `items` 是响应对象的数组。目前还没有定义关于响应对象的任何内容，但假设将根据需要添加字段。没有格式！

下面这条消息的模式是 `role:search,cmd:insert`，用于将 Node.js 模块数据添加到搜索索引中：

---

① “慢就是稳，稳就是快”每个海豹突击队员都会这样告诉你。

② 记住伯斯塔尔法则：“对接受的内容宽松，对发出的内容严格。”

③ 响应不应被认为是一等消息，参见第 2 章。

```
{
  role: 'search',
  cmd: 'insert',
  data: { ... }        <-- 模块的数据；此时未定义。
}
```

接受此消息的服务应该具有幂等性。可以根据需要多次插入相同的模块，最后一次插入获胜。这样在更新模块时就不用担心是否需要先创建模块。每个模块的数据都应该是开放的；可以在将来添加更多的数据字段。

这条消息有响应吗？也许有，而且可以是同步响应也可以是异步响应。为了便于测试，可以用搜索引擎输出的摘要进行响应。

到目前为止，系统中的消息列表如下：

- `role:search,cmd:search`
- `role:search,cmd:insert`

BR3：与模块信息相关的消息

我们为这些消息分配 info 角色。需要消息来获取有关模块的所有信息，还需要消息从每个来源请求模块信息。我们无法控制来源，因此异步的分散/收集方法（如第 3 章所述）可能最适合：

```
{
  role: 'info',
  cmd: 'get',
  name: 'express'      <-- 模块的名称是“express”。
}
```

消息模式是 `role:info,cmd:get`，响应应该包含模块的所有信息，键是模块的来源：

```
{
  npm: { ... },
  github: { ... },
  ...
}
```

不需要指定每个信息来源的数据字段。

要从每个来源获取信息，需要发出一条异步消息，稍后收集异步响应：

```
{
  role: 'info',
  need: 'part',        <-- 公布需要模块的部分信息。
  name: 'express'
}
```

然后收集信息：

```
{
  role: 'info',
  collect: 'part',        ⊲ 收集模块的部分信息。
  name: 'express',
  data: { ... }
}
```

虽然尚未分配任何服务来处理这些消息，但应该清楚的是，多个服务（每个来源至少一个）将协作来实现 info 角色。角色是一种模式约定，而不是到服务的映射！

现在的消息列表如下：

- role:search,cmd:search
- role:search,cmd:insert
- role:info,cmd:get
- role:info,need:part
- role:info,collect:part

BR3.1：与来源相关的信息

这些消息在各个来源基本一致，因此将重点放在 http://npmjs.com 上，http://github.com 可以复制这些消息。每个来源都应该有自己的角色，因为一个来源可能需要多个服务，并且可能需要为指定的来源定制消息。

这些自定义消息可用于提供特定来源的扩展点（如允许自定义解析），并允许手动驱动系统进行测试和管理。

> **REPL 的力量**
>
> 为构建的任何系统（微服务或单体）提供读取–评估–打印循环（Read Evaluate-Print-Loop，REPL）是个好主意。REPL 是系统的动态、解释性、文本接口。应该能够远程连接到 REPL（如使用 telnet 命令）并针对生产系统执行命令和表达式。
>
> REPL 对于与第三方数据源集成的烦琐工作特别有用。在微服务的案例中，REPL 应该允许手动将消息直接注入系统。这是个非常有价值的开发、测试和管理工具。本章的示例代码包括一个 REPL 服务。

下面的消息从 npm 获取关于 Node.js 模块的信息：

```
{
  role: 'npm',
  cmd: 'get',
  name: 'express'
}
```

该消息的模式是 role:npm,cmd:get，它的响应消息包含 npm 提供的数据字段。要包含哪些数据字段？无论是从想要的数据字段角度还是从 npm 提供的字段角度，数据字段都会随时间发生变化。这感觉像是一个必要的扩展点，因此专门创建了一条消息来查询 http://npmjs.com 服务并与之交互：

```
{
  role: 'npm',
  cmd: 'query',
  name: 'express'
}
```

此消息的模式是 role:npm,cmd:query，响应是一组解析的数据字段。

为 http://github.com 复制这些模式，系统变为：

- role:search,cmd:search
- role:search,cmd:insert
- role:info,cmd:get
- role:info,need:part
- role:info,collect:part
- role:npm,cmd:get
- role:npm,cmd:query
- role:github,cmd:get
- role:github,cmd:query

可以看到，消息列表本身就是个简洁且具有描述性的系统规范。甚至可以将列表组织成层次结构，首先使用 role 属性，然后使用其他属性。当有数百条消息时这就变得至关重要。

BR4：与模块更新相关的消息

最后，需要处理模块更新。这发生在某个模块的新版本发布到 npm 时，因此检测更新的一种方法是监听 npm 提供的事件流。但其他来源可能不提供事件流，需要进行轮询。无论用哪种方法检测更新，都需要一条异步消息来公布发生了变更。然后感兴趣的服务可以决定更新自己的数据。下面是事件消息，公布某个模块以某种方式发生了改变：

```
{
  role: 'info',
  event: 'change',
  name: 'express'
}
```

role:info，event: change 便是最终模式。系统的初始消息分析就到这里。在实现系统时，如果 BR 发生了变化，模式列表也应该跟着变化。

9.1.3 有哪些服务

通过分析消息交互可以确定需要哪些服务。谁在发送，谁在接收？有接收器吗？让我们依次讨论每条消息的交互。

消息模式：`role:search,cmd:search`

此消息由用户输入搜索词执行查询触发，因此它来自 UI。系统通过 web 服务来显示搜索页面并发送消息。接收服务应该发出响应（附带搜索结果列表），将接收服务命名为 search 服务，如图 9.1 所示。

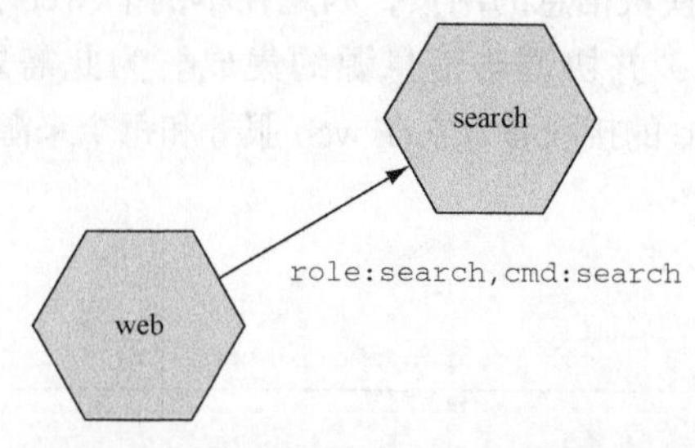

图 9.1 `role:search,cmd:search` 交互

在复杂的生产系统中有许多与 UI 相关的服务。常见的做法是每个页面一个服务。在这个小系统中，有个负责管理 UI 的服务。web 服务不仅提供搜索结果，还提供模块信息页面。应该为 web 服务提供一个适当的 JSON API，这样就可以使用 curl 之类的工具对其进行验证。[①]

search 服务必须能够执行自由文本搜索。这是一项专业职能，应该将其委托给第三方。在本例中使用 Elasticsearch。[②]然而系统并不直接与 Elasticsearch 交互。而是编写 search 服务来处理搜索消息，并封装与 Elasticsearch 的所有交互，从而将系统与所选的搜索引擎隔离开来。

消息模式：`role:search,cmd:insert`

使用此消息可以在搜索引擎中插入或更新模块。search 服务接收该消息。但消息是谁发送的呢？要索引的数据是 `role:npm,cmd:query` 消息的响应结果，因此从处理与 npm 集成的微服务发送该消息似乎很合理：将该服务命名为 npm 服务，如图 9.2 所示。

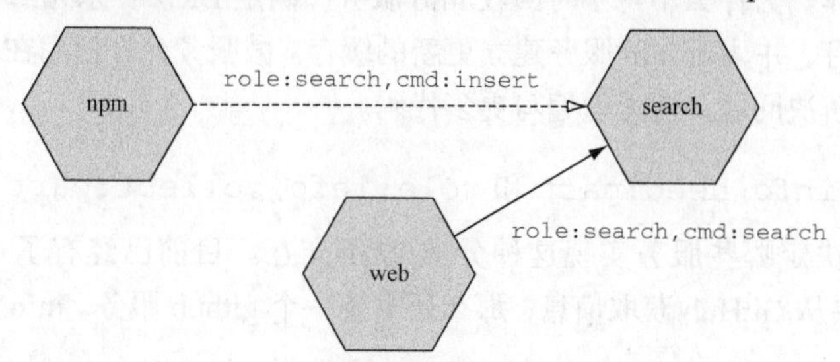

图 9.2 `role:search,cmd:insert` 交互

① 系统启动后，应该可以运行 curl http://localhost:8000/api/query?q=foo_来搜索模块。
② Elasticsearch 是一个可靠、可扩展的全文搜索引擎。

这个决定有点武断，但我们并没有陷入其中。以后也可以改由其他服务发送该消息。此外，该消息不需要响应，因此可以是异步消息。

消息模式：role:info,cmd:get

UI 显示一个展示模块信息的网页，因此在本例中 web 服务是发送方。还需要一个服务来收集所有信息，并协调与信息源的集成。为此需要创建一个 info 服务作为 role:info,cmd:get 的接收者，它在 web 服务和每个来源集成服务之间进行调节，如图 9.3 所示。

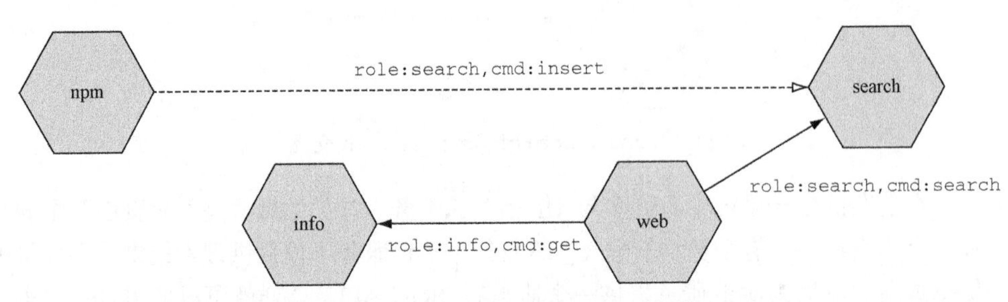

图 9.3 role:info,cmd:get 交互

info 服务将处理大量此类消息；因为只需要在一小时内更新，所以应该将响应缓存在 info 服务中。在生产环境中将拥有多个 info 服务，每个服务都有自己的内部缓存，所有这些服务与最新版本的数据可能略有不一致。[1]

这些缓存位于服务内部的内存中。缓存够大吗？需要测量生产环境中的缓存命中率[2]来回答这个问题。如果缓存不够大，请考虑使用具有足够容量的外部共享缓存。但现在没有必要；将 info 服务更改为使用外部缓存是个很小的更改，只会影响该服务，因此可以放心地暂不考虑这个问题。这就是微服务的优势，不需要考虑太多东西。

缓存失效怎么办？[3]模块数据将变得过时。可以开发一个缓存失效算法，但这是一项艰苦的工作。为什么不每小时回收 info 服务（满足 BR）？杀死旧 info 服务会删除它们的无效缓存，并让新 info 服务建立更新的缓存。微服务允许使用在基础设施自动化方面的投入来解决问题，而无须编写更多代码。

消息模式：role:info,need:part 和 role:info,collect:part

接下来决定哪些服务实现这种分散/收集交互。目前已经有了一个来源集成服务 npm，如果要从 GitHub 获取信息，那么还需要一个 github 服务。info 服务发出异步消息

① 这符合与项目利益相关者协商的可接受错误水平。
② 查找时在缓存中找到的次数（命中）。命中次数应该相当高，以证明使用缓存的合理性。
③ 使用缓存总是会引入数据过时问题。“计算机科学两件最难的事情（缓存失效、命名）和差一错误。”（Jeff Atwood、Tim Bray、Phil Karlton）

role:info,need:part，这些来源集成服务将观察该异步消息。然后它们会发出 role:info,collect:part 消息，其中包含了模块的更新信息，如图 9.4 所示。

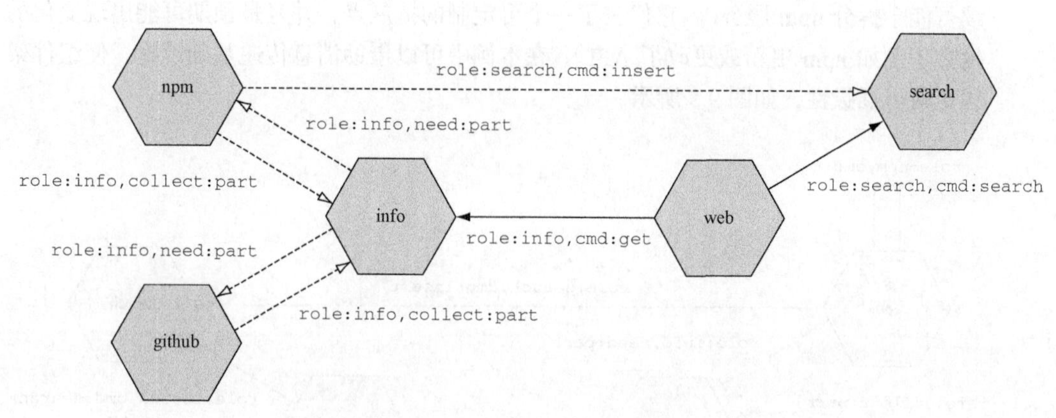

图 9.4　role:info,need/collect:part 交互

info 服务应该允许来源集成服务（npm、github 和稍后实现的其他服务）延迟一段时间发回包含模块信息的消息。在此延迟之后到达的任何消息都将被忽略，这些数据将不会被显示。但没关系，只要在可接受错误率之内就可以。

消息模式：role:npm,cmd:get **和** role:npm,cmd:query

把重点放在与 npm 的集成上，其他来源集成服务将实现类似的消息。谁发送 role:npm,cmd:get 消息？在当前的设计中，没有发送者！它由 role:info,need:part 消息触发。npm 服务监听 role:info,need:part 消息；当收到该消息时，它会调用 role:npm,cmd:get 并使用 role:info,collect:part 发回结果。

为什么 info 服务不直接调用 role:npm,cmd:get？它可以直接调用，例如在早期的实现中，或者在实现某个曳光弹时。[①]但想想后果吧，如果这样做，info 服务就必须知道每个来源集成；无论何时添加新源，都必须更新 info 服务。这不是我们想要的，分散/收集交互可以避免这种耦合。

那么为什么 npm 服务需要自己的消息呢？为什么不直接实现 role:info 消息处理程序？因为这会硬编码另一端的分散/收集交互，使测试更加困难，并阻止创建与 npm 服务的其他交互。

这里的一般策略是为每个活动定义自然消息，并定义针对性的服务来处理它们。对于复杂的交互（如分散/收集），则使用特定的消息来实现这个目的，并将它们转换成自然消息。特定于交互的消息让系统最大限度地保持了灵活性和解耦。如果以后出现性能

① **曳光弹**是一种纵向的功能实现，它从上到下覆盖整个系统堆栈，但会忽略几乎其他所有内容。这是判断某个功能是否可行的快速方法。

问题，则可以对相关消息流进行硬编码。

role:npm,cmd:query 消息也是一条内部消息（目前是——随着复杂性的增加后续可能会拆分 npm 服务）。它代表了一个可定制的扩展点，并且是预期可能出现变化的地方（例如 npm 更新或更改了 API）。在本例中可以借助消息传递基础设施，使组件架构更具可插拔性，如图 9.5 所示。

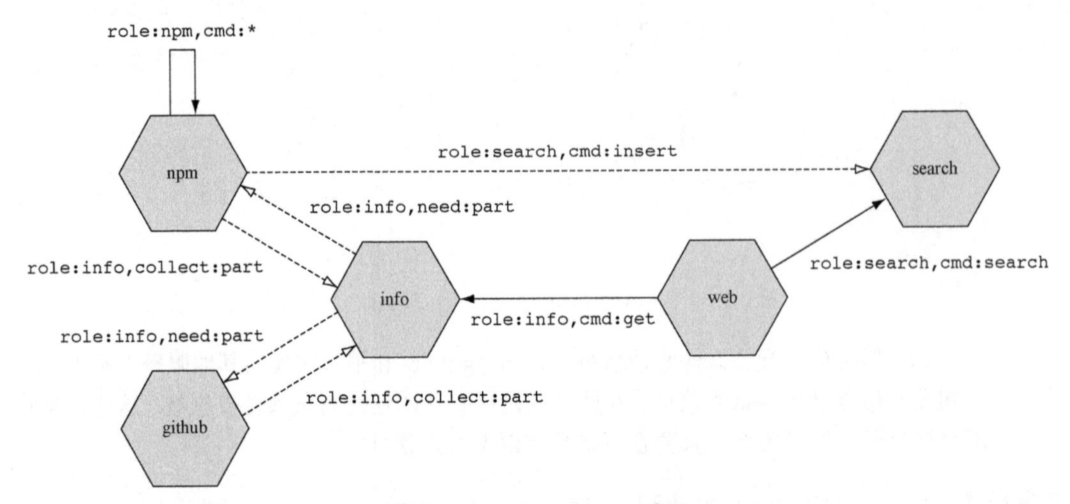

图 9.5 role:npm,cmd:*交互

npm 服务的数据持久性问题也需要考虑。不能每次想要某个模块的信息时都查询 http://npmjs.com，那样不但太慢而且也不经济。要将模块信息存储在数据库中。而且还要考虑在模块更改时更新数据。

通过将数据操作表示为消息，可以避免在这里做出错误的决定。[①]如果决定使用共享数据库，则需要编写一个数据服务来处理这些消息，并作为 npm 服务和数据库之间的中介。或者可以将数据服务合并到 npm 服务中，以避免网络开销。

本例采用一种积极的微服务方法，以便了解它的工作方式。每个 npm 服务都将使用嵌入式数据库引擎在本地存储所有数据。[②]这意味着每个 npm 服务实例都需要一个持久卷。要使用部署基础设施来管理服务实例与卷的关联，以避免数据丢失。

即使数据丢失可能也没那么糟糕。假设会偶尔丢失 role:info,event:change 消息，服务实例存储的数据可能也会略有过时。如果 npm 服务能够随时查询 http://npmjs.com，即使在本地还没有数据，它们也能够检索到任何模块的数据。考虑到可接受的错误行为，即使偶尔无法访问 http://npmjs.com，这仍然可以工作。从整体看，生产系统由一组 npm

① 参见 4.2.2 节。在示例代码中，这些消息将使用模式 role:entity。

② 在示例代码中，本地开发的数据库是磁盘上的 JSON 文件。阶段系统和生产系统则使用了 LevelDB。

服务实例组成，每个实例都有自己的模块数据副本，这些实例的数据可能略有些不一致，但没有那么重要。可以每周更换 npm 实例，为每个新实例重建数据库。这种方法的优点是可以暂时不用管理数据库服务器，因为服务可以管理它们自己的数据。[①]

消息模式：`role:github,cmd:get` **和** `role:github,cmd:query`

github 服务的内部消息模式使用与 npm 服务相同的操作模型。我们再次使用自然内部消息（命名空间是 `role:github`），通过响应 `role:info` 消息，使它们与其他服务解耦。

消息模式：`role:info,event:change`

此消息表示模块的数据已更改，需要再次查询。npm 服务应该监听此消息并触发一个内部 `role:npm,cmd:query` 消息来获取模块的最新数据。谁发送该消息？这里需要一个 updater 服务来监听来自 http://npmjs.com 的更新，如图 9.6 所示。

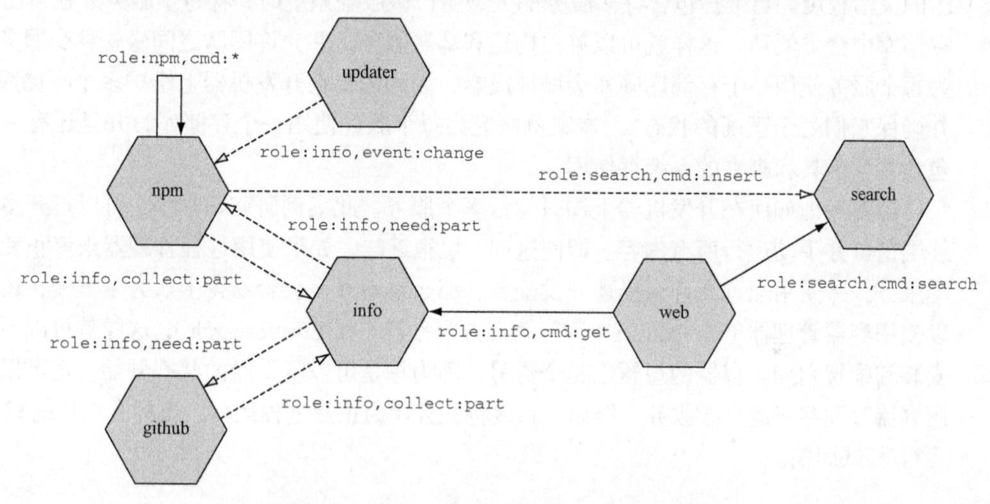

图 9.6　`role:info,event:change` 交互

updater 服务非常适合在开始阶段为系统填充数据。它可以下载所有模块的列表，并对它们进行遍历。但是要限制此批处理过程的速度，以确保不会“惹恼”外部数据源。这个过程本质上是幂等操作，因此不太需要担心数据一致性。可以运行 updater 的并行实例，以确保在处理初始批处理时不会错过任何更新。

9.2　交付

接着将使用一系列理想化的迭代来跟踪系统的开发、上线和维护。迭代是组织软件

① 关于微服务数据策略的详细讨论请参阅第 4 章。

开发项目的一种方便且常见的方法。我们不会采取任何严格的流程，微服务架构让你从这种仪式性的束缚中解脱出来。

9.2.1 迭代1：本地开发

为了让项目有良好的开端并取得利益相关者的信任，最好在第一周结束时建立并展示一个工作系统，无论它有多小。这意味着应该专注于建立并运行本地开发环境，并保持团队规模较小，以便尽可能少地进行集成工作。此时的目标是在开发人员机器上运行演示，不必考虑测试版本、阶段环境或生产环境。也不用过多考虑如何正确配置和安装第三方系统（如数据库服务器）。如果有必要，可以使用消息来模拟它们。

要确定如何组织代码。每个微服务使用单独的源代码存储库？还是将所有内容都放在所谓的**单一代码库**中？[①]要根据具体情况因地制宜地做出决策，例如团队的个性和组织的灵活程度。当维护包含许多服务的大型生产微服务系统时，将每个服务放在自己的存储库中会更便利。这样就可以单独构建和部署服务，并允许团队之间轻松移交服务。为每个服务使用一个存储库确实会增加成本，因为需要在开发机器上维护多个存储库，并确保它们处于正确的状态。[②]本案例研究为每个服务使用一个存储库，并且还有一个包含共享工具和脚本的系统存储库。

还要考虑如何在开发机器上同时运行多个服务。此案例研究非常小，可以打开多个终端窗口并手动运行所有内容。即使这样，也很乏味。如果使用进程管理器来停止和启动服务，并使用配置文件来描述开发配置，那么本地开发会容易得多。为了方便，还可以使用容器管理器（如Docker）运行第三方服务器（如Elasticsearch）；这样就可以不用安装和配置它们。容器的短暂性是个优势，因为总是可以从干净的状态开始。也可以使用容器管理器来运行微服务，但如果直接将服务作为正常进程运行，将拥有更快的构建/运行/测试周期。

服务：web

让我们构建第一个服务！web服务为UI显示Web页面，它提供了一个小型API，并向内部网络发送微服务消息以获取结果然后显示给用户。

用户界面代码负责查询字段的文本输入和查询结果的动态显示。这里不关心这段代码，假设它们正常工作。[③]

---

① 谷歌以其庞大的单一代码库而闻名，其中包含超过10亿个文件。第1章中的ramanujan示例系统也使用单一代码库。

② 这是微服务的另一个折衷。必须编写自己的工具来管理多个存储库，或者使用像Lerna这样的社区解决方案。

③ UI代码用jQuery编写。本书不会使用时髦复杂的React！我使用jQuery的原因与使用Node.js的原因相同：每个人都能看懂代码。

web 服务器代码使用 hapi 网站开发框架，[1]它提供 URL 路由映射。这部分代码大部分功能是搭建工作，因此这里也进行了省略。一个例子就足够了：为主页设置 URL 路由的代码。

清单 9.1 nodezoo-web/web.js：主页路由

```
server.route({
  method: 'GET',                          ◁ 此路由的 HTTP 方法是 GET。
  path: '/',                              ◁ URL 路由是/，这是主页！
  handler: function (request, reply) {   ◁ 处理程序函数传入请求和应答对象，并在有针对该路径的 HTTP 请求时调用。
    reply.view('index', {title: 'nodezoo'})   ◁ 视图组件加载一个名为 index.html 的文件，并传递一个标题参数。
}})
```

为微服务消息传递层使用 Seneca 框架，[2]该框架能够提供传输独立性和模式匹配。消息传递层有两个主要方法：`add`，添加消息模式和实现；`act`，发送消息。Seneca 已与 hapi 集成，因此可以使用 `server.seneca` 访问 Seneca 实例。以下是搜索模块时发生的操作。

- 前端代码通过查询参数向 API 端点/api/query 发送搜索请求。示例为：http://nodezoo.com/api/query?q=foo，其中“foo”是搜索词。
- web 服务接受请求，创建 `role:search,cmd:search` 消息，然后将其发送到 search 服务。
- search 服务查询 Elasticsearch，然后返回结果列表。

下面的代码显示了处理搜索查询的 web 服务代码。

清单 9.2 nodezoo-web/web.js：api/query 路由

```
server.route({
  method: 'GET',
  path: '/api/query',
  handler: function (request, reply) {   使用 seneca.act
    server.seneca.act(                   ◁ 发送消息。
      {
        role: 'search',           ◁ 使用 role:search,cmd:search 模式构造消息的内容。
        cmd: 'search',
        query: request.query.q    ◁ 使用 query 属性将查询词添加到消息中。
      },
      function (err, out) {       ◁ 等待响应，该响应位于 out 参数中。
        if (err) {
          out = {items: []}       ◁ 如果出现问题，显示一个空列表。
        }

        reply(out)                ◁ 将结果发送回 Web 浏览器。
      }) } })
```

---

① 该框架由沃尔玛开发，专为企业应用而设计。

② 我是 Seneca 的维护者，请原谅我在选择微服务框架时的一些偏爱。

web 服务还需要显示模块的信息页面。页面的 URL 路由为/info/<module-name>。因此 nodezoo.com/info/foo 显示的是 foo 模块的信息。此页面的构造与对查询端点的调用非常相似。可以构造一个 `role:info,cmd:get` 消息，然后将结果插入到页面模板中。

手动和使用单元测试框架测试服务，确保能够运行该服务。当它依赖于尚未编写的 search 和 info 服务时，怎么能做到这一点？即使它们已经写好了，怎么才能独立地测试 web 服务呢？

能够在**没有**依赖关系的情况下运行服务非常重要。如果有很多服务，即使是轻量级服务，也不可能在开发者机器上运行整个系统：服务太多了。可以通过共享一组服务器来解决这个问题，但这就像过去共享开发数据库的糟糕情况一样。如果预算充足，可以为每个开发人员配备他们自己的私有系统，这些系统可能会在一个大型虚拟服务器上运行。甚至可以通过代理进入生产环境，我知道有个著名的面向消费者的网站就是这样做的。

最实用的解决方案是模拟依赖关系。所要做的就是为出站消息提供合理的响应。在本地运行微服务时，可运行一些模拟服务用于提供对消息的硬编码响应。

在这个项目中，每个服务都由至少两种类型的源代码文件组成。核心业务逻辑源代码文件提供消息处理实现。服务执行脚本定义服务如何与外部通信。服务执行脚本文件会有多个，开发环境、阶段环境和生产环境至少各有一个。

因为这是第 1 个迭代，所以应将重点放在开发服务执行脚本上。为每个服务分配一个本地端口，从 9000 开始以 10 为单位计数。如果有大量服务，则这完全不可行。在这种情况下，可能会使用本地 DNS 服务器或其他服务发现机制。不过在最初的几个迭代中这种方式工作得很好。

清单 9.3 nodezoo-web/srv/web-dev.js：开发环境——服务执行

```
var Seneca = require('seneca')
var app = require('../web.js')

var seneca = Seneca({tag: 'web'})        <-- 创建一个标记为 web 服务的 Seneca 实例。

seneca
  .client({pin:'role:search', port:9020})   <-- 发送（"pin"）所有匹配 role:search 的消息到本地端口 9020。
  .client({pin:'role:info', port:9030})     <-- 发送（"pin"）所有匹配 role:info 的消息到本地端口 9030。
  .ready(function () {
    app({seneca: this}) })                  <-- 启动 hapi Web 服务器。

var mock = Seneca({tag:'mock'})          <-- 创建一个 Seneca 实例来模拟消息。

if (process.env.MOCK_SEARCH) {           <-- 只在设置了相关环境变量的情况下进行模拟。
  mock
    .listen(9020)                        <-- 模拟 search 服务监听本地端口 9020。
    .add('role:search', function (msg, reply) {   <-- 模拟 search 服务对任何消息都用伪造搜索结果进行响应。
      reply({items: msg.query.split(/\s+/).map(function (term) {
            return{name:term,version:'1.0.0',desc:term+'!'}})
```

```
    }) }) }

if (process.env.MOCK_INFO) {
  mock
    .listen(9030)
    .add('role:info', function (msg, reply) {
      reply({npm:{name:msg.name, version:'1.0.0'}})
}) }
```

在上述服务执行脚本中，使用环境变量作为标志来启用消息模拟。要完全独立运行web服务，请使用以下命令：

```
$ MOCK_SEARCH=true MOCK_INFO=true node srv/web-dev.js
```

打开 http://localhost:8000 然后输入搜索词，就会得到虚构的结果。

已经开始为服务分配端口。到目前为止，已分配下列端口。

- 9010: web（未使用）
- 9020: search
- 9030: info

在阶段系统和生产系统中，所有服务都会在同一个端口（如9000端口）监听消息，可以在不同的容器或机器中运行它们。

服务：search

search服务封装了与Elasticsearch服务器的交互。①下面将从业务逻辑开始。Seneca约定将所有消息模式在文件顶部一起列出，这样就可以一目了然地看到服务的消息接口。

清单 9.4　nodezoo-search/search.js：消息列表

```
seneca.add( 'role:search,cmd:insert', cmd_insert )
  seneca.add( 'role:search,cmd:search', cmd_search )
```

role:search,cmd:insert 消息由 cmd_insert 函数处理。

要执行搜索，需要对Elasticsearch Web服务执行HTTP调用。首先获取入站消息 `role:search,cmd:search`，然后将其转换为对Elasticsearch的调用。搜索词包含在消息的 `query` 属性中。

清单 9.5　nodezoo-search/search.js：`role:search,cmd:search` 处理程序

```
function cmd_search (msg, reply) {
  var url = 'http://' + options.host + ':' + options.port +
          '/' + options.base + '/_search?q=' + encodeURIComponent(msg.query)
```

使用配置选项构造Elasticsearch URL。

① 在生产环境中可能是Elasticsearch实例集群。

```
  Wreck.get(url, {json: true}, function (err, res, payload) {
    if( err ) return reply(err)

    var items = []
    var hits = result.hits.hits

    if (hits) {
      for (var i = 0; i < hits.length; i++) {
        items.push(hits[i]._source)
      }
    }

    reply({items: items})
  })
}
```

使用wreck库发出HTTP 请求。

从 Elasticsearch 响应JSON 中提取结果。

将结果项添加到结果列表。

除了向 Elasticsearch 发送 POST 请求外，在搜索引擎中插入条目也有类似的实现。`role:search,cmd:insert` 消息的 `data` 属性应该包含 Node.js 模块的详细信息，如清单 9.6 所示。

清单 9.6 nodezoo-search/search.js：`role:search,cmd:insert` 处理程序

```
function cmd_insert (msg, reply) {
  var url = 'http://' + options.host + ':' + options.port +
            '/' + options.base + '/mod/' + msg.data.name

Wreck.post(url, {json: true, payload: msg.data},
  function (err, res, payload) { reply(err, payload) })
}
```

要使此服务正常工作需要运行 Elasticsearch 服务器。在开发机器上最简单的方法是使用 Docker：[1]

```
$ docker run -d -p 9200:9200 \
  docker.elastic.co/elasticsearch/elasticsearch:<版本>
```

因为假设 Elasticsearch 在本地运行，所以开发 search 服务的执行文件不需要模拟任何东西。在第一次开发该服务时，最好能够以手动方式随时进行集成测试。出于此目的可以将 REPL 添加到服务中，[2]因为它在生产环境中也非常有用。这样就可以以 `telnet` 方式连接到服务并手动发送消息。

清单 9.7 nodezoo-search/srv/search-dev.js：开发环境——服务执行

```
var Seneca = require('seneca')

Seneca({tag: 'search'})
  .use('../search.js')
```

加载定义 role:search 消息的搜索业务逻辑。

① 也可以直接安装并运行 Elasticsearch。

② Seneca 为此提供了一个 REPL 插件，在早期开发中，最快的方式是在每个服务中包含一个 REPL。

```
.use('seneca-repl', {port:10020})  <—— 在本地端口 10020 上打开 REPL。

.listen(9020)  <—— 监听本地端口 9020 上的消息。
```

按如下方式运行该文件：

```
$ node srv/search-dev.js
```

要使用该服务，请以 telnet 方式进入 REPL，然后输入消息：①

```
$ telnet localhost 10020
.../search > role:search,cmd:query,query:foo
```

search 服务监听端口 9020 上的消息。它会接受任何消息，并忽略无法识别的消息。

服务：info

info 服务通过协调消息 role:info,need:part 的分散和消息 role:info,collect:part 的收集来处理消息 role:info,cmd:get。分散/收集交互是异步、可观察的，对应于发布/订阅传输模型。在生产中可能会使用 Redis 之类的工具提供此模型。出于开发目的，为了此迭代有所成果，这里将使用消息转换来模拟发布/订阅。消息抽象层是所有微服务系统的基本元素，它可以让我们安心做此类决策。以后可以在不影响任何业务逻辑代码的情况下引入真正的发布/订阅模型。

下面显示由 info 处理的消息。

清单 9.8 nodezoo-info/info.js：消息列表

```
seneca.add( 'role:info,cmd:get', cmd_get )
  seneca.add( 'role:info,collect:part', collect_part )
```

role:info,cmd:get 处理程序发送一条 role:info,need:part 消息，等待 200 毫秒，然后用本地缓存中的内容进行响应。在此期间希望缓存中的内容已经被 role:info,collect:part 消息更新。

清单 9.9 nodezoo-info/info.js：role:info,cmd:get 处理程序

```
function cmd_get (msg, reply) {
  this.act('role:info,need:part', {name: msg.name})  <—— 触发 role:info,need:part 消息，将 Node.js 模块名添加到 name 属性。

  setTimeout(function () {  <—— 等待 200 毫秒（可以对此进行配置）。
    reply(info_cache.get(name) || {})  <—— 返回模块缓存中的数据，如果没有数据则返回空对象。
  }, 200)
}
```

① Seneca 需要 JSON 消息，我们将使用省略引号的简洁形式。

`role:info,collect:part` 处理程序接受 Node.js 模块的数据。npm 和 github 服务异步发出此消息，info 服务会监听它。

清单 9.10　nodezoo-info/info.js：`role:info,collect:part` 处理程序

```
function collect_part (msg, reply) {
  var data = info_cache.get(msg.name) || {}     ← 获取名为 msg.name 的 Node.js 模块的数据存储对象。
  data[msg.part] = msg.data     ← 使用 npm 或 github 的数据更新数据存储。
  info_cache.set(name, data)     ← 存储更新的数据。

  reply()     ← 由于此消息处理程序是异步的，所以回复为空。
}
```

info 服务很好地诠释了编排服务如何协调其他服务的活动。如果可以明确定义新服务需要做什么，那么就不需要复杂的外部编排功能了。

开发环境的执行脚本需要提供 npm 和 github 服务的模拟以及发布/订阅模型的模拟。为此需要向转换后的 `role:info` 消息注入一个新的 `part` 属性，并使用它进行模式匹配，以确保将消息路由到正确的位置。

清单 9.11　nodezoo-info/srv/info-dev.js：开发环境——服务执行

```
var Seneca = require('seneca')

Seneca({tag: 'info'})
  .use('../info.js')     ← 加载 info 服务的业务逻辑。

  .add('role:info,need:part', function (msg, reply) {     ← 拦截并转换 role:info,need:part 消息。
    reply()     ← 因为是异步消息，所以不需要任何处理即可回复。

    this
      .act(msg, {part:'npm'})     ← 使用 part 属性作为模式标记，复制消息并将副本发送到 npm 和 github。
      .act(msg, {part:'github'})
  })

  .use('seneca-repl', {port:10030})

  .listen(9030)

  .client({pin:'role:info,need:part,part:npm',port:9040})     ← 将出站消息 role:info,need:part 发送到正确的位置。
  .client({pin:'role:info,need:part,part:github', port:9050})


var mock = Seneca({tag:'mock'}).client(9030)     ← 创建一个用于服务模拟的 Seneca 实例，将所有消息发送回 info。


if (process.env.MOCK_NPM) {     ← 模拟 npm 的 role:info,need:part 消息，发送 role:info,collect:part 作为响应。github 以相同工作方式模拟。
  mock
    .listen(9040)
    .add('role:info,need:part,part:npm', function (msg, reply) {
      this.act('role:info,collect:part',{
```

```
        name: msg.name,
        part: 'npm',
        data: {name: msg.name, version:'1.0.0'}
      })

      reply() }) }
```

下面是当前的端口分配列表：

- 9010：web（未使用）
- 9020：search
- 9030：info
- 9040：npm
- 9050：github

服务：npm

这是为迭代 1 构建的最后一个服务。Node.js 搜索引擎不需要 http://github.com 的数据，也不需要为每个模块提供信息页面。有来自 npm 的数据就足够了。

经再三考虑还需要另一条消息（当开始为微服务编写代码时通常会发生这种情况）。此时，不仅需要灵活地与 npmjs.com 进行查询集成，还需要灵活地从 npm 返回的 JSON 中提取数据。

下面是 npm 服务的消息。

清单 9.12 nodezoo-npm/npm.js：消息列表

```
seneca.add( 'role:npm,cmd:get', cmd_get )
  seneca.add( 'role:npm,cmd:query', cmd_query )
  seneca.add( 'role:npm,cmd:extract', cmd_extract )
```

数据将存储在本地，因此不必一直查询 http://npmjs.com。Seneca 框架为数据持久性消息提供了 ActiveRecord 包装器，这使得针对它们编写代码变得更加容易。[①]当一条 `role:npm,cmd:get` 消息进来时，必须处理下列情况（见清单 9.13）：

- 已经有了模块的数据，直接返回它。
- 已经有了数据，但发送方想要最新的数据，应该再次查询。
- 没有数据，在返回数据之前应该进行查询和存储。

清单 9.13 nodezoo-npm/npm.js：`role:npm,cmd:get` 处理程序

```
function cmd_get (msg, reply) {
  this
    .make$('npm')                                   ← 为实体 npm 创建一个 ActiveRecord 对象。
    .load$(msg.name, function (err, out) {          ← 使用 Node.js 模块名作为主键加载 npm 实体。
```

① ActiveRecord 模式提供了一个数据对象，该对象的字段是数据实体的数据字段，它的方法可以执行数据操作，如保存、加载和查询。

```
      if (err) return reply(err)

      if (!out || msg.update) {
        return this.act('role:npm,cmd:query',
{name: msg.name}, reply)
      }

      return reply(out)
    })
}
```

如果没有数据，或者 update 属性为真，则查询 http://npmjs.com。

发送一条 role:npm,cmd:query 消息，并继续传递响应。请注意，Seneca 将所有属性合并到一条消息中；语法很方便。

清单 9.14 显示的查询消息处理程序需要向 npm 发送一条 HTTP 请求，从响应中提取数据，然后保存数据。我们不会看 `role:npm,cmd:extract` 的实现，因为那是数据处理。

清单 9.14 nodezoo-npm/npm.js：`role:npm,cmd:query` 处理程序

```
function cmd_query (msg, reply) {
  var seneca  = this

  Wreck.get( options.registry + msg.name, function (err, res, payload) {
    if(err) return reply(err)
    var data = JSON.parse(payload.toString())

    seneca.act('role:npm,cmd:extract', {data: data}, function (err, data) {
      if(err) return reply(err)

      this
        .make$('npm')
        .load$(msg.name, function (err, npm) {
          if (err) return reply(err)

          if(!npm) {
            data.id$ = msg.name
            npm = this.make$('npm')
          }

          npm
            .data$(data)
            .save$(reply)
        })
    })
  })
}
```

对 npm 进行 HTTP 调用。

调用 role:npm,cmd:extract 消息。

如果模块不在本地数据库中，则使用名称作为标识符创建一条新记录。

更新模块数据并保存，返回数据实体。

模块数据如何被 Elasticsearch 索引？`role:search,cmd:insert` 消息在哪里？需要添加更多代码来实现这一点。可以使用模式匹配来保持主要业务逻辑的简单性，毕竟微服务是个组件模型。①

① 消息抽象层应该能够在本地拦截和转换消息。

我们可以拦截保存数据的数据实体消息。ActiveRecord 方法 `.save$`会生成一条包含模式 `role:entity,cmd:save,name:npm` 的消息，需要覆盖这条消息。

清单 9.15 nodezoo-npm/npm.js：拦截 `role:entity,cmd:save,name:npm`

```
seneca.add('role:entity,cmd:save,name:npm',
function (msg, reply) {
  this.prior(msg, function (err, npm) {
    reply(err, npm)
    this.act('role:search,cmd:insert',
    {data: npm.data$()})
  })
}
```

- 重新定义 role:entity,cmd:save,name:npm 消息。
- 使用消息的先前定义——保存数据。
- 立即回复，这样就可以与索引模块数据的操作隔离。
- 向 search 服务发送异步消息以索引模块数据。这是响尾蛇交互。

要在开发环境中运行 npm 服务，需要模拟对 search 和 info 服务的依赖，并且转换和响应 `role:info` 消息。

清单 9.16 nodezoo-info/srv/npm-dev.js：开发环境——服务执行

```
Seneca({tag: 'npm'})
  .use('entity')
  .use('jsonfile-store', {folder: __dirname+'/data'})

  .use('../npm.js')

  .add('role:info,need:part',function (msg, reply) {
    reply()

    this.act( 'role:npm,cmd:get', {name: msg.name},
    function (err, mod) {
      if( err ) return reply(err)

      this.act('role:info,collect:part,part:npm',
           {name:msg.name, data:mod.data$()})
    })
  })

  .use('seneca-repl', {port:10040})
  .listen(9040)
  .client({pin:'role:search', port:9020})
  .client({pin:'role:info', port:9030})

var mock = Seneca({tag:'mock'})
...
```

- 使用 Seneca 实体插件获得 ActiveRecord 功能。
- 使用 JSON 文件在本地存储数据。这对开发来说已经足够，并且更容易调试。
- 处理 role:info,need:part 信息。
- 将它们转换为本地 role:npm,cmd:get 消息。
- 异步向 info 服务提供信息。
- REPL 对于手动测试此服务很有用。
- 在本地端口 9040 监听入站消息。
- 使用模式匹配将出站消息发送到正确的位置。

实例

现在已经有足够的服务在第 1 次迭代结束时进行成功演示。虽然一切都在开发机器上运行，所有数据都是暂时的，但系统可以正常工作。下面更新系统图来查看进度，如

图 9.7 所示。

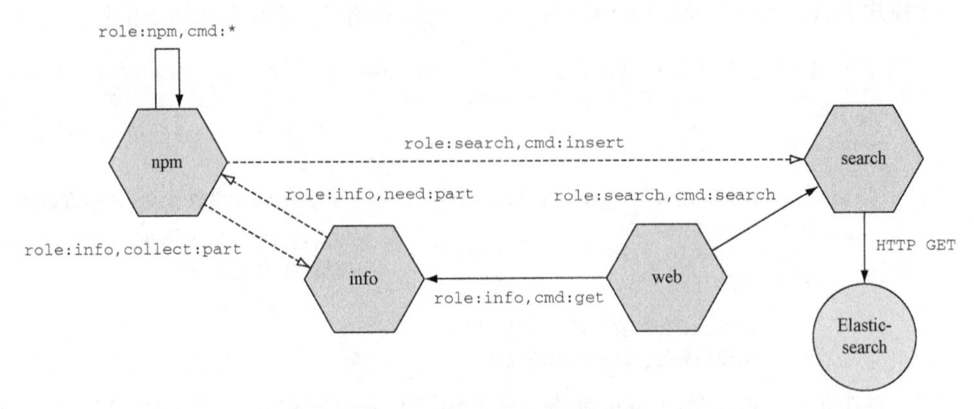

图 9.7　第 1 次迭代后的系统

不能总是在单独的终端窗口中运行所有服务。一种快速而简单的解决方案是编写一个在后台启动所有服务的 shell 脚本。然后可以在“系统”其余部分正常运行的情况下，停止、启动想要修改的个别服务。

还可以使用进程管理器。nodezoo 系统使用名为 fuge 的进程管理器，它专门为本地微服务开发设计。[①]要使用 fuge，需要在一个.yml 格式的配置文件中列出所有服务，然后启动一个交互式 fuge 会话。可以停止服务、跟踪日志文件、在文件发生变化时重启服务、运行多个服务实例。通过将所有开发配置保存在一个地方，可以不必记住每个服务的单独配置。这些服务作为普通子进程执行，因此无须担心与容器或网络相关的任何复杂情况。

部署 nodezoo 系统的各种系统配置可以在人民邮电出版社异步社区官网中找到。下面是 fuge 配置文件。

清单 9.17　nodezoo-system/fuge/fuge.yml：fuge 配置

```
fuge_global:
  tail: true
web:                        <-- 每个服务都有自己的顶层条目。
  type: node
  path: ../../nodezoo-web/srv
  run: node web-dev.js
search:
  type: node
  path: ../../nodezoo-search/srv
  run: node search-dev.js
info:
  type: node
```

① fuge 工具由我的同事 Peter Elger 维护，它专门为微服务开发而编写。

```
    path: ../../nodezoo-info/srv
    run: node info-dev.js
  npm:
    type: node
    path: ../../nodezoo-npm/srv
    run: node npm-dev.js
```

通过在命令行运行 fuge shell fuge/fuge.yml 来启动 fuge。下面是一个带注释的交互会话：

```
$ fuge shell fuge/fuge.yml
> ps                                  <-- 使用ps命令查看服务状态。
name       type       status      watch      tail
web        node       stopped     yes        yes
search     node       stopped     yes        yes
info       node       stopped     yes        yes
npm        node       stopped     yes        yes
> start all                           <-- 启动所有服务（启动系统）。
... log output ...
> stop search                         <-- 停止搜索服务，以便对其进行处理或测试容错能力。
> ps
name       type       status      watch      tail
web        node       running     yes        yes
search     node       stopped     yes        yes
info       node       running     yes        yes
npm        node       running     yes        yes
> start search                        <-- 启动新的搜索实例（可能已更新）。
```

9.2.2　迭代 2：测试、阶段系统和风险测量

nodezoo 将分三个阶段进行部署：开发、阶段系统和生产系统。部署的工作流程如下。

- 创建或更新服务。
- 使用单元测试验证消息行为。
- 在阶段系统环境中构建并部署一个工件。
- 使用集成和性能测试，验证阶段系统是否仍然可以正常工作。
- 构建工件并将其部署到生产环境，但前提是带来的损害风险足够低（使用评分来测量这一点）。
- 使用渐进式金丝雀模式部署，验证生产环境是否保持正常。
- 每天重复多次。

阶段系统是共享的，因此可以展示针对多个团队的持续部署能力。[①]此迭代的值班开发人员执行构建并部署到阶段系统。

阶段系统的目的是测量生产系统发生故障的风险。需要为每个服务版本打一个分

① 每个团队都可能有各自的阶段环境。

数，以便决定允许部署还是不允许部署。但毕竟阶段系统不是生产环境，生产环境成本太高。因此，阶段系统必须满足以下标准。

- 消息传输应该跨多个主机和服务。
- 应该运行多个服务实例。
- 为了便于维护和降低成本，应该使用轻量级环境。
- 阶段系统应该验证服务的行为是否正确。

对于 nodezoo 系统，为了尽可能简单，我们使用小型、单节点的 Docker Swarm。通过 Docker Swarm 提供的功能可以简单方便地部署和更新服务。使用 Docker 还可以轻松部署 Elasticsearch 等第三方服务器，而无须过多担心配置。阶段系统的生命周期通常都很短暂，并且数据在 Docker 容器的生命周期之外不需要持久化。

在开发环境中，通常将端口号和服务通过硬编码结合在一起。这样做无法扩展，只适用于原型系统。一种常用的服务发现技术是使用本地 DNS 服务器给出所有服务的主机名。微服务通过预定义的主机名查找其他服务。阶段系统将使用这种方法。[①]

在开发阶段需要模拟一些消息交互模式（如分散/收集）。这是为了使本地开发环境保持简单。在阶段系统可以承受更高的复杂性。我们使用 Redis 作为 `role:info` 交互的发布/订阅消息总线。这一改变也证明了保持传输独立性能带来灵活性：不需要对业务逻辑代码进行任何更改。

还需要更改执行脚本。在开发环境使用开发脚本，在阶段系统则要使用新脚本。阶段系统不必考虑模仿或模拟消息交互，因此阶段系统的脚本将更简单。

Docker 配置

每个服务存储库都有 docker/stage 文件夹。在这个文件夹中有个 makefile，它指定了运行该服务的 Docker 容器的构建指令，还有个 Dockerfile，它指定了容器的内容。这些文件的细节并不重要，Dockerfile 主要是将源文件重新排列成一致的文件夹结构。

Docker Swarm 使用覆盖网络[②]让运行服务的容器相互通信。每个服务都由自己的主机名表示，Docker 确保按主机名进行 DNS 查找能够找到正确的服务。服务使用的大多数端口都没有暴露在覆盖网络之外，因为它们只用于服务间通信。有些服务，例如 web 服务，确实需要对外公开，从 Docker 的配置中可以看到这一点。第三方容器用于为服务提供某些特定设施。Elasticsearch 已经在 Docker 中运行，继续这样做，稍微修改一下配置即可适应 Swarm 模型。还需要运行 Redis 容器。最后还要运行一个自定义容器来采集风险测量统计信息。此容器使用开源工具 StatsD 和 Graphite 对部署风险进行持续评分。nodezoo 系统使用自定义代码来采集风险测量数据并将其提交到此容器。通过风险评分图表（稍后将看到如何构建此图表）可以判断将服务部署到生产

① 在编写本书时，我的偏好是在所有环境中使用点对点发现策略，因为它的维护成本较低。
② 覆盖网络是一种虚拟专用网络，具有自己的 IP 地址空间，覆盖在主机系统的网络上。

环境是否安全。

要启动系统，进入 nodezoo-system 目录执行命令：①

```
$ docker stack deploy -c stage/nodezoo.yml nodezoo
```

阶段系统中的服务

下面看一下阶段系统中的服务执行脚本，并将其与开发环境中的执行脚本进行比较。web 服务可以删除模拟代码和 REPL，如清单 9.18 所示。

清单 9.18 nodezoo-web/srv/web-stage.js：阶段环境——服务执行

```
var PORT = process.env.PORT || 9000
var Seneca = require('seneca')
var app = require('../web.js')

Seneca({tag: 'web'})
  .listen(PORT)

  .client({pin:'role:search', host:'search', port:PORT})
  .client({pin:'role:info', host:'info', port:PORT})
  .client({pin:'role:suggest', host:'suggest', port:PORT})

  .ready(function(){
    var server = app({seneca: this})
    this.log.info(server.info)
  })
```

- 服务都在自己的容器中监听端口 9000，监听端口可以修改。
- 应用程序业务逻辑保持不变。
- 服务监听端口 9000 的入站消息，忽略它无法识别的消息。
- 其他服务的位置由主机名而非端口定义。这更具可扩展性。

除了删除 REPL 之外，search 服务几乎与以前完全相同。info 服务更有趣。模拟和消息模拟都消失了，消息传输是 Redis。

清单 9.19 nodezoo-info/srv/info-stage.js：阶段环境——服务执行

```
var PORT = process.env.PORT || 9000
var Seneca = require('seneca')

Seneca({tag: 'info'})
  .listen(PORT)

  .use('redis-transport')
  .use('../info.js')

  .client({pin:'role:info,need:part', type:'redis', host:'redis'})
  .listen({pin:'role:info,collect:part', type:'redis', host:'redis'})
```

- 加载 Redis 消息传输插件。
- 通过运行在容器中的 Redis 服务器传输消息。不再需要知道 npm 服务的位置。

以相同的方式修改 npm 服务，如清单 9.20 所示。

① Docker Swarm 可以在多台机器上协调多个容器，可以通过一个.yml 格式的配置文件来设置整个系统。

清单 9.20　nodezoo-npm/srv/npm-stage.js：阶段环境——服务执行

```
var PORT = process.env.PORT || 9000
var Seneca = require('seneca')

Seneca({tag: 'npm'})
  .listen(PORT)

  .use('redis-transport')    ← 使用 Redis 消息传输。
  .use('entity')
  .use('jsonfile-store', {folder: __dirname+'/../data'})

  .use('../npm.js')

  .add('role:info,need:part',function(msg,reply){    ← 仍然需要转换 role:info 消息。
    reply()

    this.act(
      'role:npm,cmd:get',
      {name:msg.name},
      function(err,mod){
        if( err ) return reply(err)

        this.act('role:info,collect:part,part:npm',
                 {name:msg.name, data:this.util.clean(mod.data$())})
      })
  })

  .listen({pin:'role:info,need:part', type:'redis', host:'redis'})    ← 使用 Redis 的 role:info 消息。
  .client({pin:'role:info,collect:part', type:'redis', host:'redis'})

  .client({pin:'role:search', host:'search', port:PORT})    ← 仍然需要到 search 服务的显式路由以进行索引。
```

验证服务

这里似乎失去了通过 REPL 访问系统的能力。接下来通过编写一个特定的 REPL 服务来解决这个问题。Seneca 使这变得很容易：只需要按模式正确地路由消息。在阶段环境和生产环境使用 REPL 服务很有用，它支持手动注入消息进行诊断和测试。Docker 配置将 REPL 端口公开在覆盖网络之外，允许从外部访问。

清单 9.21　nodezoo-repl/srv/repl-stage.js：阶段环境——服务执行

```
var PORT = process.env.PORT || 9000
var REPL_PORT = process.env.REPL_PORT || 10000
var REPL_HOST = process.env.REPL_HOST || '0.0.0.0'

var Seneca = require('seneca')
```

```
Seneca({tag: 'repl'})
  .listen(PORT)

  .use('seneca-repl', {port:REPL_PORT, host:REPL_HOST})    <-- REPL服务没有业务逻辑。

  .client({pin:'role:search', host:'search', port:PORT})   <-- 将消息转发到适当的服务。
  .client({pin:'role:info', host:'info', port:PORT})
  .client({pin:'role:npm', host:'npm', port:PORT})
```

当系统运行时，可以提交一组标准消息来验证行为。如果能对这些消息正确响应则表明系统运行正常。最简单的设置方法是创建一个可以通过消息触发的验证服务；这样就可以在想要测量新服务的部署风险时执行验证。还可以定期运行验证服务来发现生产环境中出现的问题。

系统运行状况的测量结果存储在哪里？在你自己的系统中，需要决定构建什么样的测量系统来满足需求，以及选择哪些现有解决方案来实现这一目的。对于nodezoo系统而言，使用StatsD和Graphite监控工具，定义一组仪表来测量系统各个部分的运行状况即可。**仪表**表示一种数字量，其值可以上升或下降。当服务行为正常时，仪表值为1，而当服务行为不正常时，仪表值为0。我们在这里尽可能保持简单，但你也可以根据自己的需求进行扩展。

验证服务主要通过向其他服务发送标准消息来测试。下面是验证npm服务的一段示例代码：

```
seneca
  .act('role:npm,cmd:get,name:nid', function (err, out) {
    if (err) {
      validation.errors.push(err)
      validation.services.npm = false      <-- 简单的布尔标志，表示通过/失败。
      return done()
    }

    validation.services.npm = ( 'nid' === out.id )    <-- 验证消息响应的极其简单的测试。

    done()
  })
```

验证服务必须能够发送系统中的任何消息。最简单的方法是使用REPL服务，该服务能够做到这一点。

要想正确处理部署风险，还需要测量更多的东西。单元测试是否通过？性能是否可以接受？可以编写脚本来运行单元测试，然后为每个测试更新仪表。与消息一样，每个仪表值都是0（失败）或1（通过）。可以使用性能测量工具为性能编写脚本，[①]并使用要测量的端点的第90个百分位数响应时间作为仪表的值。

要计算部署风险得分，需要将所有测量数据进行标准化和加权。部署风险分数是个介于0到100之间的数字。假设需要95分或以上才能部署，在进一步了解了系统的风

---

① 示例代码使用了古老的Apache ab负载测试器。

险概况或业务变化的风险偏好后，可以稍后更改这个设置。从数学上讲，生成一个介于 0 和 1 之间的分数然后乘以 100 是个合理的做法。这里有 3 个类别：单元测试、服务测试和性能测试。为它们分配相加为 1 的十进制权重：

- 单元测试——0.3
- 服务测试——0.4
- 性能测试——0.3

将每个仪表转换为 0 到 1 之间的数字，然后乘以权重再除以每个类别中的仪表数量。把这些加起来会得到一个分数。单元测试和服务测试只能取值 0 或 1，因此它们已经在正确的范围内。对于性能结果，则要从认为可接受的最大响应时间中减去测量的响应时间。假设已经与业务利益相关者达成一致：任何超过 1 000 毫秒的响应对于 nodezoo 来说都是失败。如果第 90 个百分位数响应时间是 400 毫秒，这意味着性能相当不错，应该比 800 毫秒得到更好的分数。从 1 000 中减去该值并归一化，得出以下计算结果：(1 000 – 400)/1 000 = 0.6。[①]分数越高部署风险越低，目标是超过 95 分。

接下来生成一个 Graphite 图来显示分数。团队之前决定需要 95 分才能部署，如目标线所示。在图 9.8 所示的图表中，当测量新版本的 search 服务时，由于引入了一个使其速度变慢的缺陷，导致部署风险得分（移动线）低于 95，因此该部署被拒绝。

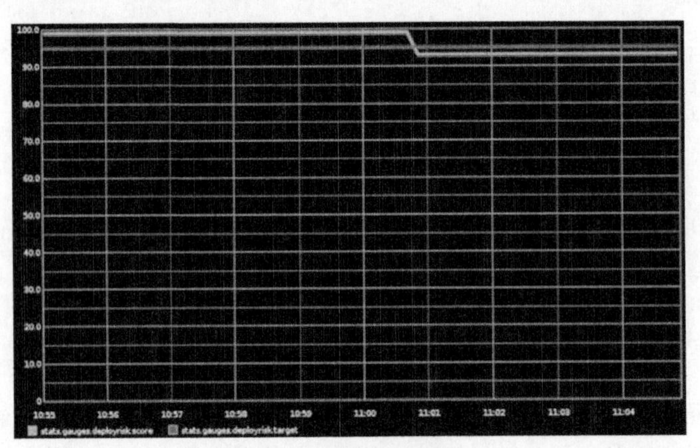

图 9.8 部署风险分数

9.2.3 迭代 3：生产路径

要在生产中运行系统，需要自动将经过验证的工件从阶段系统交付到生产系统。这里需要自动化来实现诸如金丝雀、渐进式金丝雀和烘焙等部署模式。生产自动化应该遵循如下几个关键原则。

① 有关分数的完整计算，请参阅 nodezoo-system 存储库中的源代码文件 deployrisk.js。800 毫秒的计算结果是(1 000 – 800)/1 000 = 0.2，得分较低，这意味着部署风险较高，这是我们希望从风险计算中得到的结果。

- **不可变的部署单元**——不管部署什么(无论是容器、虚拟机映像还是其他抽象),部署的实例都应当不可更改。可以通过部署或扩展来改变系统,而不是通过修改。
- **短暂的部署单元**——必须假设部署单元的周转率很高,而且部署单元的上线和下线不由人工控制。
- **通过定义明确的 API 编写脚本**——用来满足微服务的自动化需求。
- **声明性系统定义**——整个系统架构(从网络到存储、从负载均衡到监控)必须能够在代码中描述。

有许多工具(既有老工具也有新工具)可以用来为微服务构建产品级的部署系统。① nodezoo 使用 Kubernetes。②它可以重用阶段系统中的 Docker 容器定义。本书不对 Kubernetes 或任何生产管理系统做过多的介绍。nodezoo 示例应仅作为起点。

对于生产系统,还会使用另一种消息传输。seneca-mesh 插件提供了一种点对点的服务发现机制,使生产系统的扩展和修改变得更容易,因为系统能够自行重组。每当有服务加入网络时,服务会发布它可以响应的消息模式,以及它是消耗者还是观察者。这些消息通过感染式协议在整个网络中传播。③每个服务的消息抽象层为所有模式维护一个路由表,并提供一个本地负载均衡器,它可以使用轮询或广播模式发送消息,具体取决于消息目的地服务是消耗者还是观察者。

Kubernetes 提供了一个 pod 抽象来运行容器。每个 pod 都有自己的 IP 地址,并且每个 pod 都可以从任何其他 pod 访问。④这对于点对点网络来说非常完美。要访问系统需要将 nodezoo 网站和 REPL 公开为外部服务端口。

服务执行脚本

要想加入 seneca-mesh 网络,服务必须在启动时至少连接到网络中的另一个成员。尽管连接到任何成员都可以,但为了简化配置,可以将某些成员指定为常用的基本节点。在示例代码中,REPL 服务被用作基本节点。在执行脚本中,**不再需要指定其他服务的位置**,因为这将在运行时由点对点网络解决(这是主要优点)。

清单 9.22 nodezoo-repl/srv/repl-prod.js:产品中的执行脚本

```
Seneca({tag: 'repl'})

  .use('mesh', {       <-- 使用点对点服务发现 seneca-mesh。
    base: true,        <-- 基本节点。
```

① 见第 5 章。
② 谷歌编排方法的开源版本。
③ Seneca-mesh 使用 SWIM 算法。参见 Abhinandan Das、Indranil Gupta、Ashish Motivala, "SWIM: Scalable Weakly-consistent Infection-style Process Group Membership Protocol," Proceedings of the 2002 International Conference on Dependable Systems and Networks (2002)。
④ 有关组网的更多信息,请参阅 Kubernetes 文档。

```
    host: '@eth0',          ← 使用网络接口 eth0 上的 Kubernetes
    port: 39000,            ← 基本节点端口为 39000。  pod IP 地址作为服务的位置。
  })

  .use('seneca-repl', {     ← 在端口 10000 上公开 REPL，将其配
    host: '0.0.0.0',          置为 Kubernetes 服务。
    port: 10000
  })
```

按照我们的原则，系统定义完全在 Kubernetes 系统配置文件中指定。清单 9.23 显示了 repl 服务的相关部分。

清单 9.23　nodezoo-system/prod/nodezoo.yml：repl 服务配置

```
kind: Service          ← 定义 Kubernetes 服务。这是一种抽象，
metadata:                可以把它与一组 pod 联系起来。
  name: repl
spec:
  ports:
    - name: repl       ← 选择端口 10000 作为服务端口。
      port: 10000
  selector:
    srv: repl          ← 将服务与所有具有 srv:repl 标签的 pod 关联。
  type: NodePort
---
kind: Deployment       ← 定义一个标签为 srv:repl 的 Kubernetes
metadata:                部署。这是个指定一组 pod 的抽象。
  name: repl           ← "repl"被用作标识和配置此部署的名称。
spec:
  replicas: 1          ← 这是基本节点，因此只需要一个实例。在完整的生产
  template:              系统中，将有多个基本节点以实现冗余。
    metadata:
      labels:
        srv: repl
    spec:
      containers:
        - name: repl
          image: nodezoo-repl-prod:1    ← repl 服务的生产容器的名称和版本。
```

其余服务的 Kubernetes 配置大多与此部署配置相同，只需更改服务名称。

web 服务生产执行脚本不再需要端口号作为配置，它只需要基本节点列表。这些通过环境变量提供。可以获取所有 pod 的 Kubernetes 网络 IP，如下所示：

```
$ kubectl get pods -o wide
```

web 服务使用基本节点列表连接到 seneca-mesh 网络。

清单 9.24　nodezoo-web/srv/web-prod.js：产品中的执行脚本

```
Seneca({tag: 'web'})
  .use('mesh', {
    bases: process.env.BASES,     ← 从环境变量获取基本节点列表。
```

```
    host: '@eth0'          再次使用网络接口 eth0 的 IP
  })                       地址作为服务位置。
```

Kubernetes 部署包括基本节点 IP 列表。

清单 9.25 nodezoo-system/prod/nodezoo.yml：Kubernetes 配置

```
kind: Deployment
metadata:
  name: web
spec:
  replicas: 1
  template:
    metadata:
      labels:
        srv: web
    spec:
      containers:
      - name: web
        image: nodezoo-web-prod:1
        env:                                  基本节点
        - name: BASES                         列表。
          value: "<REPL-POD-IP>:39000"
```

web 服务还需要一个 Kubernetes 服务，这样就可以从 Kubernetes 网络外部访问它。在示例代码中直接公开了一个端口。在真实的生产系统中可以通过外部负载均衡器公开服务。

清单 9.26 nodezoo-system/prod/nodezoo.yml：repl 服务配置

```
kind: Service
metadata:
  name: web
spec:
  ports:
    - name: web
      port: 8000
  selector:
    srv: web
  type: NodePort
```

search 服务的生产执行脚本必须公布它能够处理 `role:search` 消息。

清单 9.27 nodezoo-repl/srv/search-prod.js：产品中的执行脚本

```
Seneca({tag: 'search'})
  .use('../search.js', {
    elastic: {                                   Elasticsearch 的位置通过
      host:  process.env.ELASTIC_SERVICE_HOST    Kubernetes 服务定义提供。
    }
```

```
  })

  .use('mesh', {
    pin: 'role:search',          <-- search 服务希望消耗所有 role:search 消息。
    bases: process.env.BASES,
    host: '@eth0'
  })
```

当 search 服务加入 seneca-mesh 网络时，其他所有服务都将更新它们的消息模式匹配器，以便将包含 `role:search` 的消息路由到 search 服务的位置（由分配的 Kubernetes pod IP 提供）。[①]

info 服务和 npm 服务通过分散/收集交互方式一起工作。为了在 seneca-mesh 网络中正常工作，info 服务需要公布 role:info,need:part 消息，并且还需要通告它将观察 role:info,collect:part 消息。

清单 9.28　nodezoo-info/srv/info-prod.js：产品中的执行脚本

```
Seneca({tag: 'info'})
  .use('../info.js')

  .use('mesh', {
    listen: [
      {pin: 'role:info,cmd:get'},          <-- 同步消耗 role:info,cmd:get 消息，通常由 web 服务发送。
      {pin: 'role:info,collect:part', model:'observe'}   <-- 异步观察 role:info,collect:part 消息。
    ],
    bases: process.env.BASES,
    host: '@eth0',
  })
```

npm 服务观察 `role:info,need:part` 消息，公布 `role:info,collect:part` 消息。

清单 9.29　nodezoo-npm/srv/npm-prod.js：产品中的执行脚本

```
Seneca({tag: 'npm'})
  ...
  .use('../npm.js')

  .add('role:info,need:part',function(msg,reply){   <-- 消息转换保持不变。
    ...
  })

  .use('mesh', {
    listen: [
      {pin: 'role:npm'},          <-- 同步消耗role:npm消息。
      {pin: 'role:info,need:part', model:'observe'}   <-- 异步观察 role:info,need:part 消息。
    ],
    bases: BASES,
```

① seneca-mesh 随机选择 pod IP 的一个端口。

```
    host: '@eth0',
  })
```

现在有了部署微服务的三阶段工作流。每个微服务的业务逻辑保持不变，但是根据规模和资源的不同，可以在三个环境中以不同的方式连接微服务。消息抽象层的使用不仅让这成为了可能，而且还使其成为了配置问题。

9.2.4 迭代 4：增强和适应

部署工作流就绪后，就可以开始项目的主要工作——迭代 BR 以交付价值了。仅仅从 npm 中提取数据对搜索引擎来说远远不够，还要从其他来源提取数据。大多数 Node.js 模块都作为开源软件托管在 GitHub 上，因此这是一个显而易见的来源。

添加数据源

因为添加新数据源是早期的明确需求，所以已将 `role:info` 消息交互设计为可扩展的。看看结果如何，github 服务将与 http://github.com 集成，并拥有自己的一组 `role:github` 消息，类似于 `role:npm` 消息。github 服务也将以与 npm 服务相同的方式参与 `role:info` 交互。

github 和 npm 服务有个不同之处，这是个隐式的设计假设，现在初见端倪。这个设计假设就是：将 npm 服务用作记录系统——权威数据的来源。github 服务从哪里获取模块的 http://github.com 存储库 URL？它来自存储该数据字段的 npm 服务。那么是否应该考虑一个 npm 和 github 服务都使用的更抽象的服务，以消除它们之间的这种耦合？考虑到将来可能会引入依赖 http://github.com 数据的服务，这样做可能会让事情变得一团糟。

另一方面，这感觉像是过度设计。必须在直接使用 npm 服务的简单性和引入核心数据服务的灵活性之间做出权衡。请记住，系统目前还很年轻，还不确定核心数据是什么。可以在此使用消息的模式匹配，通过模式匹配来摆脱困境。如果以后想要添加核心数据服务，则可以将旧消息转换为绑定到核心数据服务的新消息。考虑到这一点这个决定就变得容易了：可以直接与 npm 服务交互。

清单 9.30 nodezoo-github/github.js：业务逻辑代码

```
seneca.add( 'role:github,cmd:get', cmd_get )
  seneca.add( 'role:github,cmd:query', cmd_query )

  function cmd_get( msg, reply ) {
    this
      .make$('github')
      .load$( msg.name, function (err, mod) {
        if( err ) return reply(err)

        if( mod ) {                          <-- 如果 http://github.com 数据已存在，则使用它进行响应。
```

```
      return reply(mod)
    }

    var m = /[\/:]([^\/:]+?)[\/:]([^\/]+?)(\.git)*$/.exec(msg.giturl)
    if (!m) return reply()

    this.act(
      {
        role: 'github',
        cmd: 'query',
        name: msg.name,
        owner: m[1],
        repo: m[2]
      },
      reply)
  })
}


function cmd_query( msg, reply ) {
  var seneca      = this

  gitapi.repos.get(
    { owner: msg.owner, repo: msg.repo },
    function (err, out) {
      if (err) return reply(err)

      var data = {
        owner:   msg.owner,
        repo:    msg.repo,
        stars:   out.data.stargazers_count,
        watches: out.data.subscribers_count,
        forks:   out.data.forks_count,
        last:    out.data.pushed_at
      }

      seneca
        .make$('github')
        .load$(msg.name, function (err, mod) {
          if (err) return reply(err)

          if (mod) {
            return mod
              .data$(data)
              .save$(reply)
          }
          else {
            data.id$ = msg.name
            seneca
              .make$('github')
              .data$(data)
              .save$(reply)
          } }) }) } }
```

使用正则表达式从 GitHub URL 中提取所有者和存储库名称。

查询 GitHub API 以获取模块存储库的数据。

查询 GitHub API 以获取模块存储库的数据。

存储需要的数据。

如果模块存在，则更新数据。

否则创建一个新记录。

要运行 github 服务，需要像 npm 服务一样转换 role:info,need:part 消息。这里有个复杂的问题：如果还没有 http://github.com URL，则需要从 npm 服务获取它。这会导致在 github 服务执行脚本中加入大量代码，可以通过将业务逻辑移动到单独的 Seneca 插件中来解决这个问题。这样做的原因是避免将 role:info 交互硬编码到 github 服务中，希望保留连接服务的灵活性。

清单 9.31　nodezoo-github/srv/github-prod.js：执行脚本

```
Seneca({tag: 'github'})
  ...
  .use('../github.js')

  .add('role:info,need:part', function (msg, reply) {
    reply()                                    <- role:info,need:part 是异步消息，因此立即返回。

    this.act(
      'role:github,cmd:get', {name:msg.name},
      function (err, mod) {
        if (err) return
                                               如果有数据，则通过 role:info,collect:part 将其发回。
        if (mod) {                             <-
          return this.act('role:info,collect:part,part:github',
                          {name:msg.name,data:mod.data$()})
        }
                                               通过 npm 服务获取 http://github.com URL。
        this.act(                              <-
          'role:npm,cmd:get', {name:msg.name},
          function (err, mod) {
            if (err) return

            if (mod) {
              this.act(
                'role:github,cmd:get', {name:msg.name, giturl:mod.giturl},
                function( err, mod ){
                  if (err) return

                  if (mod) {
                    this.act('role:info,collect:part,part:github',
                             {name:msg.name,data:mod.data$()})
                  }
                })
            }
          })
      })
  })
                                               与 npm 服务一样，正常连接生产 seneca-mesh。
  .use('mesh', {                               <-
    listen: [
      {pin: 'role:github'},
      {pin: 'role:info,need:part', model:'observe'}
    ],
```

```
    bases: process.env.BASES,
    host: '@eth0',
  })
```

要将此服务部署到生产环境，请运行部署工作流。微服务在本地开发，通过单元测试和手动集成测试进行验证。然后部署到阶段系统，通过运行验证服务来测量部署风险。最后使用渐进式金丝雀模式部署到生产环境。

role:info 交互可以轻松添加更多描述 Node.js 模块的外部数据源。这是分散/收集交互的好处之一。

添加功能

下面看一个在消息模式中没有考虑到的功能。假设希望在搜索字段提供自动补全功能，即在输入时会显示以前的搜索列表，以便可以从列表中快速选择搜索词。使用消息来实现这一点：当输入搜索词时，系统提供搜索建议列表，并且存储搜索建议。

- role:suggest,cmd:suggest——给出建议列表。
- role:suggest,cmd:add——添加搜索词。

前端代码应该为搜索建议提供一个交互式上下文菜单。

消息交互是什么？显然，web 服务需要发送 role:suggest,cmd:suggest 来获取搜索建议。谁发送 role:suggest,cmd:add？最好由 search 服务发送，因为它能提供完整的搜索词。

这里需要一个处理这些消息的微服务，命名为 suggest。如何从以前的搜索词生成搜索建议？可以使用单词查找树数据结构，[①]它能够查找具有指定前缀（用户到目前为止输入的内容）的所有搜索词。简单起见，搜索建议由微服务实例在内存中存储，无须持久化。以后可以在 suggest 服务的改进版本中添加持久化功能。现在的目标是让系统在下一个演示中正常工作；且在生产环境中也能够正常工作。每个 suggest 实例都需要存活数天，以建立足够多的搜索词。如果有多个实例，就会建立相当数量的搜索词。这就足够了，没必要浪费开发时间使其变得更好，因为稍后也许会认为这个功能没那么有价值，而将其删除。

首先需要更新 web 服务。将它修改为可以发送 role:suggest 消息，并可以处理完全没有响应的消息。此时暂不提供任何搜索建议。将这个新版本的 web 服务部署到生产环境并验证没有带来任何问题。当必须引入或更改微服务之间的依赖关系时，创建生产模拟是一个很好的通用策略。消息抽象层使这变得简单，在生产环境一次只更改一个服务至关重要。[②]

---

① **单词查找树**（trie）数据结构存储以前缀字符串为键的数据，因此非常适合此处使用。

② Seneca 提供了 default$ 消息指令来支持这种情况。

清单 9.32 nodezoo-web/web.js：API 代码

```
server.route({
  method: 'GET', path: '/api/suggest',
  handler: function( request, reply ){
    server.seneca.act(
      'role:suggest,cmd:suggest',{query:request.query.q,default$:[]},
      function(err,out){
        reply(out||[])
      })
}})
```

在 URL 路径/api/suggest 上公开一个用于提供建议搜索词的 API。

查找建议，但假设可能没有答案。

下一步需要更新 search 服务，并且它应该具有类似的容错能力，如清单 9.33 所示。是否需要更改 search 服务的业务逻辑？不需要，因为系统在收到 `role:search, cmd:search` 消息后，只需提取搜索词并将其发送给 suggest 服务。这可以作为执行脚本中消息模式配置的一部分来完成。

清单 9.33 nodezoo-search/search.js：API 代码

```
seneca
  .add('role:search,cmd:search', function (msg, reply) {
    this.prior(msg, reply)

    this.act('role:suggest,cmd:add',{query:msg.query,default$:{}})
  })
```

覆盖 role:search,cmd:search 模式，将消息传递给原始操作。

将搜索词异步发送到 suggest 服务，该服务可能不存在。

将更新后的 search 服务部署到生产环境，并验证一切是否正常。现在终于可以引入 suggest 服务并让 seneca-mesh（以及 web 和 search）知道它可以处理 `role:suggest` 消息了。清单 9.34 是业务逻辑。

清单 9.34 nodezoo-suggest/suggest.js：业务逻辑

```
seneca.add( 'role:suggest,cmd:add', cmd_add )
  seneca.add( 'role:suggest,cmd:suggest', cmd_suggest )

  var trie = Trie([])

  function cmd_add (msg, reply) {
    trie.addWord(''+msg.query)
    reply()
  }

  function cmd_suggest( msg, reply ) {
    var q = ''+msg.query
    reply('' === q ? [] : (trie.getPrefix(q) || []))
  }
```

内存中的单词查找树数据结构。

清单 9.35 是执行脚本。

清单 9.35　nodezoo-suggest/ssrv/suggest-prod.js：产品中的执行脚本

```
Seneca({tag: 'suggest'})
  .use('../suggest.js')

  .use('mesh', {
    pin: 'role:suggest',
    bases: BASES,
    host: '@eth0',
  })
```

此处引入 role:suggest 消息。

扩展系统

目前系统还有较大的缺陷：必须通过信息页面主动加载 Node.js 模块来手动触发对它们的索引。这样 npm、github 和 search 服务才会执行它们的工作，Node.js 模块数据才会出现在系统中。这足以用于演示，但还无法用于生产。

系统要能够监听模块的持续更新并使用一组初始数据填充系统。npm API 能够做到这些：可以随时下载所有模块的列表，可以监听每个模块的更新信息。有了模块列表就可以将模块逐个输入系统。这和处理模块更新一样，这两种方法都提供了大量需要索引的模块。系统只需要添加一个可以处理模块更新事件的服务。对于每个更新事件，该服务都会发出一个 `role:info,event:change` 消息，然后让其他服务完成更新工作。例如，npm 服务将生成一个内部 `role:npm,cmd:get` 消息。

下载当前模块列表和监听 npm 订阅源大多是刻板机械工作，不用太关注；详细信息可参阅下载的源代码。清单 9.36 显示了 updater 服务中唯一需要关心的行。

清单 9.36　nodezoo-updater/updater.js：产品中的执行脚本

```
feed.on('change',function(change) {
  seneca.act('role:info,event:change',{name:change.name})
})
```

异步发送此消息，因为没有使用响应。

可以在不更改其他服务的情况下部署 updater 服务。能够如此轻易部署这样一个系统的基本元素看起来可能难以置信，但是因为微服务架构已经将各种元素进行了很好地隔离，所以可以极大地简化工作。

9.2.5　迭代 5：监控和调试

有了基本的系统和工作流程之后，就可以添加监控了。从面向消息的角度来看，需要监控消息流量。还需要监控不变量，即无论系统的负载如何，某些消息流量的比例都不应该改变。

nodezoo 系统使用 StatsD 和 Graphite 来监控消息流和不变量。seneca-statsd 插件计算 StatsD 采集的消息模式的数量，Graphite 时间序列系统将这些计数转换为每秒的流量。

以搜索交互为例。每次搜索都会生成一个 `role:search,cmd:search` 消息。跟踪此消息的流量就可以查看每秒的搜索次数，无须考虑 web 或 search 服务实例的数量。每次用户搜索时，还会生成一个 `role:suggest,cmd:add` 消息来存储用于搜索建议的搜索词。因为每次搜索都有一个 `role:suggest,cmd:add`，所以它们的流量比例应该在 1 左右。[①]如果此交互出现问题，不变量将偏离 1。每当部署新版本的 web、search 或 suggest 服务，都可以使用此不变量来验证系统是否正常。

图 9.9 显示了单个消息的流量以及不变量。请注意，最初每秒的搜索数为 1，在时间线的一半左右增加到 5。不变量始终保持为 1，这是它应该保持的数字。[②]

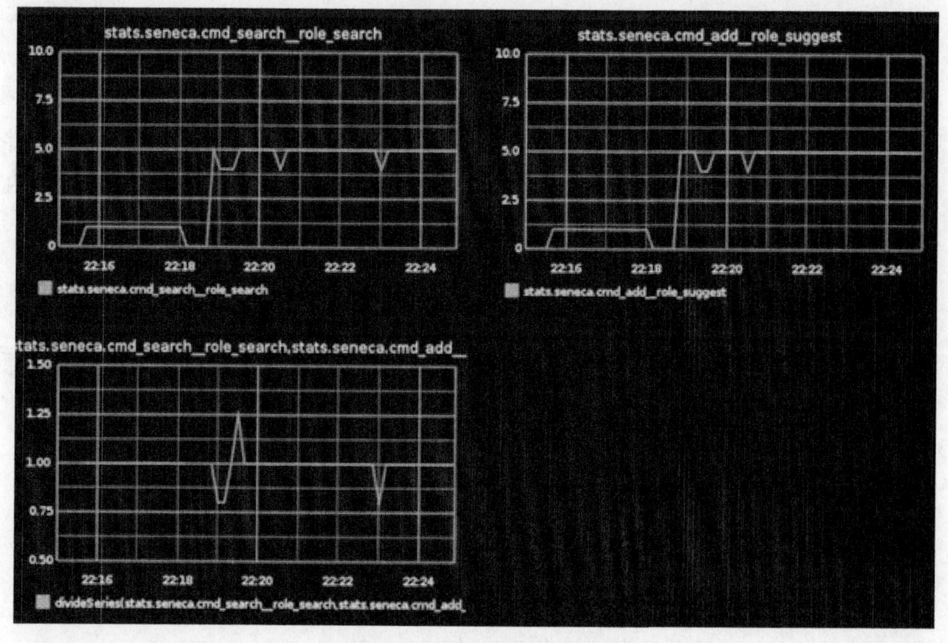

图 9.9 消息流量和不变量

还希望为选择的消息生成当前响应时间与历史响应时间的散点图。要构建散点图需要编写一些自定义脚本。[③]在生产系统，这些脚本将定期运行或在发生部署操作后运行，以验证性能是否受到最近更改的影响。图 9.10 显示了 200 秒周期内 nodezoo 消息的当前行为散点图。

---

① 比例是无量纲数。

② 此示例使用的数据由下载文件包中的脚本生成。

③ 同样也包含在下载文件包中。

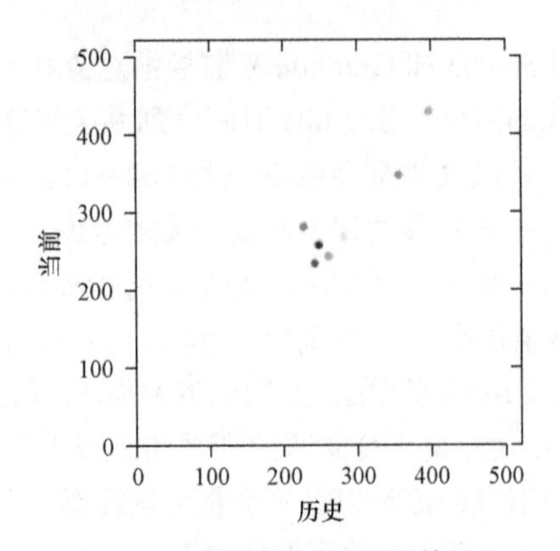

图 9.10 消息响应时间的当前行为

系统看起来很正常，没有明显的异常信息。

跟踪

nodezoo 使用 Zipkin 分布式跟踪程序在系统中跟踪消息的因果关系。下载文件包中包括 Zipkin 的容器配置。要跟踪消息，需要将 seneca-zipkin-tracer 插件添加到执行脚本中：

```
seneca.use('zipkin-tracer', {host: "zip.kin"})
```

假设 zipkin 主机上有一个 Zipkin 实例。

使用 Zipkin 跟踪 nodezoo 系统会生成如图 9.11 所示的服务依赖关系图，它与原始微服务设计图相关，但由实际消息流动态构建。

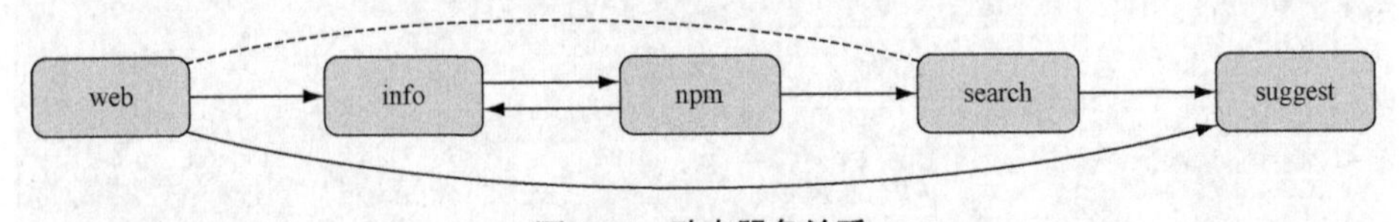

图 9.11 动态服务关系

Zipkin 通过对系统中的消息流进行采样生成图 9.12，其显示了搜索的示例消息流。

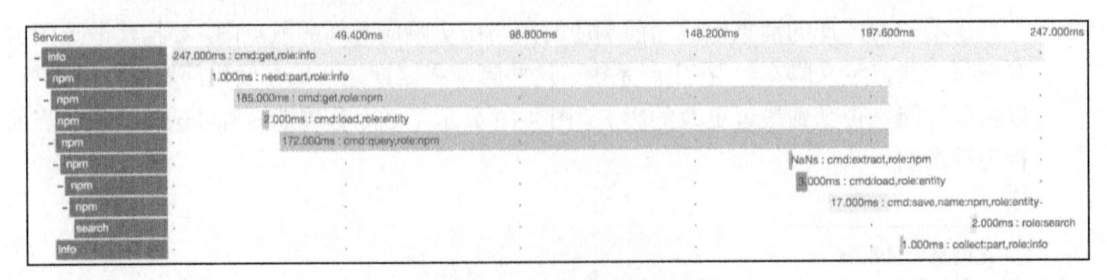

图 9.12 跟踪搜索消息流

日志

在第 1 个迭代中可以直接检查各个服务的日志。那时系统足够小，可以实现这一点。阶段系统和生产系统需要一个可扩展的日志解决方案。将每个服务的日志发送到统一位置进行索引支持轻松搜索和查看整个系统的日志。当想要使用标识符跟踪消息流时这尤其有用。

对于日志索引和搜索，可以使用商业服务，①也可以运行自己的日志索引器。nodezoo 系统使用本地 ELK 工具集。②这会重用现有的 Elasticsearch 服务器，但是在生产中需要使用单独的 Elasticsearch 集群来处理日志。

这里的 Docker 容器配置为将日志记录到远程 syslog 日志驱动程序，由 Log-stash 在远端接收日志。这只是许多可能的配置之一，需要选择适合自己系统的最佳方法。图 9.13 显示了搜索交互的一些日志条目。

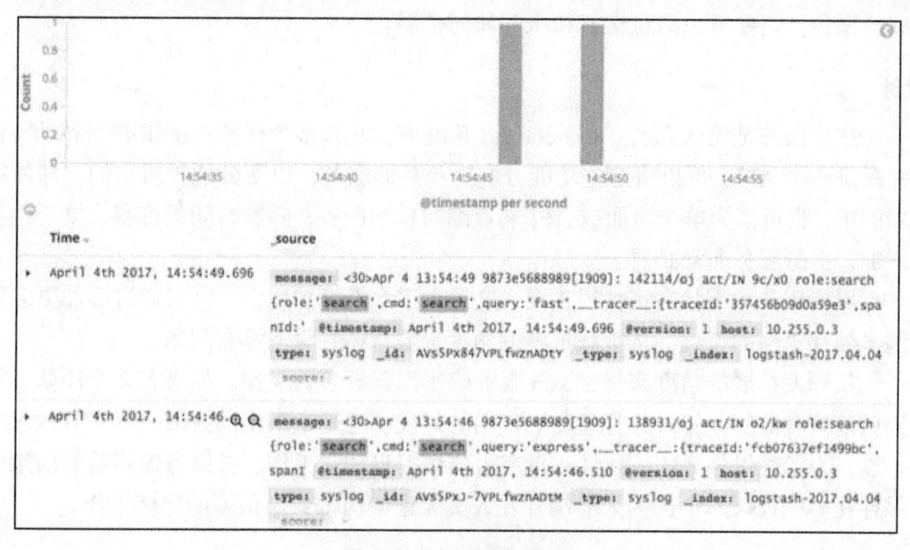

图 9.13　查询服务日志

调试

要调试生产微服务系统，需要能够手动提交消息并查看结果。为此应该编写和部署 REPL 服务。为了确保这项服务的安全，使用时要格外小心，但值得付出努力。nodezoo 系统在端口 10000 上公开了一个 REPL。下面是一个搜索交互：

```
seneca 3.3.0 d5.../14.../1/3.3.0/repl>
role:search,cmd:search,query:nid
IN  000000: { role: 'search', cmd: 'search', query: 'nid' }
```

---

① 例如 New Relic 或 Logentries。

② ELK（Elasticsearch、Logstash、Kibana）是 Elastic 提供的开源日志采集和可视化套件。

```
OUT 000000: { items:
   [ { name: 'nid',
       version: '0.3.2',
       giturl: 'git://github.com/rjrodger/nid.git',
       desc: 'Nice clean-mouthed random id generation, without any swearing!',
       readme: '# nid\n\n### Nice clean-mouthed random id generation...',
       id: 'nid' } ] }
```

通过在消息流的不同位置向系统提交消息并检查日志输出，可以验证和调试生产行为。REPL 还可用作生产系统的管理工具。

9.2.6 迭代 6：扩展和性能

随着生产系统不断完善和用户的规模不断增长，需要确保系统能够满足性能和规模要求。毕竟这些是原始业务需求的一部分。性能目标一开始很容易实现，但随着系统负载的增长，需要考虑消息交互和服务如何扩展。

web 服务

这个服务是无状态的。在 nodezoo 系统中，它有多个任务：提供静态和动态内容，并提供一个 API。可以将这些功能分解为单独的服务，以便分别扩展它们。即使在每个功能中，也可以为单个页面或 API 端点编写单独服务；随着时间的推移，复杂性会不断增加，拆分服务非常必要。

保持服务的无状态特性很重要。这提供了水平可扩展性：可以通过添加更多服务实例来处理更高的负载。从负载扩展的角度来看，web 服务没有问题。

从开发扩展的角度来看，web 服务确实需要更多的工作。如果有多个团队，就必须协调前端资源的使用，并管理前端代码的开发。这是个不小的挑战，本书有意忽略了这一点。为了确保外观的一致性，肯定需要很多自动化工作。可以考虑将所有前端微服务保存在单一代码库中，因为前端开发人员无论如何都要做很多的协调工作。

search 服务

这个服务也是无状态的。它是对 Elasticsearch 的包装器。它的消息交互是请求/响应和即发即弃模式，因此与哪个服务实例通信并不重要。此服务可以在不进行任何更改的情况下水平扩展。

搜索性能如何？即使已经对 Elasticsearch 集群进行了优化，仍然需要为从 web 服务到 search 服务的额外网络跳转付出代价。当这成为一个问题时，你应该已经将搜索 API 提取到它自己的服务中了。如果还没有，那么现在是时候这样做了。搜索 API 服务和 search 服务可以合并以减少延迟：一旦对性能敏感的消息流延迟明显增加，合并服务是一个有效、首选的策略。

不要删除旧的 search 服务，可以将其用于功能扩展，或者作为通用服务供其他服务使用。允许并鼓励复制粘贴服务代码以形成新的服务，或者将代码合并到现有服务中。这不是一个单体，并没有累积技术债务。不需要扩展和调整数据结构或对象模型来处理新功能。

info 服务

这个服务不是无状态的。它维护 Node.js 模块信息的内部缓存，并持续运行分散/收集交互。似乎必须与相同的实例进行通信，否则数据大多数时候会出现在错误的 info 服务实例中。扩展该服务的一种简单方法是纵向扩展。硬件总是比开发成本低，如在一台有大量内存的大机器上单独运行它。这种方法会让你走得更远。

服务会经常崩溃，但带来的影响有限。有些用户可能无法在信息页面获得完整的模块信息，但是服务一旦重新启动，就会很快恢复。这在可接受的错误率之内。

但总有一天纵向扩展不再具有成本效益，或者错误率必须降低。[①]如何水平扩展 info 服务？通过使用消息模式匹配。向分散/收集消息添加唯一的实例标识属性，然后数据源服务（如 npm）可以将此属性作为 `role:info,collect:part` 响应消息的一部分。消息抽象层确保消息返回到正确的 info 服务实例。这种方法在点对点消息路由中工作得很好，因为响应直接发送回原始服务。

当需要扩展有状态服务时（这些服务参与跨多条消息的事务式交互），标识属性是个很好的通用解决方案。它们很好地诠释了模式匹配和传输独立性作为底层系统原则的强大功能，这些原则让你仅通过更改配置就能调整系统。

npm 和 github 服务

数据源服务是无状态的，但根据设计它们有临时数据。这里使用临时数据是为了便于维护和提高性能，因为数据存储在本地。只要数据量保持合理大小，就可以通过添加新实例水平扩展这些服务。每个实例必须能够存储全部数据。

如果数据量持续增加（无论是记录的数量还是记录的大小），那么就需要考虑其他策略来存储这些非权威数据。在 nodezoo 系统，随着功能的不断增多单个记录可能会变大。

可以使用共享的外部数据库存储数据，以减少存储空间带来的影响。这是很大的变化，因为它改变了维护成本，并且需要确保数据库可以扩展。尽管如此，这是个众所周知的问题，也是个完全可以接受的解决方案。想要良好的数据性能通常需要模式，但又要尽量避免模式。当需要使用传统数据库时，说明此时数据已经足够稳定，模式带来的风险已经很小。模式在项目开始时最昂贵，因为它们锁定了假设，但之后可以根据自己的经验使用它们。

如果希望避免使用共享数据库，另一种方法是使用分片。可以按照第 1 章中描述的

① 当有 100 个用户时，1%的错误率还不至于那么糟糕。但是当用户达到 100 万时，那就是 1 万名恼怒的客户。

方法进行安全操作。例如可以使用分片编排服务，[①]或者可以使用模式匹配来**预分片**数据实体消息。这是用于扩展 info 服务的“标识-属性”方法的一种变体。

suggest 服务

这个服务被设计为完全在内存中运行并且无状态。该服务的设计目标是只提供“足够好”的搜索建议。因此可以在不进行更改的情况下水平扩展服务。

假设在投入生产一段时间后，用户反馈自动补全功能很有价值，而且他们想要即时的智能搜索建议。但是目前设计的消息流无法实现此目标。

假设用户测试表明 50 毫秒或更少的响应时间用户体验最好；营销部门也对社交媒体的影响感到兴奋。必须快速响应市场的需求，但是这需要大量的开发预算。

假设你拿到了开发预算。现在必须提供低于 50 毫秒的延迟。你决定直接用 C 语言编写自定义 Web 服务器来提供搜索建议 API，并且使用高性能的嵌入式键值存储。它们将运行在多台大型机器上并且这些机器共享搜索建议，为此可能还需要使用复杂的、无冲突的、用于复制的数据结构。为了离用户更近，还需要在世界各地部署它们。这样就应该能满足市场需求了。

微服务架构使上述假设成为可能。不但可以在不影响系统其他部分的情况下构建此高性能专业解决方案，还可以轻松地集成它，因为就其他组件而言它只是另一个微服务。

其他

这个系统包含的不仅仅是微服务，还有负载均衡器、数据库引擎、搜索引擎、部署和编排系统、日志聚合和分析工具、监控和警报等。可以选择使用外部系统或安装第三方软件来提供这些服务，以加快开发并把扩展问题交给外部工具。选择外部工具时要明智，并确保依赖关系也可以扩展。

9.3 结语

这本书是我从事微服务系统工作五年的成果。当我开始使用 JavaScript 在 Node.js 平台构建应用程序时，我很快意识到，对于构建具有许多组件的大型软件系统来说，这种语言从好的方面看还不够完美，从坏的方面看则非常难用。我被微服务方法所吸引，它让我的 JavaScript 程序易于理解。

随着经验的增长，我意识到微服务实际上是一种软件组件模型。最重要的问题变成了它们如何通信：不是消息协议的技术细节，而是消息如何展示给服务。组件如何组成一个比各部分之和更强大的东西？

我发现设计微服务系统非常困难。最初我总是选择错误的服务。是的，它们很小，

① 第 1 章第 3 个迭代中的时间线服务就是一个很好的例子。

很容易扔掉，但从概念上讲，有些东西还是不对。于是我转向了消息并将它们放在首位，事情就变得容易多了。消息比数据抽象更能代表现实世界。从需求到消息再到服务是一条自然的路径。

要构建组件，需要将它们组合在一起。要能够从简单部件生成任意结构。诀窍在于遵守几条基本原则。人们从无数次失败中总结出这些原则。传输独立性原则将消息从具体协议的约束中解放出来，从而使其成为一等公民，而模式匹配原则允许以任意方式将组件组合在一起。模式匹配不足以描述组件接口，但它的强大功能足以使它们工作。

把所有这些放在一起，可以用一种非常灵活和非常有趣的方式来思考软件工程。是的，微服务饱受炒作之苦，但不要陷入它的技术细节、权衡和内讧之中。Charles Babbage 从未造出计算机，但这并没有阻止 Ada Lovelace 开始编程。不要责怪工具不好用。

微服务让我们从一般转向具体。作为程序员，我们被教导要从具体到一般。你已经写了三遍相同的代码？请把它放在一个函数中！我们也确实在这样做。我们从具体到一般。这增加了复杂性、可扩展性和技术债务，让我们感到崩溃。我们发明了仪式性的解决方案和僵化的项目开发实践，安抚但不能征服复杂性之“神”。我们把周末和生命也献给了这些神。

当采取从一般到具体的策略时，就驯服了复杂性。复杂性永远不会消失，但可以把它放在盒子里，然后关上盖子。从简单的情况开始并确保正确工作，让它处理通用情况。早期编写的微服务往往最简单且寿命最长。后面编写的都是处理特殊情况、意料之外的业务需求和性能问题。

通用情况很简单。数据结构很简单，消息也很简单。为复杂情况单独编写代码（不用考虑代码质量），并将其放在单独的微服务中，因为很快就会把它扔掉。

消息列表会不断增加，对系统的理解也会不断深入。消息模式会自然地组织成层次结构，而消息交互只是设计决策的小部分。消息可以是同步的，也可以是异步的，可以被观察，也可被消耗。这些都可以记在脑子里，即便团队中最初级的开发人员也能做到。

我知道你会喜欢构建微服务。我知道你会把软件的科学和工程放在首位，我知道你会获得真正的成果。让我们开始写代码吧！

对于一项成功的技术，现实必须凌驾于公共关系之上，因为大自然永远不会被愚弄。

——理查德·费曼（1918—1988），诺贝尔物理学奖得主